Winfried Rehr (Hrsg.)

AUTOMATISIERUNG MIT INDUSTRIEROBOTERN

FORTSCHRITTE DER ROBOTIK
Herausgegeben von Walter Ameling

Band 1: H. Henrichfreise

**Aktive Schwingungsdämpfung an einem
elastischen Knickarmroboter**

Band 2: W. Rehr (Hrsg.)

Automatisierung mit Industrierobotern

Band 3: P. Rojek

**Bahnführung eines Industrieroboters
mit Multiprozessorsystem**

Exposés oder Manuskripte zur Beratung erbeten unter der Adresse:
Prof. Dr.-Ing. Walter Ameling, Rogowski-Institut für Elektrotechnik der
RWTH Aachen, Schinkelstr. 2, 5100 Aachen, oder an den Verlag Vieweg,
Postfach 5829, 6200 Wiesbaden.

Fortschritte der Robotik 2

Winfried Rehr (Hrsg.)

AUTOMATISIERUNG MIT INDUSTRIEROBOTERN

Komponenten
Programmierung
Anwendung

Referate der Fachtagung
Automatisierung mit Industrierobotern

Springer Fachmedien Wiesbaden GmbH

CIP-Titelaufnahme der Deutschen Bibliothek

Automatisierung mit Industrierobotern:
Komponenten, Programmierung, Anwendung;
Referate der Fachtagung Automatisierung mit
Industrierobotern/Winfried Rehr (Hrsg.).

(Fortschritte der Robotik; 2)
ISBN 978-3-528-06364-1   ISBN 978-3-663-14224-9 (eBook)
DOI 10.1007/978-3-663-14224-9

NE: Rehr, Winfried [Hrsg.]; Fachtagung
Automatisierung mit Industrierobotern
⟨1988, Braunschweig⟩; GT

Dieser Band enthält die Referate der Fachtagung Automatisierung mit Industrierobotern vom 4./5. Oktober 1988 in Braunschweig.

Herausgeber:
Prof. Dr.-Ing. *Winfried Rehr,* Institut für Angewandte Mikroelektronik, Braunschweig.

Umschlaggestaltung: Wolfgang Nieger, Wiesbaden

ISBN 978-3-528-06364-1

Vorwort

Industrieroboter werden etwa seit Anfang der siebziger Jahre in größeren Stückzahlen eingesetzt. Standardmäßige Einsatzfälle findet man heute vorrangig bei Schweiß- und Spritzaufgaben. Aufgrund großer Fortschritte in der Automatisierungs- und Robotertechnik dringen Industrieroboter auch in den Bereich der Montage vor, in dem sich ein großes Rationalisierungspotential verbirgt. Automatisierungshemmnisse existieren vor allem bei kleinen und mittelständischen Betrieben, da eine große Typen- und Variantenvielfalt bei relativ kleiner Jahresstückzahl eine wirtschaftliche Automation erschweren. Bildet ein Industrieroboter den Kern eines flexiblen Automatisierungssystems, so verbessert sich die Wirtschaftlichkeit, da ein Roboter im Vergleich zu Einlegegeräten für verschiedene, auch häufig wechselnde Aufgabenstellungen verwendet werden kann. Wegen ihrer großen Vielseitigkeit werden die Roboter auch für eine Fülle anderer Aufgaben eingesetzt, so zum Beispiel für Meß- und Prüfaufgaben, zum Legen von Kabelbäumen oder bei der Fertigstellung von Komponenten aus Standard-Bausteinen. Hier spielt die Tatsache eine Rolle, daß ein weitgehend serienmäßiger Roboter oft viel billiger ist als eine Sondermaschine.

Die beiden Institute für Regelungstechnik und für Robotik an der Technischen Universität Braunschweig beschäftigen sich intensiv mit Grundlagenfragen der Roboterentwicklung, der Programmierung und von Sensorsystemen im Roboterbereich. Das Institut für Angewandte Mikroelektronik entwickelt Robotersysteme für die Kleinmontage unter Nutzung von Bildverarbeitungssystemen für die Lageorientierung, die Qualitätskontrolle und Bauteilerkennung. In mehreren Projekten wird das Thema der automatischen Generierung von Steuerungsdaten für Roboter aus dem Konstruktionsprozeß für Leiterplatten oder andere Bestückungsaufgaben erarbeitet.

Das neu entstehende Institut für Fertigungsautomatisierung und Handhabungstechnik an der Technischen Universität wird weitere Impulse auf dem Gebiet des Robotereinsatzes setzen.

Die genannten Institute und das wissenschaftliche Umfeld in Braunschweig bieten gute Möglichkeiten, auch Sonderaufgaben in der Automatisierungstechnik in Industriebetrieben zu erarbeiten.

Zielsetzung der Fachtagung ist es, Erfahrungen bei Robotereinsatz zu vermitteln und neue Entwicklungen in der Automatisierungs- und Robotertechnik vorzustellen. Die enge Zusammenarbeit zwischen Wirtschaft und Hochschule zeigt sich in diesem ausgewogenen Programmteil, in dem Erfahrungsaustausch und Vorstellung von Neuentwicklungen ihren Platz finden. Dank gebührt dem Veranstalter, der Gesellschaft zur Förderung wissenschaftlicher Weiterbildung und Fortbildung e.V.

Möge die Fachtagung dazu beitragen, neue Ideen und technische Realisierungskonzepte für die Industrie verfügbar zu machen.

Braunschweig, im Oktober 1988   *Winfried Rehr*

Autorenverzeichnis

Dipl.-Ing. *W. Glaser,* ISGUS J. Schlenker-Grusen GmbH, Villingen-Schwenningen

Dr. rer. pol. *H. Goldbecker,* GoWeMa Goldbecker GmbH, Wermelskirchen

Dr. rer. nat. *G. Haag,* Fritz Schunk GmbH, Lauffen a. N.

Dr. *A. R. Hidde,* Philips Kommunikations Industrie AG, Siegen

Th. Hugel, Universität Karlsruhe, Institut für Prozeßrechentechnik und Robotik, Karlsruhe 1

Dipl.-Ing. *H. Kaufmann,* Robert Bosch GmbH, Waiblingen

Dipl.-Ing. *M. Kristen,* Technische Universität Braunschweig, Institut für Fertigungsautomatisierung und Handhabungstechnik (IFH), Braunschweig

Dipl.-Ing. *V. Loitz,* IAM Institut für Angewandte Mikroelektronik, Braunschweig

Dipl.-Ing. *F. Lünzmann,* Volkswagen AG, Abt. Fertigungsplanung, Wolfsburg

Dr. *J. Niederstadt,* Wabco Westinghouse Steuerungstechnik GmbH & Co., Hannover

Dipl.-Ing. *J. Olomski,* Technische Universität Braunschweig, Institut für Regelungstechnik, Braunschweig

Prof. Dr.-Ing. *W. Rehr,* IAM Institut für Angewandte Mikroelektronik, Braunschweig

Dipl.-Ing. *U. Reißmann,* Factron Maschinenbau GmbH & Co KG, Braunschweig

Dr.-Ing. *P. Rojek,* IAM Institut für Angewandte Mikroelektronik, Braunschweig

Dipl.-Ing. *U. Schlorff,* Technische Universität Braunschweig, Institut für Robotik und Prozeßinformatik, Braunschweig

Dr.-Ing. *M. Schweizer,* Fraunhofer Institut für Produktionstechnik und Automatisierung, Stuttgart

Dipl.-Ing. *G. Seeger,* Technische Universität Braunschweig, Institut für Regelungstechnik, Braunschweig

Dipl.-Ing. *Th. Stahs,* Technische Universität Braunschweig, Institut für Robotik und Prozeßinformatik, Braunschweig

Dipl.-Ing. *R. Stober,* IBM Deutschland GmbH, Stuttgart

J. Wijbenga, Philips Nederlandse Machinefabriek, NL-Alkmaar

Inhaltsverzeichnis

Auswahlkriterien für Industrieroboter bei der Kleinserienmontage

von H.-J. Warnecke, R. D. Schraft, M. Schweizer

In den vergangenen 15 Jahren wurden die Industrieroboter zu einem wichtigen Automatisierungsmittel, nachdem anfängliche Schwierigkeiten mit der Technik und ein hohes finanzielles Risiko die Investionsbereitschaft hemmten. Es gibt auch heute noch technische und nichttechnische Hemmnisse, die einen Einsatz erschweren, jedoch zeigt die Zahl der in deutschen Betrieben eingesetzten Roboter Ende 1987 mit einer Steigerung von 12 400 auf 14 900 Geräte an, daß die technischen und wirtschaftlichen Hemmnisse überwindbar sind. Die rasante Entwicklung im Bereich der Mikroprozessortechnologie und die damit zusammenhängende Steuerungstechnik ermöglicht heute einen Grad der Zuverlässigkeit, der die Industrieroboter zu einem wichtigen Glied in der Produktionskette macht.

Zur Lösung eines Automatisierungsproblems benötigt ein Industrieroboter periphere Einrichtungen, die vom Industrieroboterhersteller mit angeboten werden müssen. Nur mit diesen peripheren Einrichtungen (Werkzeuge, Ordnungseinrichtungen, Greifer) ist der Industrieroboter in der Lage, gegebene Aufgabenstellungen übernehmen zu können. Diese Peripherie ist jedoch sehr stark von dem Anwendungsfall abhängig und besitzt häufig nicht die Flexibilität des Industrieroboters.

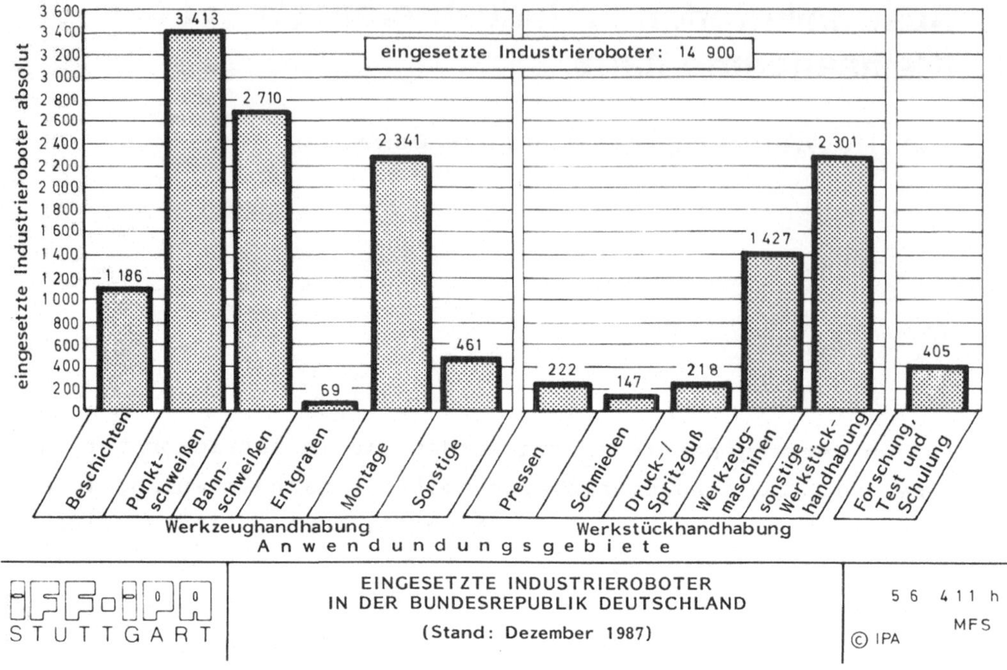

Bild 1: Einsatzbeispiele in der Bundesrepublik

In den vergangenen Jahren wurden die Industrieroboter hauptsächlich in der Massenfertigung verwendet, obwohl die Konzeption des Industrieroboters auf die kleinen und mittleren
Serien abzielten. Besonders beim Punktschweißen, aber auch
bei Beschichtungsarbeiten in der Großserienfertigung werden
die Möglichkeiten des Industrieroboters nur teilweise genutzt, trotzdem ist der Industrieroboter hier die richtige
Automatisierungslösung, da die Programmierbarkeit den An
lauf von großen Anlagen einfacher und kostengünstiger möglich macht. der Industrieroboter bietet an Stelle von auf-
wendingen Sonderkonstruktionen die Möglichkeit, schnell
und kostengünstig zu automatisieren, ohne daß die Gefahr
besteht, nach größeren Umstellungen die Anlage verschrot-
ten zu müssen. Der Industrieroboter ist zwar kein billiges

Automatisierungsmittel, aber er ist nicht mehr an die
Finanz- und Leistungskraft eines Großunternehmens gebunden, obwohl z.Zt. noch ca. 40% aller Industrieroboter in
der Automobilindustrie eingesetzt werden. In den USA und
Japan hat die Forschungs- und Entwicklungsarbeit an Industrierobotern wesentlich früher begonnen als in Europa und
in der Bundesrepublik Deutschland. Unabhängig von verschiedenen Definitionsfragen ist unbestritten Japan an der Spitze
aller Länder, die Industrieroboter einsetzen. In Japan waren
Ende 1987 bereits ca. 106 000 Industrieroboter im Einsatz,
gegenüber 14 900 in der Bundesrepublik, was deutlich macht,
daß die Japaner gegenüber den Amerikanern mit höchstens
30 000 und den Europäern mit 46 000 Industrierobotern immer
noch einen deutlichen Vorsprung haben. Die neuesten Trend-
meldungen aus Japan lassen immer noch Steigerungsraten im
Bereich der Montage erwarten, so daß man Ende 1988 wohl mit
ca. 120 000 eingesetzten Robotern in Japan rechnen muß. Der
Industrieroboter kann und darf allerdings nicht das All-
heilmittel aller Automatisierungsprobleme der Zukunft sein,
aber er hat einen ständig wachsenden Anwendungsbereich in
der Produktion gefunden.

Die Fertigung industrieller Produkte schließt im allgemeinen mit der Montage ab, so daß die Montage ein Querschnitts-
problem in der Fertigungstechnik darstellt. Die Montage
birgt ein relativ großes Rationalisierungspotential, insbesondere in dem Bereich Elektrotechnik und im Bereich der
Automobilindustrie. Seit langem bekannt sind Einzweckein-
richtungen im Bereich der Montageautomatisierung, deren
Flexibilität aber den heutigen Marktanforderungen nicht
mehr gerecht wird. So werden heute flexible Montagesysteme
mit Industrierobotern sowohl als Einzelsysteme (Insel-
lösungen) als auch in flexiblen Montageanlagen angeboten.

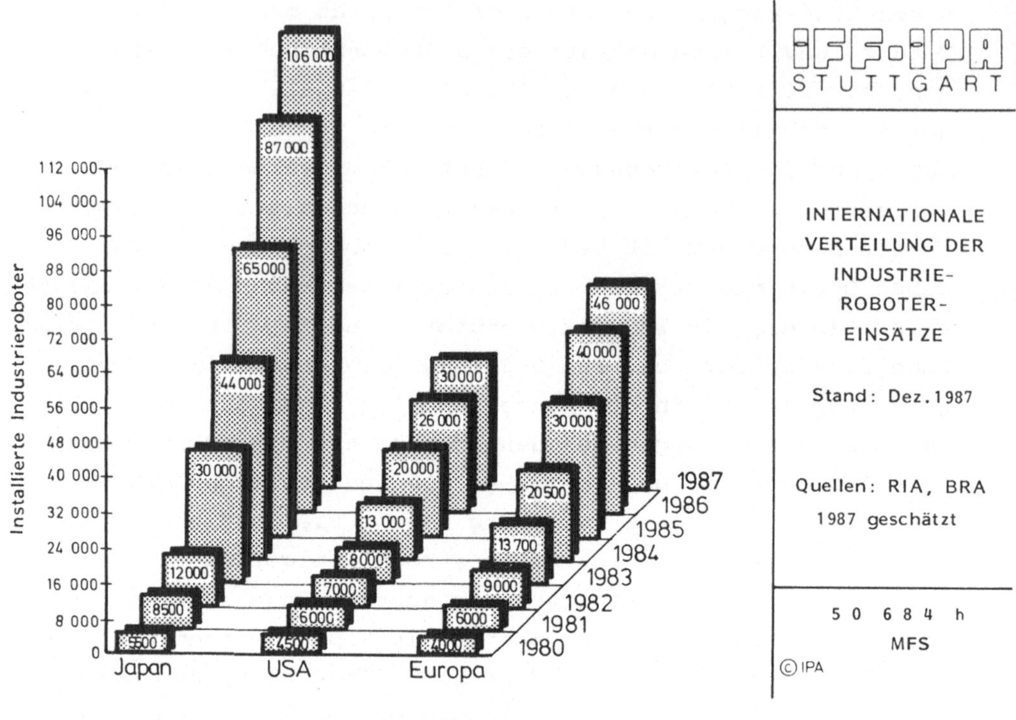

Bild 2: Internationale Verteilung der Industrierobotereinsätze

Montageroboter werden im Bereich der Elektroindustrie eingesetzt, z.B. zum Bestücken von Leiterplatten, Zusammenbau von
Steckern, Tastern, Tastaturen und kleinen Elektrobaugruppen.
Es werden in der Automobilindustrie Aggregate montiert, Baugruppen vormontiert, Ventile eingesetzt, Spurstangen montiert, aber auch in zunehmenden Maß in der Endmontage Scheiben, Türen oder Räder montiert. Die Anforderungen an die
Montageroboter sind bezüglich Genauigkeit, Geschwindigkeit
und Beschleunigung höher als in anderen Anwendungsbereichen,
jedoch ist die Traglast insbesondere bei der Aggregat- oder
Kleinteilemontage wesentlich geringer. So werden Montageroboter mit Traglasten zwischen 1 und 100 kg sowohl mit einem
kartesischen kinematischen Aufbau als auch mit einer Gelenk-

kinematik angeboten. Insbesondere bei der Kleinteilemontage
versucht man durch entsprechende Konstruktion der beteiligten Bauteile den Montagevorgang so einfach zu gestalten, daß
man mit weniger als 6 Freiheitsgraden beim Industrieroboter
auskommt. Dies führt zu besonders kostengünstigen Montagerobotern, die häufig in einer 4-achsigen horizontalen Gelenk-
kinematik aufgebaut sind.

Der Montagebereich ist gekennzeichnet durch sehr unterschiedliche Arbeitsinhalte (Handhaben, Fügen, Justage,
Prüftätigkeiten), so daß eine Übertragbarkeit von Problemlösungen auf andere Produkte/Firmen nur selten möglich ist.
Als letzte Stufe im Fertigungsprozeß ist die Montage laufend
sich ändernden Anforderungen (Termine, Losgrößen, etc.) aus-
gesetzt und erfordert somit einen hohen finanziellen Aufwand. Da die Montage bisher aus oben genannten Gründen ein
hohes Automatisierungsdefizit im Vergleich zu anderen Be-
triebsfunktionen zu verzeichnen hatte, liegt der Schwerpunkt
der zukünftigen Rationalisierungsmaßnahmen vor allem in diesem Bereich (1). Die hohen Anforderungen an die Flexibilität
werden auch in der Montage zum verstärkten Einsatz von
Industrierobotern führen.
Nach (2) wird unter Montage die Gesamtheit aller Vorgänge,
die dem Zusammenbau von geometrisch bestimmten Körpern dienen, verstanden. Montage ist immer eine Folge von Funktionen
und beinhaltet neben der Hauptfunktion "Fügen" als Neben-
funktionen "Handhaben", "Kontrollieren" und "Justieren". Der
Anteil der Fügetätigkeiten im Gesamtmontagebereich beträgt
nach (3) 50%. Unter Fügen versteht man das dauerhafte Ver-
binden von zwei oder mehr geometrischen Körpern (4,2). Der
Freiheitsgrade der Fügepartner werden hierbei häufig schritt-
weise verringert. Fügen beginnt, wenn ein minimaler Zusam-
menhalt der Fügepartner sichergestellt ist und endet, sobald
die geforderte oder erreichbare Festigkeit erreicht ist.

Untersuchungen der Arbeitsweise des Menschen bei der Montage
und die Analyse technischer und ökonomischer Möglichkeiten
zur Automatisierung zeigten die Zweckmäßigkeit, zwischen
Grob- und Feinbewegung zu unterscheiden (5). Die Grobbewe-
gungen werden hierbei durch den Industrieroboter ausgeführt.
Feinstbewegungen erfolgen durch Fügemechanismen, die ein
Verklemmen oder Verkanten verhindern; Fügebewegungen werden
durch spezielle translatorische Feinbewegungen des Greifer-
kopfes bzw. bei hinreichender Genauigkeit durch den verwendeten Industrieroboter realisiert (6,5).

Montagevorgänge sind, grundsätzlich betrachtet, reine Posi-
tionierprobleme. Die vollständige Kenntnis der Fügeteile und
Idealpositionierparameter würden eine Montageaufgabe als
Trivialangelegenheit klassifizieren (7).

In der Realität müssen jedoch nachfolgende Störgrößen berücksichtigt werden:

o Positioniergenauigkeit des Roboters,
o Positioniergenauigkeit des Greifers,
o ungenaue Programmierung des Industrieroboters,
o Fertigungsungenauigkeit des Fügeteils,
o Fertigungsungenauigkeit des Basisteils,
o ungenaue Teilebereitstellungsposition,
o ungenaue Fügeposition durch

- Fertigungs- und Lagetoleranzen des Förderhilfsmittels,
- Positionierungenauigkeit des Fördersystems,
- ungenaue Fixierung der Fügebasisteile.

Die maximal mögliche Lageabweichung ist die Summe aller einzelnen Lagetoleranzen.

Die oben genannten Probleme beim automatischen Fügen sind

durch neue Entwicklungen und Verbesserungen zu lösen. Eine
wichtige Rolle bei diesen Forschungs- und Entwicklungsar-
beiten wird die Sensorik einnehmen. Am Fraunhofer-Institut
für Produktionstechnik und Automatisierung, IPA in Stuttgart
wurde aufbauend auf frühere Arbeiten (8) ein taktiles Sensorsystem entwickelt, wobei ein Schwerpunkt der Entwicklung
auf der Untersuchung der Übertragbarkeit von Methoden der
Musterverarbeitung zur Anwendung bei der Durchführung ge-
steuerter Fügebewegungen lag. Das System wurde bei Fügeauf-
gaben im Bereich "Montage von elektromagnetischen Schal-
tern/Schützen" getestet.

Faßt man die Auswahlkriterien zusammen, die bei der Ent-
scheidung für einen bestimmten Robotertyp zu beachten sind,
so ist die folgende Tabelle ein Anhaltspunkt für die sich
z.T. gegenseitig beinflussenden Merkmale.

Reichweite (nutzbarer Arbeitsraum)
Genauigkeit (max. Auflösung)
Steifigkeit (Schwingungen)
Geschwindigkeit (Taktzeit)
Lebensdauer (wirtschaftl. Nutzungsdauer)
Traglast (Bearbeitungskraft)
Wirtschaftlichkeit (Amortisation)
Freiheitsgrade (Beweglichkeit)
Steuerung (Erweiterung auf mehr als 6 Achsen)
Programmierung (Komfort, Aufwand, Methode)
Antriebs- und Meßsystem (Art und Prinzip)
Kinematik (Haupt- und Nebenachsen)
Schnittstellen (Sensoren, BDE, CIM)

Entscheidend für den erfolgreichen Einsatz ist aber eine
ganzheitliche Systembetrachtung, bei der Roboter, Materialfluß, Integration von manuellen Arbeitsplätzen sowie optimale Pufferung einen entscheidenden Einfluß auf die wirt-

schaftliche Gestaltung und auf die Produktivität haben.
Betriebswirtschftliche Aspekte sollen die Wahl des Flexibi-
litätsgrades und damit den Einsatz von Montagerobotern als
flexibelstes Element bestimmen. Dabei gilt es, einen vernünftigen Ansatz für die wiederverwendbaren Anlagenteile
zu finden, der den gegebenen Randbedingungen des Anlage-
nutzers Rechnung trägt. Wie in Zukunft Montagesysteme mit
flexibler Verkettung aussehen, ist noch etwas umstritten.
So gibt es Verfechter von Linearkonzepten, wo ähnlich einer
Tranferstraße die einzelnen Montagesysteme linear hintereinander aufgereiht sind und mit Hilfe eines Transportsy-
stems werden die zu montierenden Produkte quasi auf Werkstückträgern zu den einzelnen Montagebereichen gebracht.
Einige Versuche hinsichtlich einer flexiblen Verkettung von
Montagesystemen sind in der Elektroindustrie bereits im
Gange.
Ein Vorschlag für ein flexibel automatisiertes Montagesystem
sieht vor, daß von einem automatischen Flurförderfahrzeug
die zu montierenden Baugruppen auf Paletten in einzelne
programmierbare Montagezellen oder problemangepaßte Son-
derstationen gebracht werden. Dieses System bietet noch mehr
Flexibilität, insbesondere dann, wenn man sich vorstellt,
daß einzelne dieser programmierbaren Montagezellen redundant
sind, das heißt, bei Stillstand einer Zelle wird dieser Ar-
beitsgang von einer benachbarten Zelle ausgeführt, so daß
nie ein totaler Produktionsstillstand befürchtet werden muß.
Diese noch höhere Flexibilität bedingt leider im Augenblick
noch höhere Kosten, und so ist im Einzelfall abzuwägen, wie
weit man den Flexibilitätsgedanken aus finanziellen Gründen
treiben kann.

Bei der Planung solcher Montagesysteme wird in Zukunft auch
auf Expertensysteme zurückgegriffen werden können. So wird
z.B. heute daran gearbeitet, Expertensysteme speziell für
die Planung von Montageanlagen aufzubauen, um das Wissen

von Experten, Anwendern, Herstellern und Produktentwicklern gleichsam zu nutzen und den Planer von Routinearbeiten zu entlasten, so daß die Etnscheidungsfindung transparent wird und die Auswirkungen geänderter Randbedingungen frühzeitig abgeschätzt werden können. Solche Expertensysteme werden in wenigen Jahren zur Verfügung stehen, mit einer ausreichenden Daten- und Wissensbasis versehen, als Hilfsmittel für den Planer für Montageanlagen.

Literatur

1. Walther, J.:   Montage großvolumiger Produkte mit
                     Industrierobotern. Dr.-Ing. Diss.,
                     Univ. Stuttgart 1985

2. N.N.:   VDI-Richtlinie 2860, Blatt 1 (Entwurf)
                     Handhabungsfunktionen, Handhabungsein-
                     richtungen, Begriffe, Definitionen,
                     Symbole, Berlin: Beuth-Verlag 1982

3. Abele, E.   Einsatzmöglichkeiten von flexibel auto-
   u.a.:   matisierten Montagesystemen in indu-
                     strieller Produktion. Schrifteinreihe
                     Humanisierung des Arbeitslebens, Bd. 61
                     Düsseldorf, VDI-Verlag 1984

4. N.N.:   DIN 8593, Fertigungsverfahren Fügen.
                     Berlin: Beuth-Verlag 185

5. Volmer, J.:   Industrieroboter-Entwicklung. Heidelberg:
   (HrsG.)   Hüthig 1984

6. Cutkosky, M.R;   Active control of a compliant wrist in
   Wright, P.:   manufacturing tasks, in: Robot sensors,
                     Bd. 2: Taktile and Non-Vision. Berlin,
                     Heidelberg, New York, Tokyo: Springer 1986

7. Simunovic, S.:   Parts mating theory for robot assembly.
                     Proc. of the 9th ISIR, Washington 1979

8. Abele, E.:   Gußputzen mit sensorgeführten program-
                     mierbaren Handhabungsgeräten. Dr.-Ing.
                     Diss., Univ. Stuttgart 1983

9. Rembold, U.;   Technische Anforderungen an zukünftige
    Blume, Ch.:   Montageroboter. Teil 1: Analyse von Mon-
                        tagevorgängen und montagegerechtes Kon-
                        struieren. VDI-Z 123, Nr. 18 (1981) 763-
                        772; Teil 2: Teilsysteme, ihre struktu-
                        rellen und funktionellen Eigenschaften.
                        VDI-Z 123 Nr. 19 (1981) 790-796;
                        Teil 3: Sensoren und Rechnersysteme mit
                        aufgabenangepaßter Struktur. VDI-Z 123,
                        Nr. 20 (1981) 839-843;
                        Teil 4: Programmiersprachen und Program-
                        miersysteme. VDI-Z 123, Nr. 21 (1981)
                        889-893

10. Bässler, R.:   Montagegerechte Produktgestaltung für
                        eine wirtschaftliche Montageautomati-
                        sierung, Ehingen bei Böblingen: expert
                        verlag, 1988

11. Frankenhauser,   Montage von Schläuchen mit Industrie-
    B.:   robotern, Stuttgart, Univers. Diss.
                        Dr.-Ing. 1988, Springer-Verlag

12. Schlaich, G.:   Kabelbaummontage mit Industrierobotern
                        Stuttgart, Univers. Diss. Dr.-Ing.
                        1988, Springer-Verlag

13. Schweizer, M.:   Roboter zur flexiblen Montageautomati-
                        sierung: Chancen und Wege zur wirtschaft-
                        lichen Anwendung, Sindelfingen: expert
                        verlag 1986

Einsatz des IBM-Roboters im Kleinmontagebereich

von R. Stober

Die Zuwachsraten der Montageroboter im industriellen Einsatz liegen deutlich über denen der Roboter in Einsatzgebieten wie Schweißen, Spritzen und Bearbeiten. Deutschland hat im Vergleich zu Japan noch einen großen Nachholbedarf. Die Ursachen dieses Defizites sind vielfältig, aber erklärbar. Vielfach liegen die Gründe in der Marktsituation, den Arbeitsbedingungen, leider aber auch in negativen Erfahrungen mit Pilotinstallationen.

In diesem Referat soll eine Marktabschätzung und die Möglichkeit angedeutet werden, wie mit Hilfe von Robotersoftware und Simulation Fehlinvestitionen bzw. zu hohe Investitionen vermieden werden können.

MARKTSITUATION

Untersuchungen des Fraunhofer Institutes IPA zeigen, daß in Japan auf 10.000 Beschäftigte 78 Roboter kommen, wogegen in Deutschland erst 15 Roboter auf 10.000 Beschäftigte kommen. Es gibt sicherlich Definitionsprobleme über die Kriterien, was ein Roboter ist, jedoch sollte dies bei diesem großen Delta zweitrangig sein.

Der deutsche Montageroboter-Markt wächst jährlich um ca. 30 – 40 %. Bei ca. 2.300 Installationen am Jahresende 1987 würden bei konstantem Wachstum die deutschen Montageroboter-Installationen 1990 erst ca. 6.000 sein, also immer noch weit entfernt von dem Ist in Japan. Die Ursachen dieses Rückstandes sind sicher vielfältig, jedoch sind einige offensichtlich. In Japan wurde sehr früh und konsequent auf das Schlagwort "Design for Automation" reagiert. Es blieb nicht bei akademischen Diskussionen, sondern "Design for Automation" wurde in die Praxis umgesetzt. Sicherlich ist nicht alles Gold, was aus Japan kommt, aber vielfach fallen japanische Produkte durch ihren simplen funktionalen Aufbau auf. Auffallend ist ebenfalls, daß bei Produktserien häufiger als in Deutschland völlig identische Teile verwendet werden, auch wenn diese nicht unbedingt ein funktionales optisches Optimum darstellen. Andererseits findet man in einem japanischen Produkt in der Regel fast alle Zubehörmöglichkeiten in der Standardausführung realisiert – denken Sie an die japanischen Autos.

Ich bin sicher, daß die japanischen Konzerne scharf gerechnet haben, was wirtschaftlicher ist - komplizierte Logistik vieler Varianten oder hohe Standardausrüstung mit der Chance zusätzliche Marktanteile zu bekommen. Für die große Zuliefererindustrie in Japan ist das Wirken des MITI von unschätzbarem Wert. Dadurch, daß die Großkonzerne sehr eng miteinander kommunizieren, lassen sich offensichtlich Produkte herstellen, die unter dem Gehäuse sehr große Ähnlichkeit aufweisen, was für den Zulieferer von enormer Wichtigkeit ist. Solche Voraussetzungen sind für die Automation ideal und zwar sowie für die sogenannte Hardautomation als auch für die flexible Montage.

Wie sieht die Situation in Deutschland aus?

Der deutsche Industrieerfolg basiert, neben hervorragender Qualität und Termintreue, zum großen Teil auf der Flexibilität wie auf Kundenwünsche eingegangen wird. Was jedoch in Deutschland bisher nur ansatzweise realisiert ist, ist die Straffung der identischen Bauteile in Baugruppen. Hierdurch wurden die Automationsmöglichkeiten deutlich verbessert. Ein solches Konzept schließt die Flexibilität auf Kundenwünsche nicht aus. Es erfordert jedoch eine sehr straffe Managementstruktur, die es versteht, die verschiedenen Konstruktionsteams zu koordinieren. Hilfsmittel wie CAD, effektive Produktionsplanungssysteme stehen heute hierfür zur Verfügung.

Durch den Umstand, daß bei klein- und mittelständischen Unternehmen die Stückzahlen einzelner Baugruppen häufig zu klein sind, wird eine Automatisierung unwirtschaftlich, da vielfach hiermit maximal eine Schicht ausgelastet wird. Als Faustregel kann angesetzt werden, daß ohne Qualitätsverbesserungsmaßnahmen eine Einschichtoperation nur ausnahmsweise wirtschaftlich automatisierbar ist, sei es mit flexibler oder Hardautomation. Bei jährlichen Lohnkosten von ca. 35.000 DM - 50.000 DM macht eine Automation erst Sinn, wenn die Maschine ein Vielfaches der menschlichen Arbeitsleistung bringt und die entsprechenden Bauprogramme vorhanden bzw. zu erwarten sind.

Ob ein derartiges "Mehr an Produktionsvolumen" am Markt unterzubringen ist, um Mehrschichtbetrieb mit den heutigen Produkten zu realisieren, ist sehr fraglich. All diese Produkte sind nicht neu. Viele Unternehmen - sei es Groß-, Mittel- oder Kleinbetriebe - unternehmen die größten Anstrengungen, um eine Umstrukturierung der Produktion zu realisieren.

Die genannten Kriterien

- möglichst viele identische Bauteile Für die verschiedensten Baugruppen

- möglichst viele unterschiedliche Baugruppen in der gleichen Montagelinie
  fertigzustellen
- Kundenwünsche   erst in einer späten Produktionsphase realisieren

bedeuten einen Wachstumsschub in der Automationsbranche. Bedingt durch das Kriterium

- unterschiedliche Baugruppen in derselben Produktionslinie

wird der Schwerpunkt der Automation die flexible Automation sein. In der flexiblen Automation sollte man nicht alleine die flexible Fertigungsmaschine wie

- CNC-Bearbeitungszentrum
- Roboter etc.

sehen. Zum maximalen Nutzen gehört ein effektives CAD- und PPS-System, in dem die Fertigungsmaschine ein integraler Bestandteil ist.

SCARA (SELCTIVE COMPLIANCE ASSEMBLY ROBOT ARM)-MARKT
Der Montagesektor in Deutschland ist noch immer der am wenigsten automatisierte Fertigungszweig. Die Gründe sind primär in der oft fraglichen Wirtschaftlichkeit, bedingt durch die zuvor aufgeführte Situation, zu suchen. In Anbetracht des sich anbahnenden Produktions-Strukturwandels zeichnet sich seit etwa 1-2 Jahren eine deutliche Änderung ab. Die Straffung der Bauteileanzahl führte zu höheren Stückzahlen, was wiederum die Automation begünstigte. Untersuchungen zeigen, daß ca. 80 % der Bauteile unter 5 kg liegen. Sie sind bei über 90 % auf einer Fläche < 50 x 50 cm zu montieren. Dies sind ideale Voraussetzungen für SCARA-Roboter.
SCARA ROBOTER bieten gegenüber den Knickarm-Robotern, bedingt durch die Limitation auf 4-5 Achsen, einen deutlichen preislichen Vorteil. Sie sind erheblich schneller in der Beschleunigung und max. Geschwindigkeit, und die Positioniergenauigkeit ist um den Faktor 10 in der Regel besser als bei den Knickarm-Robotern. Bewährt haben sich die SCARA-Roboter in
- Leiterplattenbestückung mit Sonderbauteilen
- Montage von mechanischen Baugruppen
- Be-/Entladen von Maschinen
- Punkt-/Bahnkleben
- Löten
- Justageaufgaben
- Tastaturbestückung.

Wie beim Knickarm-Roboter gibt es beim SCARA-Roboter nun Reinraumausführungen bis Klasse 10, was völlig neue Märkte erschließen wird. Stark sind SCARA's neuerdings in der CD- und Magnetplattenfertigung vertreten. Mit dem neuen IBM Multifinger-Greifer verspricht der SMD-Markt ein großes Einsatzgebiet zu werden.

ROBOTER PERIPHERIE

Mitentscheidend für den Erfolg einer Roboteranlage sind die Zuführeinheiten. Viele Investitionen sind verhindert worden durch zu teure Bauteilezuführeinheiten. Der Roboter-Peripherie-Markt in Deutschland ist immer noch dabei, sich zu etablieren. Somit sind vielfach die Roboterintegratoren gezwungen, selbst die Zuführungen zu konstruieren und zu bauen. Wünschenswert wären Zuführungen aus dem Katalog, die in größeren Stückzahlen gebaut werden, die über definierte Schnittstellen in eine Roboteranlage sehr leicht integrierbar sind.

Die SCARA-Roboter bieten durch ihr 360 Grad-Arbeitsfeld einen sehr großen Arbeitsraum, der es gestattet, Paletten als Zuführung zu nutzen. Die hat mehrere Vorteile. Paletten sind

- billig herstellbar
- wiederverwendbar
- sollten Transportbehälter von Arbeitsstufe zu Arbeitsstufe sein
- ist das zuverlässigste Zuführsystem
- schonen die Bauteile
- benötigen keinerlei Sensorik, Verkabelungen in der Robotanlage.

Eine ebenfalls zuverlässige Zuführung ist über gegurtete Bauteile zu erreichen. Von Nachteil sind die höheren Kosten für das Gurten, was in der Regel durch die Störsicherheit der Montageanlage kompensiert wird.

Schwingförderer stellen die größte Störquelle einer Roboteranlage dar. Mit Hilfe von einfachen Vorrichtungen und intelligenter Robotersoftware kann auch hier eine hohe Verfügbarkeit erzielt werden.

ROBOTERSOFTWARE

Die meisten Robotersprachen basieren auf NC-Sprachen. Sie haben den Vorteil, daß das Produktionspersonal diese Sprachen schnell erlernt, da das vorhandene Wissen nur zu ergänzen ist. Ob NC-Sprachen jedoch für Montageroboter-Steuerungen den benötigten Programmierkomfort und die "Intelligenz" je haben werden, ist zu bezweifeln. In der Montagetechnik mit Varianten gibt es einfach zu viele "if-Situationen", die mit der NC-Programmiertechnik nur schwer lösbar sind.

Die textuellen Sprachen wie AML-2 (A Manufacturing Language) basieren auf bekannten EDV-Sprachen wie Pascal oder "C". Sie bieten Programmierkomfort und praktisch jegliche Lösung einer "if-Situation", die sich ein Konstrukteur oder Arbeitsvorbereiter erdenken kann. Mit Hilfe solcher Sprachen lassen sich von einem routinierten Betriebsmittelkonstrukteur in der Projektierphase am Schreibtisch sehr viele Problemstellungen klären. In zwei Beispielen wird auf derartige Möglichkeiten noch verwiesen. Folgende Möglichkeiten sollte eine moderne Robotersprache bieten

- Off-Line-Programmierung
- programmierbare Genauigkeit
- Rückgriff auf Datenbank
- Nutzen von Unterprogrammen
- Arithmetik
- Überschleiftechnik
- Bahnsteuerung
- Multitasking-Steuerung von peripheren Einheiten
- Simulation
- CAM-fähig
- einfachste Bedienung durch das direkte Personal an der Anlage.

Mit einer derartig mächtigen Programmsprache können zusätzliche Aufgaben in das Roboterprogramm integriert werden. Sei es

- Teile vermessen, und automatisch die entsprechenden Geometriedaten in das Programm zu übernehmen
- Toleranzentwicklungen vermerken und eine programmierbare Korrektur hierauf vorsehen
- maximaler Nutzen aus Sensorik ziehen
- MDE
- beinhaltet Fehlerdiagnose bzw. sollte erweiterbar sein auf die kundenspezifische Anlage.

Solange solch mächtige Programmiersprachen nur ähnlich genutzt werden wie die bekannten NC-Sprachen, kann das Fertigungspersonal sicherlich wie gehabt das Programm der Anlage nach einer kurzen Schulung weiterhin machen. Die volle Nutzung einer Software wie AML-2 setzt jedoch intensive Schulung und vor allem Programmierpraxis voraus. Daß sich dies lohnt, ist aus den nachfolgenden Beispielen zu ersehen.

TAKTZEITEN

Über Roboter-Fahrgeschwindigkeiten wird viel geredet und vor allem hiermit geworben. Sicherlich hat die Geschwindigkeit einen Einfluß auf Taktzeiten, jedoch in weit geringerem Maße als viele glauben. Wesentlich größeren Einfluß hat die Länge des Weges, den der Roboter von Punkt A nach Punkt B zurückzulegen hat. Hierbei wird die von der Robotersteuerung automatisch die Beschleunigungs- und Verzögerungphase vorgegeben. Dies bedeutet, daß nur bei langen Wegen die maximale Geschwindigkeit eines Roboters zum Tragen kommt. In der Praxis bedeutet dies, daß Geschwindigkeiten > 5m/sec. sehr selten nutzbar sind, oder aber auch der Konstrukteur hat sich sehr wenig Gedanken über die zu fahrenden Wege gemacht. Jedem Anwender sei geraten, sich bei der Spezifikation der Bestellung bei den Taktzeiten sehr präzise Zusagen geben zu lassen.

Um zufriedenstellende Taktzeitergebnisse zu erhalten, ist es unerläßlich, eine Analyse über Bauteilehäufigkeit, Zuführgeschwindigkeit der Bauteile etc. zu machen, um über die Anordnung der Peripherie ein Maximum an Weg zu erzielen. Sehr häufig wird der Fehler gemacht, daß über die Roboter-Z-Achse Höhenunterschiede kompensiert werden.

Vergessen wird, daß die Z-Achse in der Regel die langsamste Achse ist, oder daß durch geschickte Konstruktion hier sehr viel Weg = Zeit einzusparen ist.

Über programmierbare Genauigkeit/Überschleiftechnik bei den einzelnen Fahrstrecken läßt sich ebenfalls sehr viel Zeit einsparen.

PROJEKTIERUNG EINER ANLAGE FÜR SMD-BESTÜCKUNG

Rahmenbedingungen

10 Teile sind zu setzen

			Toleranz	
A = 3	x	I	0.5	mm
B = 2	x	I	0.05	mm
C = 2	x	I	0.05	mm
D = 1	x	I	0.3	mm
E = 1	x	I	0.5	mm
F = 1	x	I	0.05	mm

Zuführungen   A = Wheelfeeder (Widerstand)
               B = Stick (IC)
               C = Palette (Flatpack)
               D = Whellfeeder (Diode)
               E = Wheelfeeder (Widerstand)
               F = Wheelfeeder (IC)

Bei der Greifertechnik wird ein Greiferwechselsystem einem IBM Mehrfachgreifer (18fach) gegenübergestellt.

- Greiferwechselsystem   800 g
- Mehrfachgreifer   2000 g

Mit Hilfe einer Projektstudie und AML-2-Simulation soll die durchschnittlich erzielbare Taktzeit ermittelt werden (Bild 1 und 2).

ERGEBNISSE

Die angenommenen Situationen wurden in diese Beispiel stark vereinfacht (Tabelle 1). In der Praxis werden nach einer Grobstudie, wie die vorliegende, noch weitere Details ausgearbeitet und auf dem PC simuliert.

Für eine gut fundierte Simulation wird erfahrungsgemäß 2- 5 Tage Arbeit am PC/CAD erforderlich sein. Daß sich dieser Aufwand lohnt, zeigt die Praxis. Eine derart konzipierte Anlage wird die angemessenen Leistungsdaten erreichen, d. h. aufwendige Umbauten bleiben erspart. Eine 3-D-Simulation würde sicherlich weitere präzise Untersuchungen ermöglichen. Die Programmieraufwendungen sind jedoch erheblich größer und setzen entsprechende Computerleistung voraus. Die Aussagekraft zwischen einer 2 1/2-D-Simulation und einer 3-D-Simulation bei Montagearbeiten mit SCARA's ist fast gleichwertig.

PROGRAMMIERKOMFORT EINER KLEBERAPPLIKATION

Rahmenbedingungen

Auf ein Bauteil, bei dem die Grundform gleich bleibt, muß eine Kleberaupe aufgetragen werden. Die Viskosität des Klebers hängt stark von äußeren Einflüssen ab, d. h. die Klebedosierung muß laufend angepaßt werden, was über die Fahrgeschwindigkeit erreicht wird.

Die Maße der Grundform sind kundenspezifisch, d. h. das Roboterprogramm muß laufend modifiziert werden.

LÖSUNG

In einem AML-2-Programm werden alle Geometrie- und Geschindigkeitsparameter als Variable eingegeben. Über AML-2 wird eine Zellenrechner-Software geschrieben, die es gestattet, alle Variablen menügeführt über einen PC direkt in dem Roboterprogramm zu ändern und zwar durch das Bedienungspersonal. Selbstverständlich kann auch hier über eine AMl-2-Simulation die benötigte Zeit ermittelt werden (Bild 3).

In einer integrierten Lösung (CAD/CAM) würden die Geometriedaten selbstverständlich direkt vom CAD überspielt.

ZUSAMMENFASSUNG

Eine Roboteranlage ist in der Regel eine Sondermaschine, d. h. die Leistungsdaten sind bei der Projektierung nur schätzbar. Dies ist sowohl für den Anwender als auch für den Integrator ein Investitionsrisiko.

Für den Anwender sind die zugesagten Taktzeiten und Verfügbarkeitsdaten die Basis der Wirtschaftlichkeitsberechnung. Er wird bei Nichteinhaltung dieser Daten auf Nachbesserung bestehen, was wiederum meist mit einer Verschiebung des Projektbeginns verbunden ist. Für den Integrator bedeutet dies Gewinnverlust und einen nicht zu unterschätzenden Imageverlust.

Derartige Risiken lassen sich in der Projektierphase leicht mit einer relativ simplen 2 1/2-D-Simulation, wie sie AML bietet, limitieren. Selbstverständlich hängt der Wert einer Simulation von Erfahrungswerten ab. Der Integrator muß die geplanten Geräte zuvor getestet haben. Sehr wichtig ist das Wissen über das Toleranzspektrum der montierten Bauteile. Dem Anlagenbauer kann nur geraten werden, hierüber präzise Angaben zu fordern. Eine Roboteranlage, die der Forderung nach "Flexibler Montage" gerecht wird, sollte Kriterien wie
- kann verschiedene ähnliche Produkte montieren
- ist leicht erweiterbar hinsichtlich Kapazität und Produkt
- ist leicht umprogrammierbar
erfüllen.

Unter diesen Voraussetzungen ist eine Roboterinstallation preiswert zu bauen. Es liegt selten an den Robotern, wenn Anwender über ihre Robotererfahrungen klagen - es liegt fast immer am Konzept der Anlage. Zu vermerken ist, der Anteil der positiven Installationen nimmt stark zu.

Der Robotermarkt selbst ist auf Wachstum programmiert. Folgende Punkte sprechen hierfür

- enorme Rationalisierungsanstregungen der Industrie
- zunehmende Flexibilität der Arbeitszeiten
- die Hochschulen unternehmen alle Anstrengungen, die Ausbildung den neuen Anforderungen anzupassen.

Das Handwerkszeug – der Roboter und die benötigte Software – ist vorhanden.

LAYOUT
ANORDNUNG DER ZUFUEHRUNGEN
SIMULATION I
B
A D E F
GB
X
Y
C
LP

Bild 1

LAYOUT
ANORDNUNG DER ZUFUEHRUNGEN
SIMULATION I
MIT MULTIGREIFER
B
A D E F
X
Y
C
LP

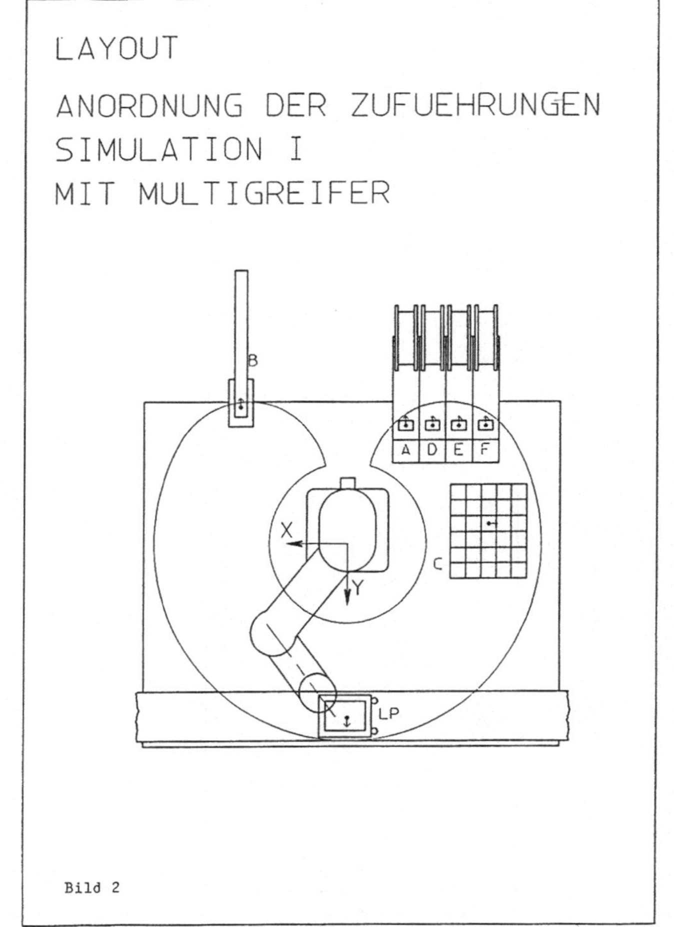

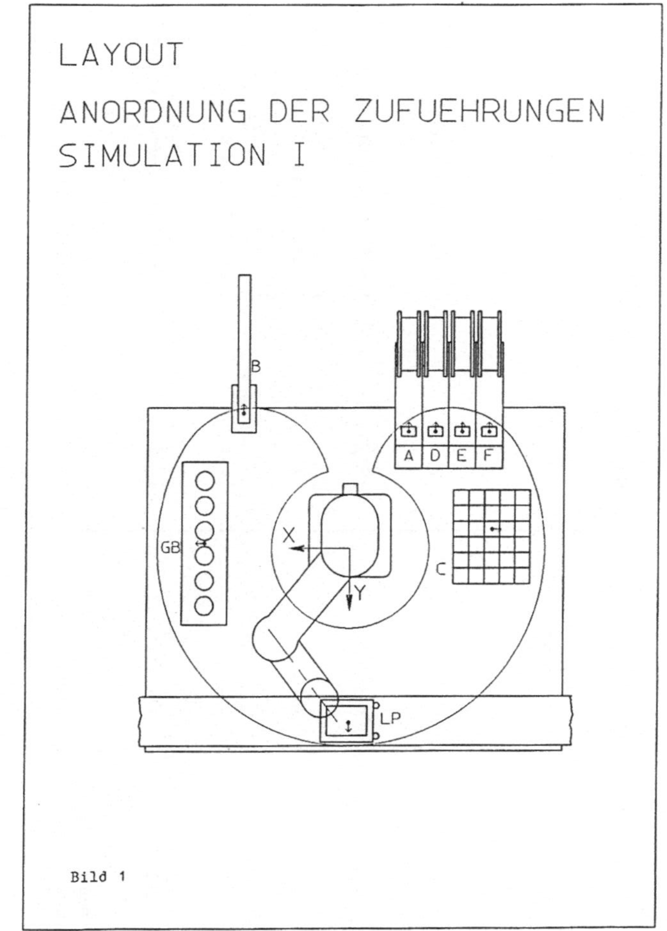

Bild 2

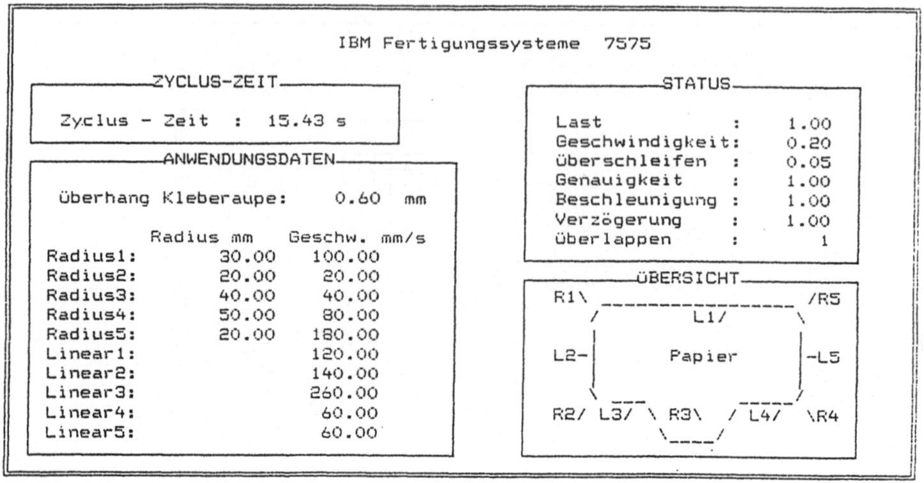

Bild 3

Tabelle 1   ERGEBNISSE DER AML-2 SIMULATION

Varianten	Wechselgreifer	IBM Multifinger-greifer	Bemerkung
I	71.3	19.0	max. Genauigkeit
II	68.4	18.5	max. Genauigkeit
III	66.7	18.3	max. Genauigkeit
IV	56.6	17.0	max. Genauigkeit
V	56.1	16.5	max. Genauigkeit
Va	35.5	12.1	selektive Genauigkeit
gemessene Zeit Va	32.83	12.0	selektive Genauigkeit

Robotereinsatz im Montagebereich

von F. Lünzmann

Größere technischen Vorhaben werden in der heutigen Zeit und aller
Voraussicht nach auch in der Zukunft von einem breiten öffentlichen
Interesse begleitet.

Dieses Interesse dokumentiert sich in einer Vielzahl von Publikationen,
bei denen eine starke Polarisierung von Befürwortung bzw. Ablehnung
erkennbar ist.

Die Berichterstattungen machen aber auch den gegenwärtig stattfindenen
umwälzenden Strukturwandel in der Fabrikation deutlich.

Dieser Strukturwandel ist geprägt von einem allseitig spürbaren Quali-
tätszuwachs und immer rationellerer, präziserer Fertigungstechnik mit
starkem Drang zur Mechanisierung.

So werden z. B. zukünftige Montagekonzepte einen deutlich höheren Mecha-
nisierungsgrad, bei wesentlich stärkerer Flexibilität, aufweisen.

Die Notwendigkeit zu stärkerer Flexibilität resultiert aus dem Zwang
einer besseren Kapitalnutzung der fertigungstechnischen Anlagen.

Bei Volkswagen unterscheiden wir nach den Flexibilitätskategorien:

       o Mengenflexibilität,
       o Typenflexibilität,
       o Änderungsflexibilität und
       o Störungsflexibilität.

Die Erklärungen hierzu ergeben sich aus den produktseitigen und ferti-
gungsplanerischen Einflußgrößenänderungen, die von den Produktions-
anlagen der Zukunft mit einem minimierten Kapitaleinsatz kompensiert
werden müssen (**Bilder 1, 2, 3 und 4**).

Notwendigkeit der Flexibilität

Produkt:

O Modellpaletten-Erweiterung
O Technische und stilistische Veränderungen
O Technologie-Änderungen

Fertigungsplanung:

O Anpassung an durch Markt vorgegebene Produktionsprogramme
O Übernahme von Modellen aus Konzernwerken
O Anlauf eines neuen Typs bei Weiterproduktion des alten
O Umstieg auf Nachfolge-Modell nur mit Anpaßinvestition
O Umstieg auf Nachfolge-Modell ohne Umstiegsfläche in kürzerer Zeit
O Übernahme von Derivaten in die Produktion nur mit Anpaßinvestition

 19.11.87

Bild 1

Idealisierter Stückzahl- und Investitionsverlauf

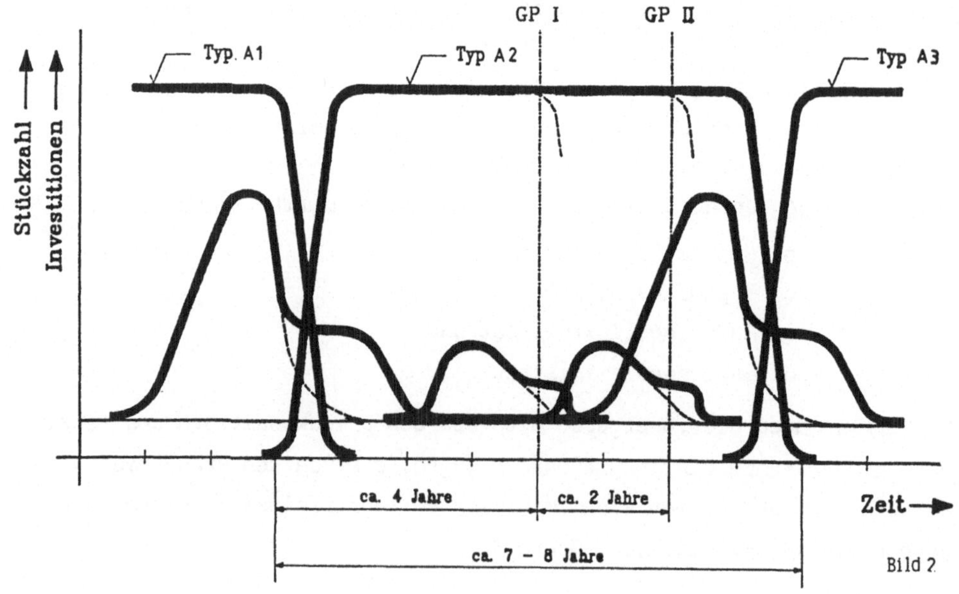

Bild 2

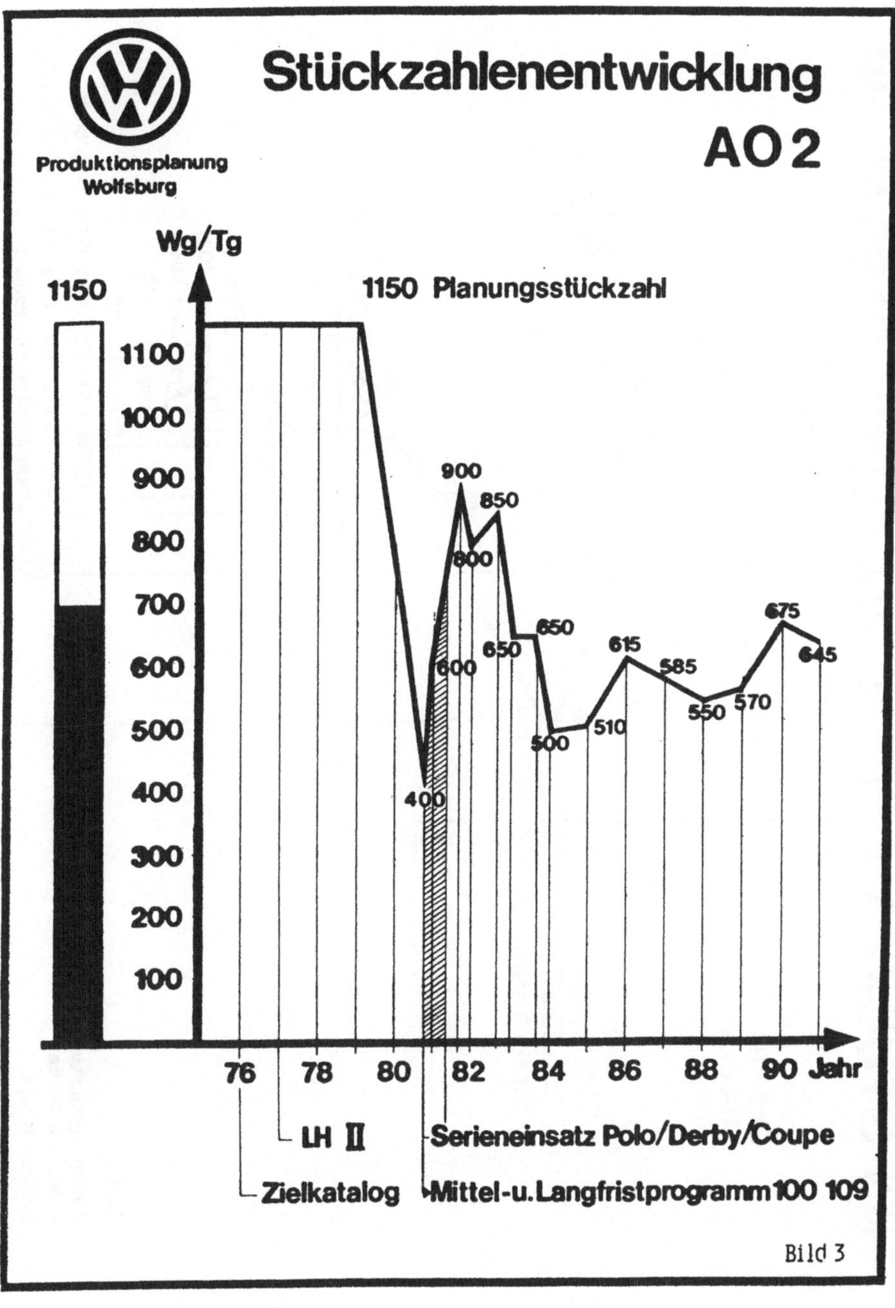
Produktionsplanung
Wolfsburg
Stückzahlenentwicklung
AO 2
Wg/Tg
1150
1150 Planungsstückzahl
1100
1000
900
800
700
600
500
400
300
200
100
900
850
800
675
650
650
615
645
600
585
570
550
510
500
400
76 78 80 82 84 86 88 90 Jahr
LH II
Zielkatalog
Serieneinsatz Polo/Derby/Coupe
Mittel-u. Langfristprogramm 100 109
Bild 3

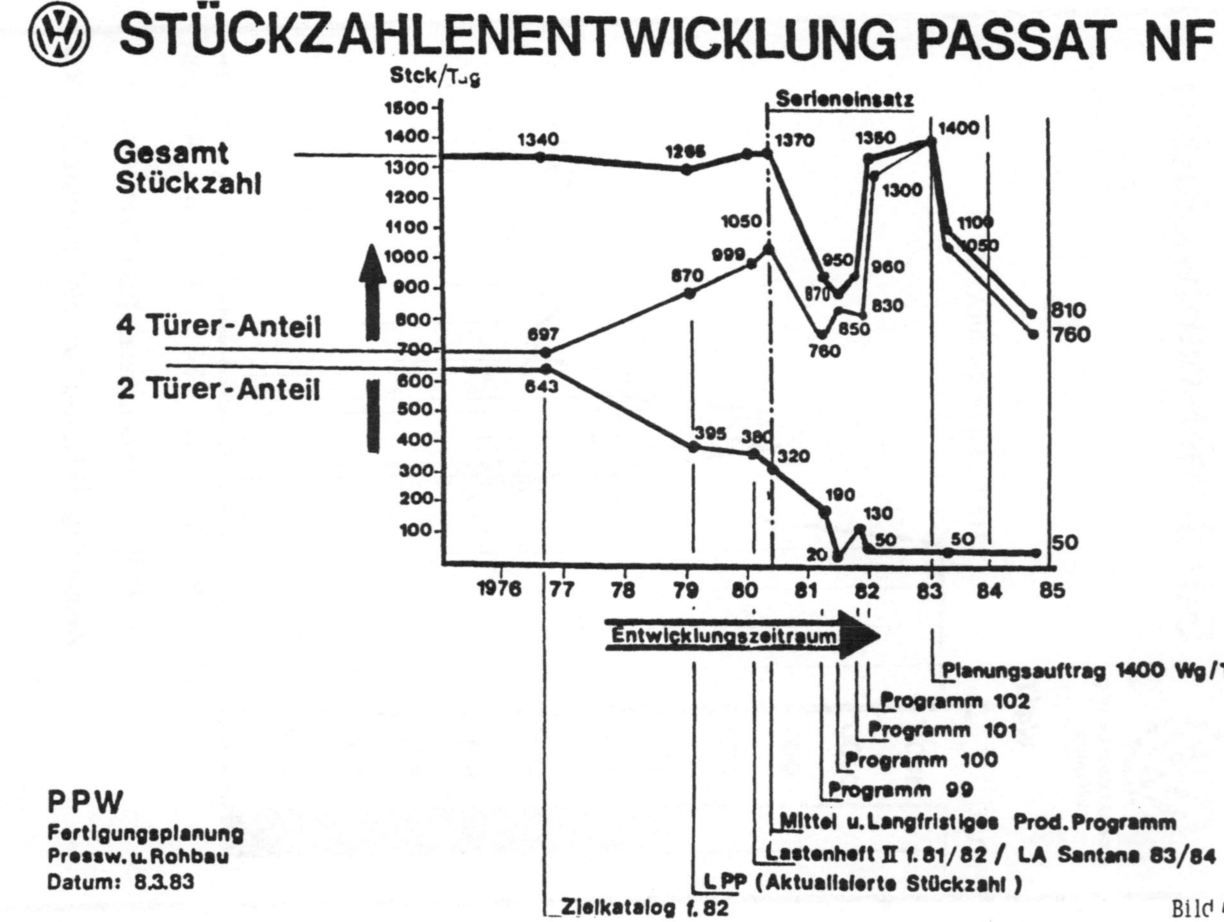
STÜCKZAHLENENTWICKLUNG PASSAT NF
Stck/Tag
Serieneinsatz
1500
1400
1300
1200
1100
1000
900
800
700
600
500
400
300
200
100
Gesamt Stückzahl
4 Türer-Anteil
2 Türer-Anteil
1340
1295
1370
1350
1400
1050
999
950
960
1300
1100
1050
870
870
830
810
760
697
760
850
643
395
380
320
190
130
810
760
50
50
50
20
1976
77
78
79
80
81
82
83
84
85
Entwicklungszeitraum
Planungsauftrag 1400 Wg/Tag
Programm 102
Programm 101
Programm 100
Programm 99
Mittel u. Langfristiges Prod. Programm
Lastenheft II f. 81/82 / LA Santana 83/84
LPP (Aktualisierte Stückzahl)
Zielkatalog f. 82
PPW
Fertigungsplanung
Pressw. u. Rohbau
Datum: 8.3.83
Bild 4

Im Hause VW sind verschiedene Fertigungssysteme im Einsatz bzw. in
der Planungs- oder Realisierungsphase **(Bild 5 und 6):**

1. **Typgebundene Systeme**

2. **Flexible Systeme**

   a) Flexible autom. Linie (Strahl)
   b) Flexibles autom. System (Wabe)

Favorisiert wird trotz der hohen Erstinvestitionen und des größeren
Flächenbedarfs das sogenannte Wabensystem.

Der Industrieroboter hat in den flexiblen Fertigungssystemen eine zentrale Bedeutung, denn eine derartige Fertigungskonzeption mit einer
hohen Typen- und Derivatfertigung setzt flexibel verkettete Fertigungseinrichtungen mit minimalen Rüstzeiten voraus. Der Industrieroboter
als programmgesteuerte Maschine läßt sich beispielhaft in ein Daten-In-
formationsnetz eines Fertigungsunternehmens einbauen und ausgerüstet
mit Werkzeugwechseleinrichtungen stellt er eine universelle Fertigungsmaschine dar.

VW als Produzent von Industrierobotern für die eigene Fertigung hat
stets eine anforderungsbezogene Entwicklung von Industrierobotern betrieben. Das heißt, die Entwicklung der Modellpalette der VW-Industrie-
roboter **(Bild 7, 8 und 9)** steht immer im Gleichklang mit den geplanten
Fertigungskonzepten.

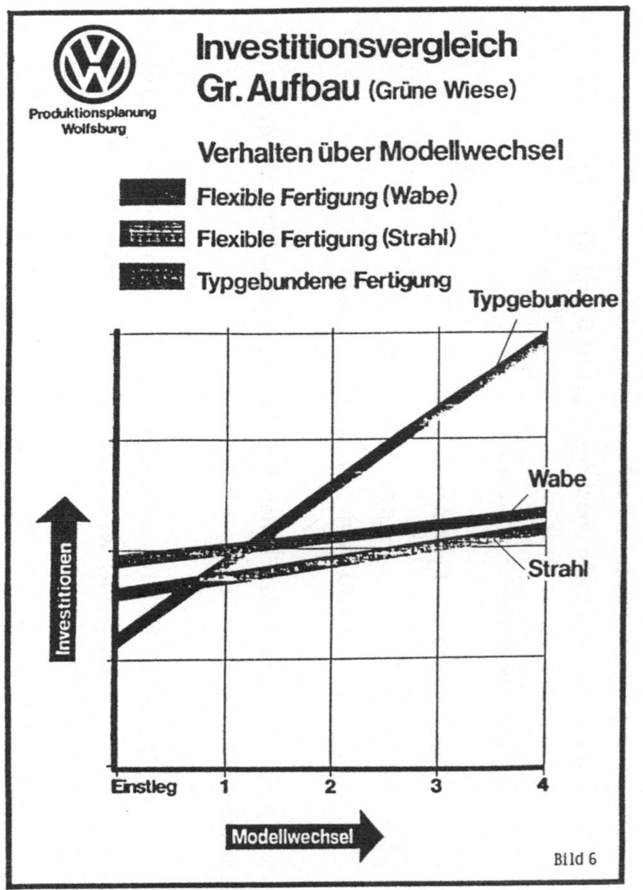

Produktionsplanung
Wolfsburg
Investitionsvergleich
Gr. Aufbau (Grüne Wiese)
Verhalten über Modellwechsel
Flexible Fertigung (Wabe)
Flexible Fertigung (Strahl)
Typgebundene Fertigung
Typgebundene
Wabe
Strahl
Investitionen
Einstieg
1
2
3
4
Modellwechsel
Bild 6

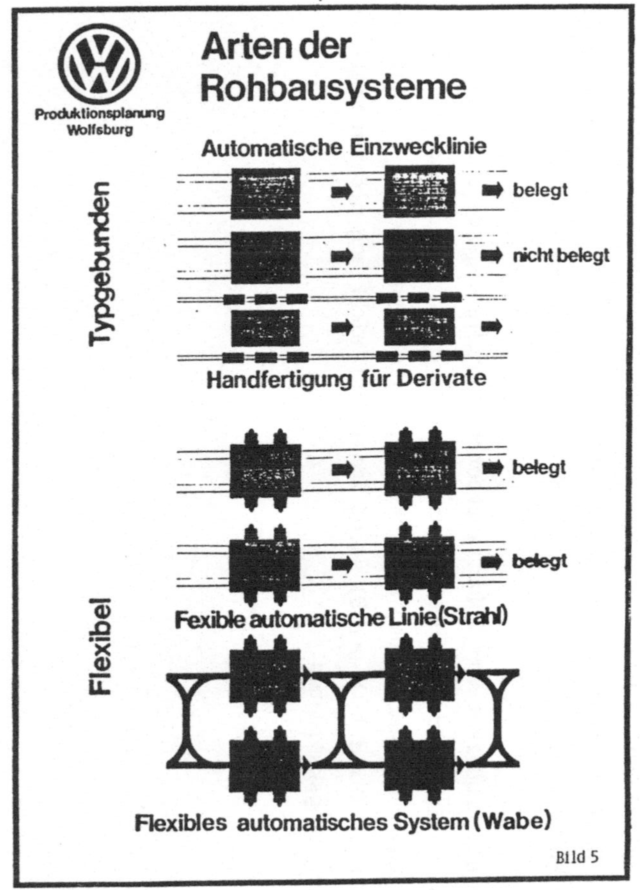

Produktionsplanung
Wolfsburg
Arten der
Rohbausysteme
Automatische Einzwecklinie
belegt
nicht belegt
Handfertigung für Derivate
belegt
belegt
Fexible automatische Linie (Strahl)
Flexibles automatisches System (Wabe)
Typgebunden
Flexibel
Bild 5

Gelenkarm-Roboter					
(VW) 22.02.88 Prinzip - Bild	Typ	Nutzlast	Achsenanzahl	Anzahl der gebauten Geräte	Anwendungsgebiet
A4 A5 A3 A2 A1 / A5 A6 A4 A3 A2 A1 — 5 Achsen / 6 Achsen	G8	8 kg	5 Achsen 6 Achsen Steuerung : Punkt zu Punkt (ptp) Bahn (cp)	22	Bahn-Schweißen (CO$_2$) Kleber auftragen Dichtungsmaterial auftragen
A4 A5 A6 A3 A2 A1	G15	15 kg	6 Achsen Steuerung : Punkt zu Punkt (ptp) Bahn (cp)	174	Bahn-Schweißen Kleber auftragen Dichtungsmaterial auftragen
A4 A5 A6 A3 A2 A1	G60	60 kg	6 Achsen Steuerung : Punkt zu Punkt (ptp) Bahn (cp)	809	Punktschweißen Handhabung Montage
A4 A5 A6 A3 A2 A1	G100	100 kg	6 Achsen Steuerung : Punkt zu Punkt (ptp) Bahn (cp)	G100 = 195 GP100 = 86	Punktschweißen Geo-Box-Emden

Bild 7

22.02.88

Säulen-Roboter

Prinzip - Bild	Typ	Nutzlast	Achsenanzahl	Anzahl der gebauten Geräte	Anwendungsgebiet
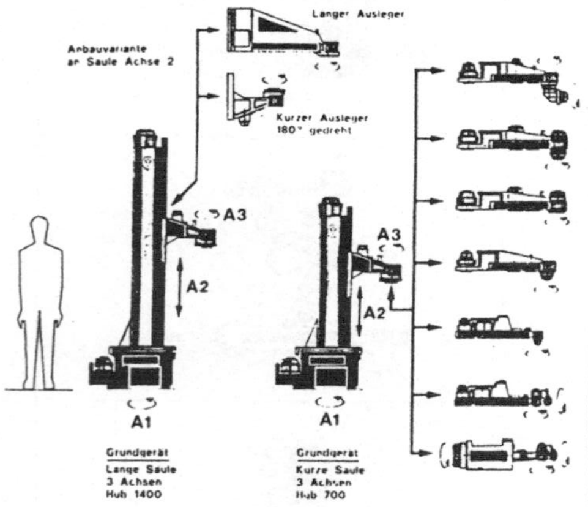	S1	je nach Achsenanzahl 20-1000 kg	2 - 6 Achsen Steuerung : Punkt zu Punkt (ptp)	59	Montagen Zsb. Kühler Wob+Emden Zsb. Frontend Emden Zsb. Federdämpfer Emden Zsb. Federbein Wob ML1 Montage Wob
Sämtliche Anbauvarianten des "S1" Roboters sind für den "S2" verwendbar ! 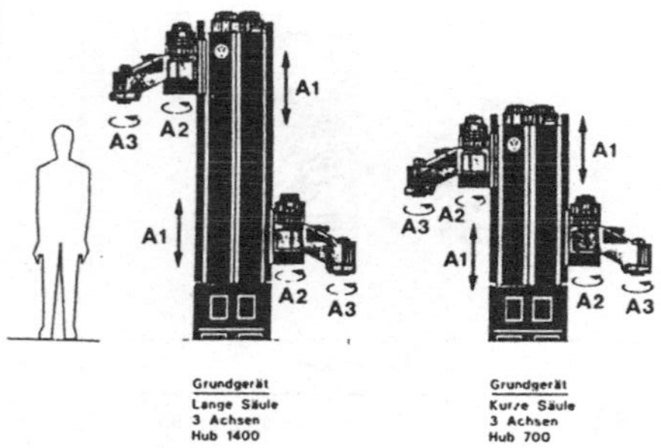	S2	je nach Achsenanzahl 20-1000 kg	1 - 6 Achsen Steuerung : Punkt zu Punkt (ptp)	6	Montagen Zsb. Kühler Wob+Emden

Bild 8

Industrieroboter - Einsatz

P P W
Stückzahlen - Stand vom : 01.01.1988

Einsatzorte

Einsatzorte	
Werk Wolfsburg	564
Hannover	186
Braunschweig	44
Kassel	59
Emden	609
Salzgitter	12
Audi - Ingolstadt	410
Neckarsulm	191
Werk Brüssel	24
U S A	74
Mexico	4
Brasilien	21
SEAT Barcelona	18
VW-Konzern-Einsatz	2216
Disposition	97
Vertrieb	94
Gesamt - Produktion	2407

Einsatzgebiete

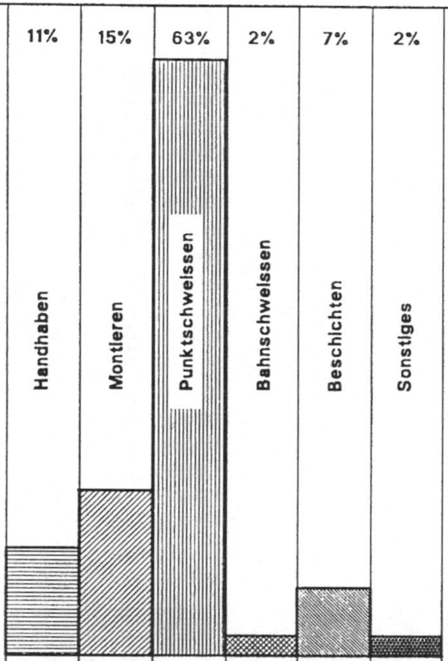

Einsatzgebiete	%	Anzahl
Handhaben	11%	242
Montieren	15%	336
Punktschweissen	63%	1387
Bahnschweissen	2%	53
Beschichten	7%	148
Sonstiges	2%	50

Bestellungen für 1988/89 : 450

VW-Prognose bis 1990 : 3000

Roboter - Typen

Roboter - Typen	
K 15 / 5	159
L 15 / 3	34
R 30 / 6	613
R 100	15
G 8 / 6 , / 5	22
G 15 / 6	174
G 60 / 6	809
G 100 / 6	195
GP 8 / 5	2
GP 100 / 6	86
P 30 / 3	20
P 50 / 3	240
P 200 / 3 , / 6	5
S1 / 3 ..... / 6	29
S2 / 3 + 3 ..... / 6 + 6	4

Industrieroboter im Einsatz

Bild 9

FERTIGUNGSINTEGRIERTE ROBOTEREINSÄTZE

- Filmvorführung -

Bildsequenzen:

1. Preßwerk:
o Boden stapeln
o Tür-Innenblech entsorgen

2. Rohbau:
o Tür-Kleber auftragen
o Tür-Innenblech und Außenhaut fügen
o Tür-Abdichtung

3. Montage:
o Hilfsrahmen-Vormontage
o Kühler-Vormontage
o Starter fügen
o Spannlasche fügen und verschrauben
o Keilriemen auflegen
o Batterie einlegen und verschrauben

4. Perspektiven für Robotereinsätze (Laborversuche):
o Kommissionierung Federbein/Schwenklager
o Schalttafeleinbau
o Sitzeinbau
o Bremsleitung fügen
o Kraftstoffleitung fügen
o Dichtleiste aufrollen
   - manuell
   - automatisch

In Bezug auf die Verbreitung von Industrierobotern befindet sich das
Anwendungsgebiet der Montage erst in der Entwicklungsphase **(Bild 10)**.

Daraus läßt sich schließen, daß in den nächsten Jahren ein überpropor-
tinaler Einsatz von Industrierobotern in der Montage stattfinden wird,
der auch schon im vergangenen Jahr registriert wurde.

Anwendungsbereiche und Verbreitung von Industrierobotern

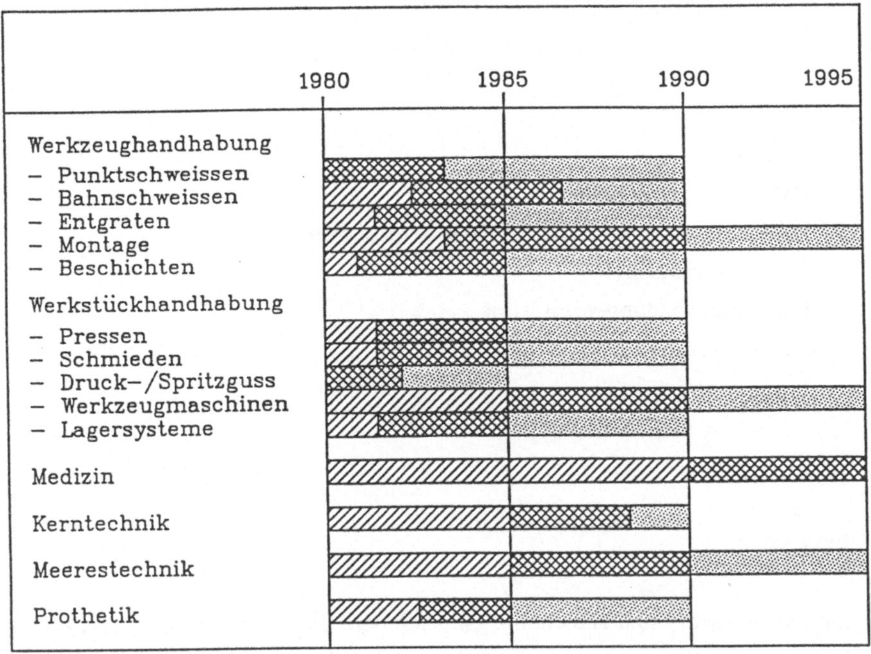

Quelle: Japan Industry Robot Association (JIRA)

Bild 10

Flexible Montage mit Robotern

von H. Kaufmann

Einsatz von Schwenkarmrobotern
in flexible Montagelinien

1. Einleitung
2. Systemlösung, Peripherie
3. Handhabungssysteme mit Schwenkarmrobotern
4. Anwendungsbeispiele
5. Roboteranwendungen im Film
6. Zusammenfassung

1. Einleitung

Industrieroboter sind Handhabungsmaschinen, die einfache, sich wieder-
holende Handhabungsvorgänge sicher, schnell und ohne Pausen ausführen
können.

Diese Fähigkeiten sind bei vielen automatisierten Arbeitsvorgängen in
der Erzeugnismontage und der allgemeinen Handhabung gefragt. Angesichts
der großen Zahl möglicher Einsatzfälle ist unter dem Zwang weiterer Automatisierung eine Steigerung des Robotereinsatzes auf ein Vielfaches des
bisher erwarteten Maßes abzuschätzen, und zwar vor allem auf den Gebieten

...

- Montage (mit Fügen und Prüfen)
- Beladen und Entladen von Maschinen, Verfahrensstationen und Vorrichtungen
- Palettieren und Verpacken sowie
- Spezialanwendungen, beispielsweise Verlegen von Kabeln, Löten, Auftragen
  von Dichtmasse / Klebern.

Voraussetzung für die Realisierung ist zum einen ein Angebot an Industrierobotern, deren Eigenschaften dem Anforderungsprofil dieser Anwendungsgebiete
besonders entsprechen und deren Kosten einen rationellen Einsatz unter
den üblichen Rahmenbedingungen erlauben. Zum anderen muß selbstverständlich
auch qualifizierte Ingenieurkapazität bei Herstellern und Anwendern dieser
Geräte verfügbar sein, um sie an den speziellen Anwendungsfall anpassen
zu können.

Wird außerdem ein wesentlich niedrigeres Preisniveau gegenüber bisher
erreicht, sind aufgrund der damit gegebenen guten Wirtschaftlichkeit hohe
Zuwachsraten der Roboteranwendungen zu erwarten. Diese Prognose wird
durch die Entwicklung am nationalen Markt sowie in USA und Japan abge-
stützt.

Robotergrundbauarten, Anwendungsgebiete

Aus der Vielfalt der am Markt angebotenen Geräte lassen sich Roboter mit spezieller
Eignung für die Montage- und Handhabungstechnik in vier Grundbauarten einteilen
(Bild 1)

Portal

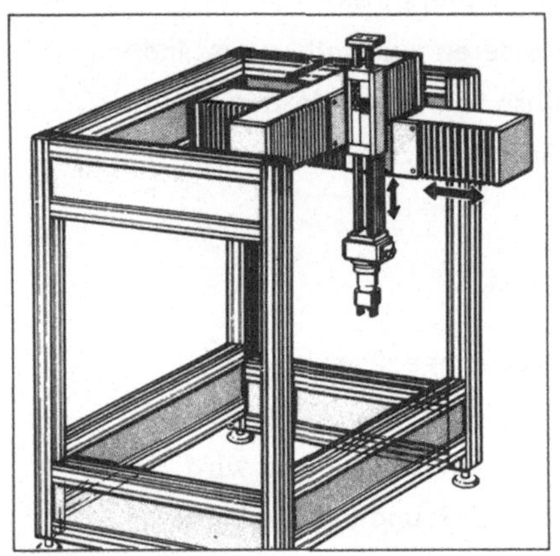

Lineararm

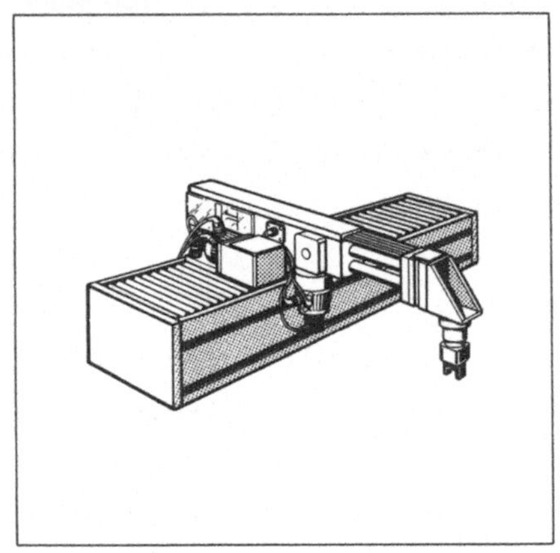

Vertikalknickarm

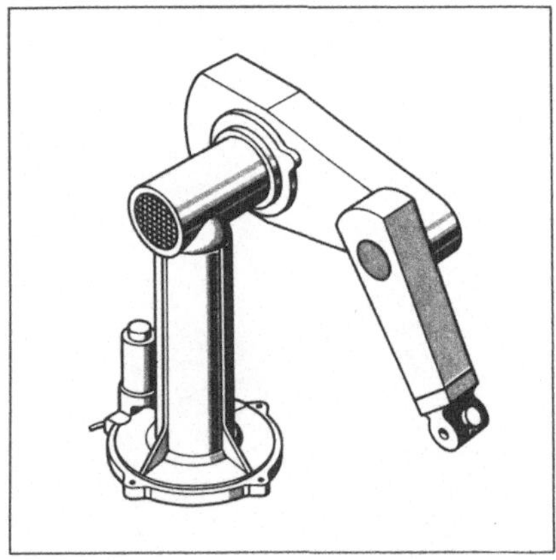

Schwenkarm

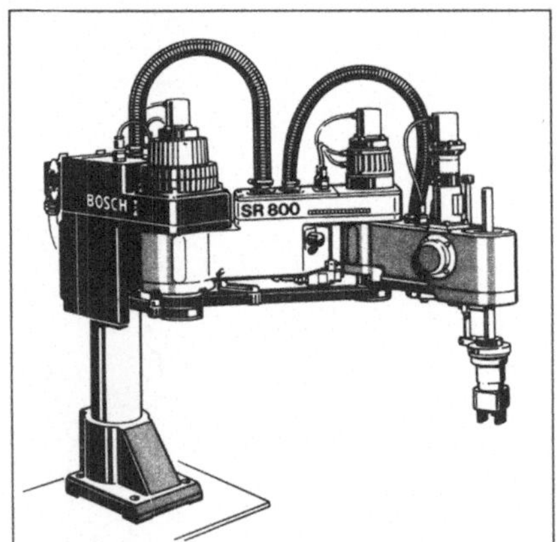

Bild 1: Grundbauarten Roboter

...

Aufgrund ihrer typischen Merkmale und eines ausgeprägten Leistungsprofils lassen sie sich Anwendungsgebieten und deren Anforderungen schwerpunktmäßig zuordnen.

Hierbei zeigt sich die relativ große Anwendungsbreite der Bauart Schwenkarmroboter (Horizontal-Knickarm-Roboter). Siehe Bild 2

Diese Bauart wurde unter dem Typnamen "SCARA" zuerst in Japan am Markt eingeführt.

Bauarten				Anwendungsgebiete
Portal	Linear-arm	Vertikal-knickarm	Schwenk-arm	● häufigste Anwendung
		●	●	Beschichten
		●		Punktschweißen
		●		Bahnschweißen
		●	●	Entgraten
	●		●	Prüfen
	●			Druck-/Spritzguß
				Schmieden
	●			Pressen
				Werkzeugmaschine
●		●	●	Palettieren
●			●	Verpacken
			●	Bohren, Fräsen
				Montage
●	●		●	Einlegen
			●	Schrauben
			●	Einpressen
			●	Kabel verlegen

Bild 2: Anwendungsgebiete für Schwenkarmroboter

...

2.   Systemlösung, Peripherie

Langjährige Erfahrungen auf dem Gebiet der Montageautomatisierung unter
Berücksichtigung des jeweils letzten technisch-wirtschaftlichen Standes
sind die besten Voraussetzungen eines Herstellers zur Entwicklung von
Montagerobotern.

Bei den heutigen Anforderungen an flexible Fertigungseinrichtungen muß
ein praxisgerechtes Baukastenprogramm zur Verfügung stehen, das aus
kompatiblen Modulen besteht und auf der Basis einer ganzheitlichen Systembetrachtung entstanden ist.

Nur so ist es möglich, nicht nur Roboter, sondern darüber hinaus auch
zusammenpassende Peripheriekomponenten und auf Anforderung auch
die auf den Wunsch des Anwenders zugeschnittene Problemlösung mit
hohem Standardisierungsanteil anzubieten.

Hier sind zu nennen:

o Mechanik-Grundelemente für alle statischen Funktionen wie z.B. Maschinengestelle
o Baueinheiten für die manuelle Montage
o Zubringeeinrichtungen für die Versorgung mit Einzelteilen und Baugruppen
  aus der Vorfertigung
o Transfersysteme für den gezielten Teile- und Werkstückfluß durch eine
  Fertigungseinrichtung
o Handhabungsmodule für einfache wiederkehrende Handhabungsfunktionen
  parallel zum Roboter
o Greifereinheiten
o Steuerungsbausteine
o Verfahrenseinheiten

Systemintegration und einheitliche Schnittstellen von Mechanik und Steuerung
sind beim Betrieb und der Wartung für den Anwender von großem Vorteil.
Qualifizierter Service und ein geschlossenes, in Stufen aufgebautes
Schulungsangebot unterstützen bei der Inbetriebnahme, fördern eine hohe
Verfügbarkeit im Fertigungsprozeß und ermöglichen eine rasche Umstellung
auf neue Einsatzfälle.

...

3. Handhabungssysteme mit Bosch-Schwenkarmrobotern

3.1 Anforderungen an ein Robotersystem

Die wesentlichen Anforderungen, die ein Robotersystem erfüllen muß,
sind:
- kurze Zykluszeiten (ca. 2,5 ... 10 sec/Tätigkeit)
- hohe Genauigkeit von = +/- 0,05 mm
- günstiges Preis-Leistungsverhältnis
- leistungsfähige Peripherie für Verfahrenstechnik und Materialfluß

3.2 Systemkonzept der Schwenkarmroboter SR 800 / 600 / 450

Ein Teil der Anforderungen aus der Montage- und Handhabungstechnik
wird auch von Portal- und Lineararmrobotern erfüllt. Eine besonders
breite und optimale Überdeckung des Anforderungsprofils wird jedoch
nur von Schwenkarmrobotern erreicht.

Dieses Gerätekonzept hat spezifische Stärken:
- hohe Verfahrgeschwindigkeiten in der Horizontalen durch überlagerte
  Achsenbewegung
- hohe Genauigkeiten in X, Y, Z
- hohe Steifigkeit in der Vertikalachse Z (Einpassen, Eindrücken)
- große Arbeitsfläche im Verhältnis zur Baugröße
- kompakte, kostengünstige Bauform

3.3 Geräteaufbau und Varianten der Robotersysteme SR 800 / 600 / 450

Die Schwenkarmroboter der SR-Baureihe 800/600/450 (diese Typbezeichnung
beinhaltet die Reichweite als kennzeichnende Größe) sind - je nach Ausbaustufe
-in zwei bis vier Achsen frei programmierbare Maschinen.
Sie weisen einige wichtige gerätetechnische Vorteile auf:

...

- Der stabile Aufbau und die mit großen Reserven ausgelegten Motoren
  und Getriebe ergeben die erforderliche Robustheit
- Die geringe Zahl der Bauteile und die wirksame Abdichtung sämtlicher
  Funktionselemente tragen zur hohen Verfügbarkeit bei.
- Wartungsarbeiten sind durch Steckanschlüsse für Motoren und Meßsysteme
  und einen schnell wechselbaren Kabelsatz einfach durchführbar.

Die vierachsig frei programmierbare universelle Grundversion, die für
die Handhabung von Werkstücken ausgelegt ist, wird durch die Ausführung
mit Vertikalschlitten ergänzt, die zum Anbau von Verfahrenseinheiten
wie Schrauber, Fett- und Klebstoffauftrageköpfen besonders geeignet ist. (Bild 3)

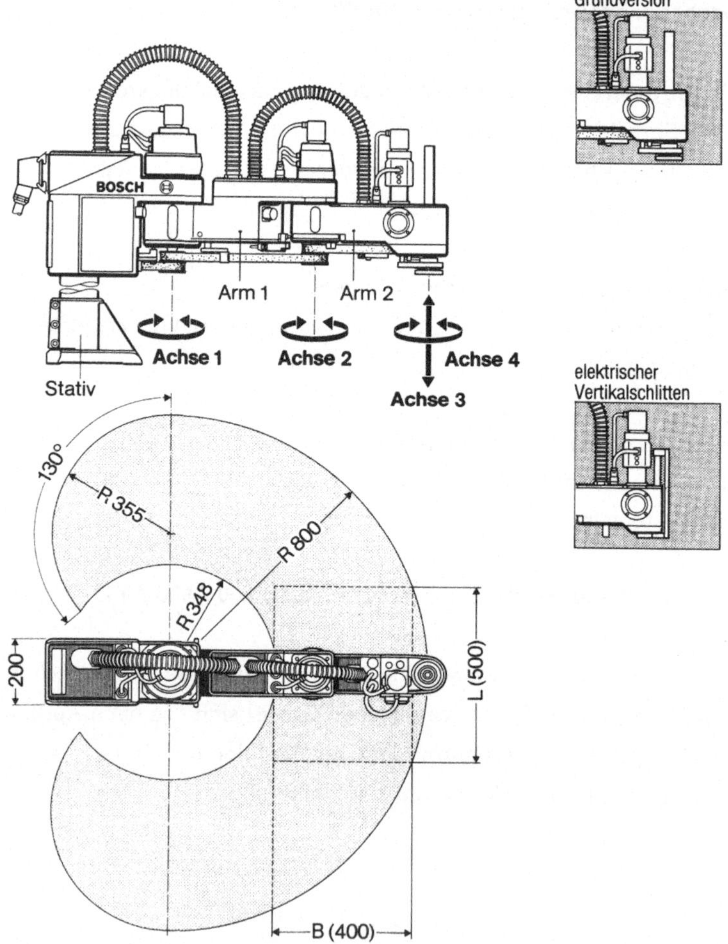

Bild 3: Beispiel: Schwenkarmroboter SR 800, 600, 450, Abmessungen und Aufbauvarianten

3.4 Steuerung

Die Eigenschaften und Anwendungsmöglichkeiten eines Roboters werden entscheidend durch seine Steuerung geprägt.

Die neuentwickelte und auf den Schwenkarmroboter besonders abgestimmte Steuerung ist eine leistungsfähige und sehr schnelle Multiprozessorsteuerung (CNC), die das Verfahren des Roboterarmes auf einer Geraden oder Kreisbahn innerhalb seines Arbeitsraumes mit hoher Geschwindigkeit und Genauigkeit ermöglicht.

Die anwendungsorientierte Programmiersprache "BAPS" (Bewegungs- und Ablaufprogrammiersprache) enthält die zur Programmierung des Gerätes erforderlichen Befehle und Anweisungen im Klartext. Durch die Verwendung von Sprachelementen der Landessprache ist eine leichte Erlernbarkeit auch im Werkstattbereich und eine gute Selbstdokumentation gegeben.

Für die in der Praxis auftretenden unterschiedlichen Anforderungen stehen verschiedene Schnittstellen zur Vefügung.

Das Bedienfeld der Steuerung enthält alle für den Produktionseinsatz erforderlichen Bedien- und Anzeigeelemente. Daran direkt anschließbar sind handelsübliche Bildschirmterminals für Programmierung, Test und Diagnose. (Bild 4)

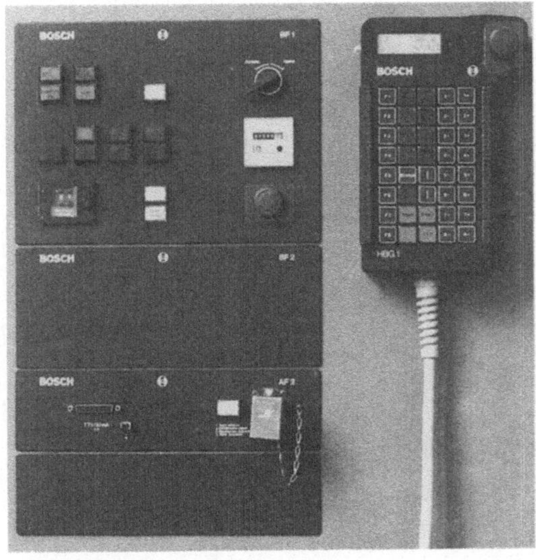

Bild 4: Bedienfeld und Handbediengerät zum Schwenkarmroboter SR-Baureihe

Das für die Inbetriebnahme und zur Positionserfassung im "Teach-in"-Verfahren erforderliche Handbediengerät ist ansteckbar.

Über einen zusätzlichen Datenverteiler lassen sich weitere Peripheriegeräte und intelligente Sensoren anschließen. Die Anschlußmöglichkeit externer Rechner zur Programmierung, z. B. auf CAD-Systemen, und zur Verknüpfung mehrerer Roboter durch ein Leitsystem ist ebenfalls vorgesehen (Bild 5).

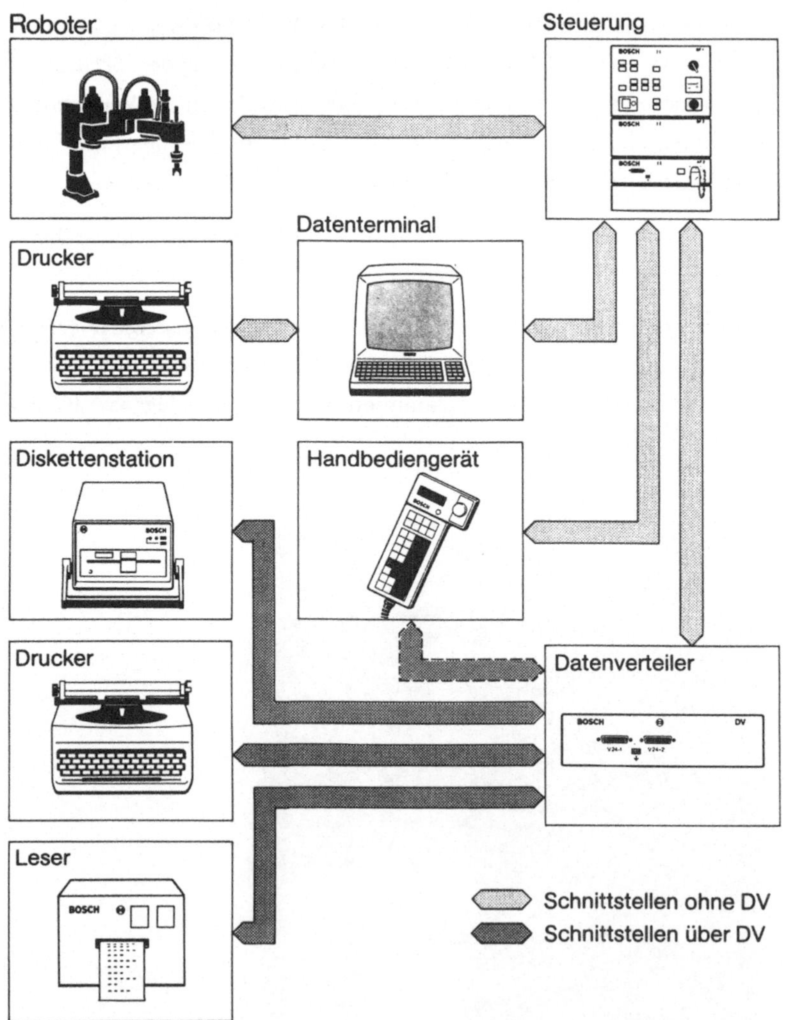

Bild 5: Schwenkarmroboter SR-Baureihe; Schnittstellen der Steuerung

4.   Anwendungsbeispiele

4.1   Montage von Scheinwerfergläsern
(Streuscheiben)

Bild 6: Montagestation mit zwei Schwenkarmrobotern SR 800 und FMS-
Transfersystem TS 2

<u>Technische Daten</u>

Aufgabe: **Zubringen** und **Fügen** von Halteklammern
zur Befestigung von Scheinwerfergläsern (Streuscheiben)

Werkstück: Haupt- und Nebelscheinwerfer (Leuchtenbaugruppen) für
Kraftfahrzeuge; 32 Typen

Roboter: - 2 SR 800, 4 Achsen
- Ein Portalroboter (x, y, z-Achse) in Sonderbauweise

Greifer: Sondergreifer

Taktzeit: ca. 3,5 sec/Halteklammer

Verwendete FMS-Module:

- Schwenkarmroboter SR 800
- Transfersystem TS 2
- Mechanik-Grundelemente
- Schwing- und Linearförderer
- Handhabungsmodule (NC- und PN-Achsen)
- Speicherprogrammierbare Steuerung (SPS)
- Steckinstallationssystem
- Pneumatik

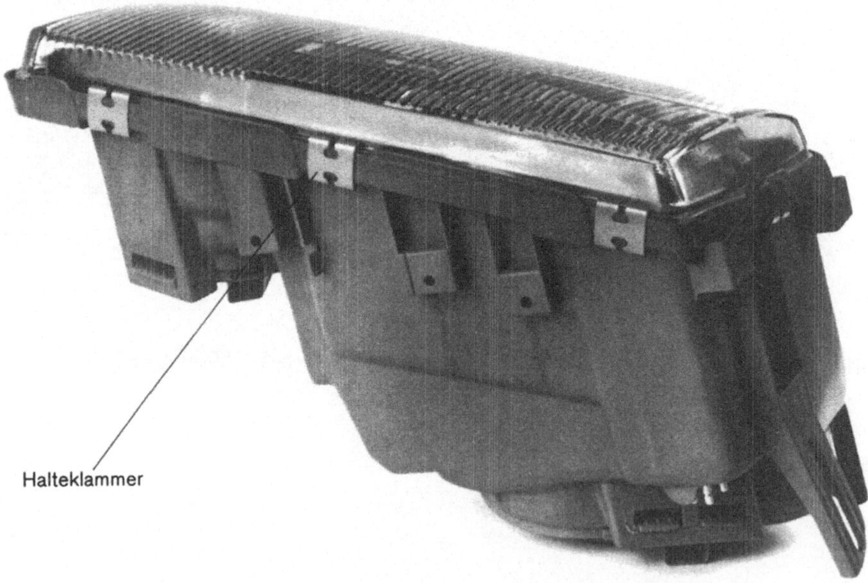

Bild 7: PKW-Scheinwerfer mit montierter Streuscheibe

Systemausführung

Die Montagestation (Bild 6 und 9) mit den 2 Schwenkarmrobotern SR 800
(1, 2) und einem Portalroboter (nicht dargestellt) ist ein Teil einer
Montagelinie für das Montieren von Scheinwerfern (3) (Leuchtenbaugruppe).
Die vormontierten Scheinwerfer werden auf Werkstückträgern (4) und dem Bosch-
Transfersystem TS 2 (5) der Montagestation zugeführt. Die Roboter SR 800
sind mit Sondergreifern (6) ausgerüstet, welche an den Flanschen der Roboter-
Z-Achse angeschraubt sind.

Das Ordnen, Vereinzeln und Bereitstellen der Halteklammern erfolgt mit
4 Rotations- und Linearschwingförderern (7).

Nach dem Einfahren des WT in Montageposition werden vom Portalroboter mit
einem kardanisch aufgehängten Niederhalter die Scheinwerfergläser fest auf
das Scheinwerfergehäuse gedrückt. Parallel dazu holen die Roboter je eine
Klammer von den Aufnahmen (8), fahren zu den vorprogrammierten Stellen und
montieren je nach Scheinwerfertyp bis zu 6 Halteklammern (9). Die Anordnung
der Halteklammern ist in allen 4 Seiten möglich.
Aus Taktzeitgründen ist je ein Roboter für eine Längs- und eine Querseite
des Scheinwerfers zuständig.

Bild 8:

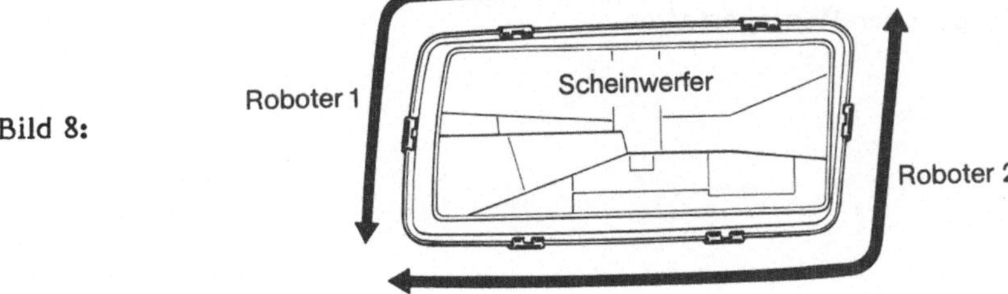

In den Robotersteuerungen sind die Programme für alle 32 Scheinwerfer-
typen abgelegt, so daß entsprechend der Codierung der Werkstückträger
das gesamte Scheinwerferprogramm in beliebiger Reihenfolge ("chaotisch")
montiert werden kann.

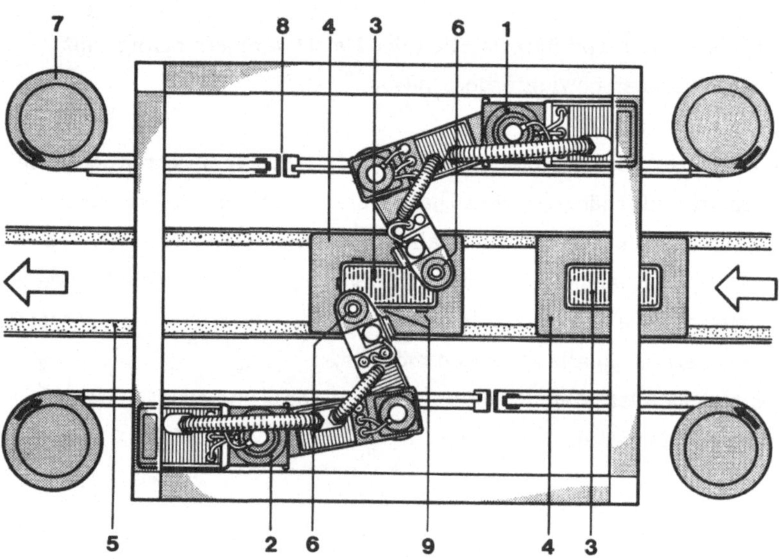

Bild 9: Schema der Montagestation

4.2 Automatisches Weichlöten von Einzellötstellen

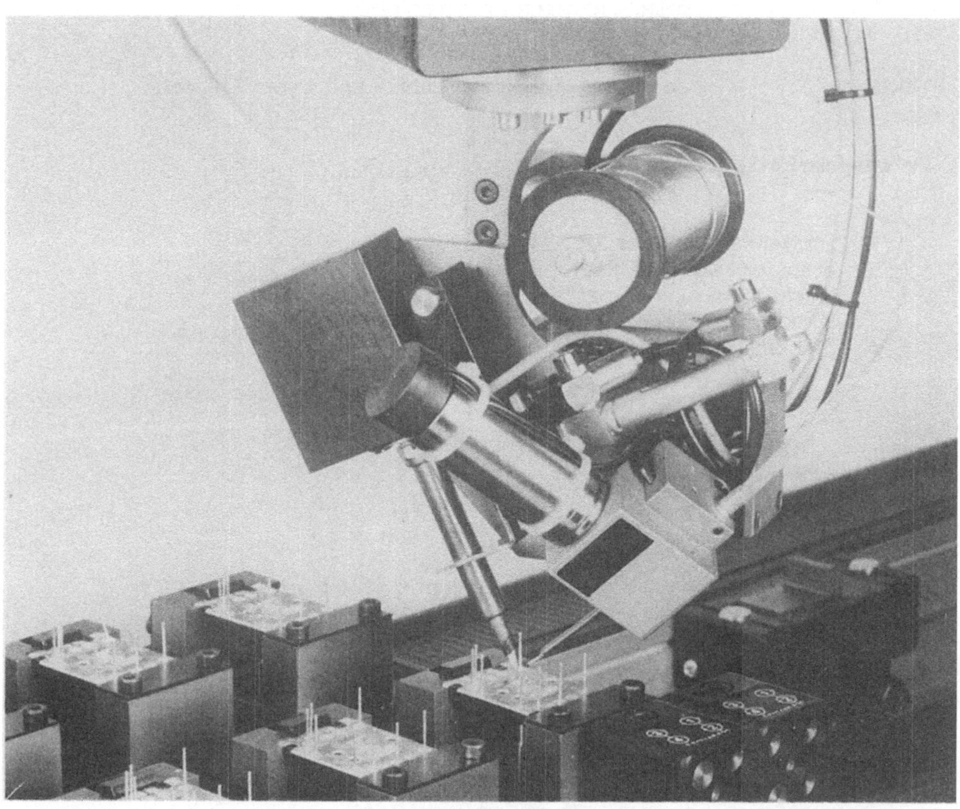

Bild 10: Lötwerkzeug an einem Schwenkarmroboter SR 800

<u>Technische Daten</u>

Aufgabe: Automatisches **Weichlöten** von Einzellötstellen

Werkstück: Leiterplatten, Elektronikbaugruppen

Roboter: SR 800, 4 Achsen

Lötwerkzeug: Sondereinrichtung mit Steuerung zum Programmieren von
allen wichtigen Lötparametern.

Taktzeit: Je nach Aufgabe zwischen 2 und 4 sec./Lötstelle

Verwendete FMS-Module:

- Schwenkarmroboter SR 800 (600, 450)
- Transfersystem TS 2
- Mechanik-Grundelemente
- Speicherprogrammierbare Steuerung (SPS)
- Steckinstallationssystem
- Pneumatik

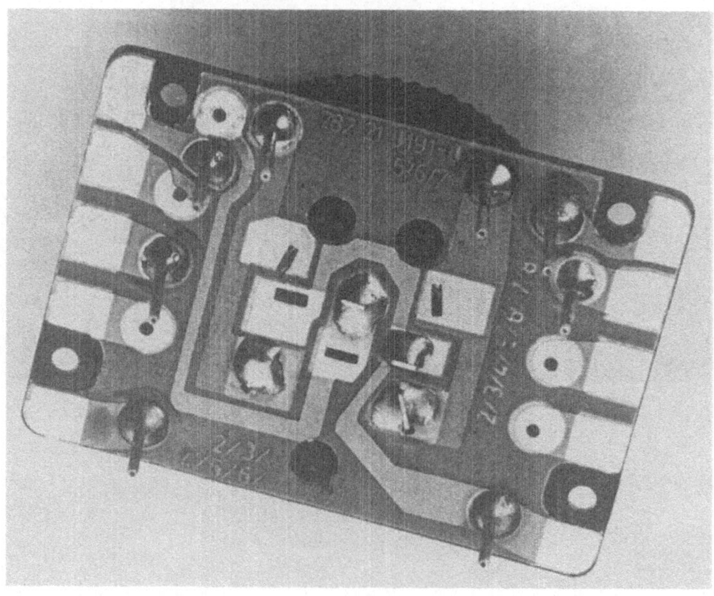

Bild 11: Leiterplatte eines Blitzadapters mit Einzellötstellen

Systemausführung

Das Lötwerkzeug ist eine Baueinheit, die speziell für den Robotereinsatz
entwickelt wurde. Es wird am Flansch der Z-Achse der Schwenkarmroboter SR
800 angeschraubt (Bild 10). Wesentliche Bestandteile des Lötwerkzeuges sind: Lötdrahtrolle, Lötdraht-Vorschubeinheit, Lötkolben sowie
Horizontal- und Vertikal-Schlitten mit Wegaufnehmern und Überfederung,
mit denen die Anpreßkraft des Lötkolbens überprüft und eingestellt werden
kann. Die Bauhöhe des Lötwerkzeuges beträgt ca. 180 mm. Die Lötstations-
steuerung ist so ausgelegt, daß sie direkt mit der Robotersteuerung
kommunizieren kann.

Folgende Funktionen sind mit dem Lötwerkzeug möglich oder werden angezeigt:

- Programmierbares Einstellen von 3 Löttemperaturstufen
- Stufenloser Lötdrahtvorschub
- Überprüfung Lötdraht vorhanden und Lötdraht berührt Lötkolbenspitze
- Lötkolben in Betrieb
- Lötkolben in Lötposition (Überwachung des Lötvorganges)
- Anpreßkraft des Lötkolbens (Kontrolle, ob Teil vorhanden)
- Automatische Reinigung der Lötkolbenspitze

Der Ablauf eines Lötvorganges ist von der zu lötenden Stelle abhängig,
so daß sich bei unterschiedlichen Lötstellen jeweils verschiedene Anfahr-
arten und Taktzeiten ergeben können. Zu berücksichtigen ist dabei auch,
ob die Lötstellen vorverzinnt oder nicht vorverzinnt sind. Entsprechend bisheriger Erfahrungen sind die besten Lötstellen bei Temperaturen zwischen
$360^{o} - 400^{o}$ zu erreichen.
Der Einsatz des beschriebenen Lötwerkzeuges ist auch mit dem Schwenkarmroboter SR 600 und 450 möglich.

Bild 12: Montagestation mit Schwenkarmroboter SR 800 und Transfersystem TS2

4.3 Montage von Gasarmaturgehäusen

Bild 13: Montagestation mit Schwenkarmroboter SR 800 und Schraubspindeln

<u>Technische Daten</u>

Aufgabe: **Fetten** von sechs Gewindelöchern
sowie **Zubringen** und **Einschrauben** von fünf Schrauben

Werkstück: Gasarmatur
Werkstoff: Alu-Druckguß
L x B x H, ca. 100 x 60 x 120 mm
Gewicht: ca. 0,3 kg

Roboter: SR 800, 4 Achsen

Greifer: Sondergreifer mit Zusatzachse zum Greifen und Drehen
des Werkstückes.
Gewicht: ca. 9,5 kg

Taktzeit: 26 sec.

Lagetoleranz der Schraube: +/- 0,1 mm

Verwendete FMS-Module:

- Schwenkarmroboter SR 800
- Transfersystem TS 2
- Mechanik-Grundelemente
- Speicherprogrammierbare Steuerung (SPS)
- Steckinstallationssystem
- Pneumatik

Bild 14: Gasarmaturgehäuse

Systemausführung

Die Fett- und Schraubstation (1) mit dem Schwenkarmroboter SR 800 (2)
ist ein Teil einer Montagelinie für das Montieren von Gasarmaturen (3).
Die vormontierten Gasarmaturen werden auf Werkstückträgern (4) und dem Bosch-
Transfersystem TS 2 (5) der Fett- und Schraubstation zugeführt. Der Roboter
ist mit einem Ein-Achs-Sondergreifer (6) ausgerüstet. Dieser holt sich das
Werkstück vom WT, Stellung (A), dreht es um 180° und schwenkt es um
90° um die Z-Achse des Roboters. Danach erfolgt das Einfahren in eine
Fettstation (7) zum Fetten von sechs Gewinden.

Während dieser Zeit werden in den Schwingförderern (8 - 11) insgesamt fünf
Schrauben (M5, M6 und M8) vereinzelt, in Lage gebracht und den Schraub-
köpfen von vier Sonder-Abschaltschraubern
pneumatisch zugeschossen (12 - 15).

Der SR 800 fährt nun mit der gefetteten Gasarmatur nacheinander
unter die Schrauber 12, 13, 14, 15 zum Einschrauben der Schrauben, wobei
das Anziehen bei den Schraubern 12 - 14 auf ein definiertes Drehmoment
erfolgt.

Nach den Arbeitsgängen "Schrauben" erfolgt das Rückschwenken, Rückdrehen
und Ablegen des teilmontierten Gasgehäuses auf den inzwischen weitergelaufenen
WT, Stellung (B). Danach ist der Roboter bereit für den nächsten Zyklus.

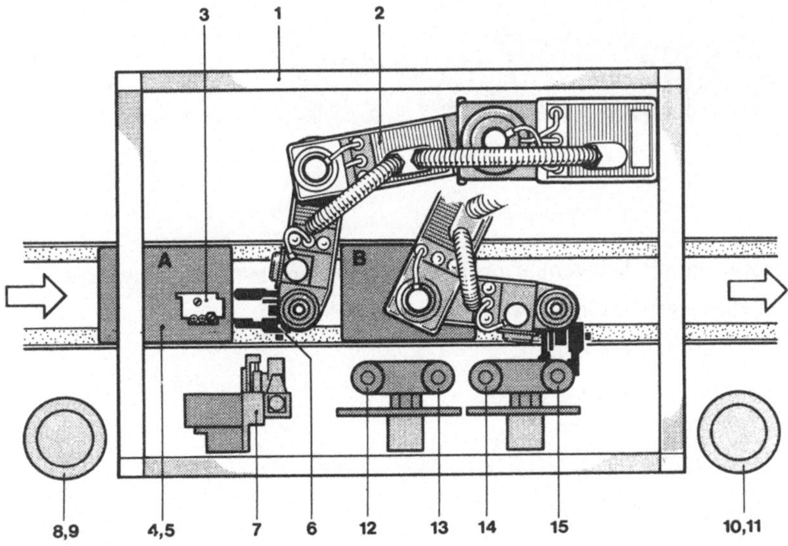

Bild 15: Schema Fett- und Schraubstation

4.4 Montage von elektronischen Bauelementen auf Leiterplatten (Exotenbestückung)

Bild 16: Montagestation mit Schwenkarmroboter SR 600 sowie Transfersystem TS2. Im Hintergrund ein Schwenkarmroboter SR 450.

<u>Technische Daten</u>

Aufgabe: **Zubringen** und **Fügen** von elektronischen Bauelementen,
z. B. Relais.

Werkstück: Leiterplatten und Leiterplattennutzen

Roboter: SR 600, 4 Achsen

Greifer: Sondergreifer mit individueller Anpassung an unterschiedliche
Bauelemente oder Bauelementefamilien und einem faser-
optischen Sensor.

Taktzeit: Je nach Fügegenauigkeit 4 - 6 sec. pro Bauelement

Verwendete FMS-Module:

- Schwenkarmroboter SR 600 (450)
- Transfersystem TS 2
- Mechanik-Grundelemente
- Schlitteneinheit (NC-Achse)
- Speicherprogrammierbare Steuerung (SPS)
- Steckinstallationssystem
- Pneumatik

Bild 17: Relais im Magazin   Bild 18: Ausschnitt Greifer

Systemausführung

Die Montagestation (Bild 16 und 19) mit dem Schwenkarmroboter SR 600 (1) ist
Teil einer Montagelinie für das Bestücken von Leiterplatten (2). Die
vorbestückten Leiterplatten werden auf Werkstückträgern (3) und dem Bosch-
Transfersystem TS 2 (4) der Montagestation zugeführt. Der Roboter ist mit
einem Sondergreifer (5) ausgerüstet, welcher zusammen mit einem Energie-
verteiler am Flansch der Z-Achse angeschraubt wird (Bild 2). Zusätzlich
ist im Greifer ein faseroptischer Sensor integriert. Hiermit erfolgt die
Abfrage: Werkstück im Magazinnest vorhanden und nach erfolgtem Greifen:
Werkstück im Greifer vorhanden und in richtiger Position?

Beim Start holt der Roboter das Relais vom Magazin (6), schwenkt und fügt das
Relais in die Leiterplatten bei Position (7). Je nach Anzahl der zu
montierenden Relais wird der Zyklus mehrfach wiederholt.

Die Magazine werden in einem Schnellwechsel-Magazinbehälter (8) bereitgestellt. Je nach Bauelementhöhe sind bis zu 20 Magazine möglich.
Das Verfahren der Magazine in vertikaler Richtung erfolgt mit einem
Lift mit NC-Achse (9). Dadurch wird die erforderliche Höhenposition
zum Ein- und Ausfahren der Magazine (6) erreicht.

Wenn notwendig, erfolgt während des Bestückungs-Prozesses ein automatisches Bereitstellen der Magazine (6) in beliebiger, vorgegebener
Reihenfolge.

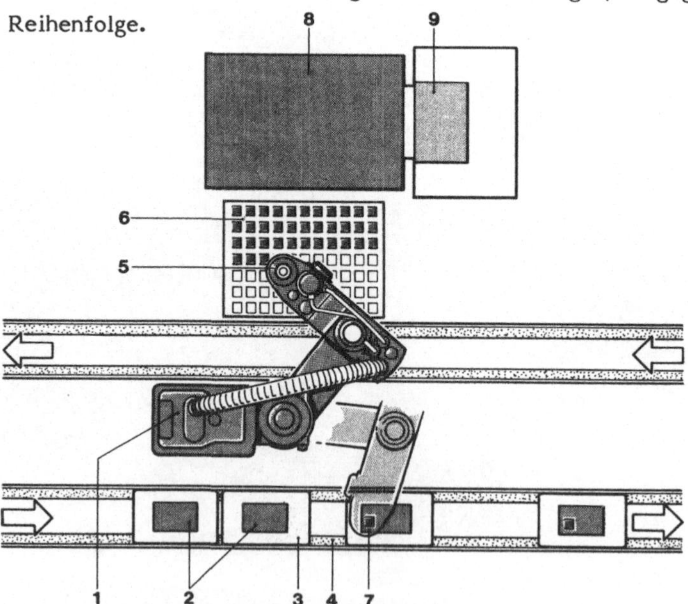

Bild 19: Schema Montagestation für Leiterplattenbestückung

Zusammenfassung

Der Einsatz von Schwenkarmrobotern in der Montage ist in den letzten beiden Jahren stark angestiegen.

Immer mehr Problemlösungen werden anstelle mit "konventioneller" Handhabungstechnik mit Robotern dieser Bauart konzipiert.

Robotersysteme mit Schwenkarmrobotern ermöglichen sehr wirtschaftliche und hochflexible Lösungen nicht nur für Fügearbeitsgänge, sondern ebenso auch für Verfahrensstationen.

Deshalb ist mit einer weiteren, sehr starken Verbreitung der Schwenkarmroboter zu rechnen.

Leistungssteigerung in der Montage durch den Robotereinsatz

von J. Wijbenga

In den letzten drei Dekaden haben sich die Marktanforderungen stark geändert. Nehmen wir als Beispiel die Elektrotechnik- und Elektroindustrie. In den sechziger Jahren war der Preis am wichtigsten. In den siebziger Jahren war nicht nur der Preis, sondern auch die Qualität entscheidend. Heutzutage fordert der Markt eine große Vielfalt von Qualitätsprodukten zu einem vernünftigen Preis.

Abb. A.

Demzufolge sind Produktionsserien kleiner, Vorlaufzeiten kürzer und Produktlebenszyklen betragen nur einen Bruch bisheriger Produktionszyklen.

Um wettbewerbsfähig zu bleiben, braucht der Hersteller deshalb die Flexibilität, um diese neuen Gegebenheiten zu bewältigen. Kurz gesagt: im Jahre 1990 braucht der Hersteller Effizienz, Qualität, Flexibilität und Kreativität. Lassen Sie uns jetzt einmal sehen, was hinter diesen Begriffen steckt.

Effizienz

Effizienz beabsichtigt die Verringerung der Herstellungskosten durch zweckmäßige Arbeit und durch die Herstellung möglichst großer Serien.

Qualität

Qualität ist die "Null-Fehlerphilosophie", die in Europa nach japanischem Vorbild gestartet wurde.

Flexibilität

Der Hersteller muß sich schnellstens an sich ändernde Bedürfnisse anpassen können. In diesem Zusammenhang können wir von folgenden Begriffen sprechen:

Umbauflexibilität

Dies ist die Schnelligkeit und Einfachheit mit der von einer Produktfamilie auf eine andere umgeschaltet werden kann (z. B. von Schuhen auf Nägel).

Umstellflexibilität

Dies ist die Schnelligkeit mit der innerhalb einer Produktfamilie umgeschaltet werden kann (z. B. von einer roten Ausführung auf eine grüne Ausführung).

Volumenflexibilität

Das ist die Möglichkeit, die Zahl der herzustellenden Produkte zu variieren.

Routenflexibilität

Das ist die Möglichkeit, unterschiedliche Produkte auf unterschiedliche Weise durch den Produktionsprozeß zu lenken.

Entwicklungsflexibilität

Das ist die Schnelligkeit und Einfachheit, mit der Produktänderungen durchgeführt werden können.

Automatisierungsflexibilität

Das ist die Möglichkeit, die Produktion gemäß einem bestimmten Wachstumspfad zu automatisieren.

Kreativität

In der Elektrotechnik und Elektroindustrie nimmt die Lebensdauer eines Endproduktes drastisch ab. Ein Lebenszyklus von einem halben Jahr ist heutzutage nicht unüblich.

Hersteller stellen sich hierauf ein, indem sie mit viel Kreativität "neue" Produkte anfertigen. Diese Produkte enthalten möglichst viele "Standard"-Untereinheiten.

Was braucht man zum Überleben?

Um unter diesen Umständen überleben zu können, braucht man eine entsprechende Produktionsphilosophie. Von Philips wurde diese für die Elektrotechnik- und Elektronikindustrie formuliert:

Verzweigung der Elektrotechnik- und Elektronikindustrie

Die Elektrotechnik- und Elektronikindustrie verzweigt sich in:

Abb. B

Produktionsphilosophie

Die Hauptmerkmale dieser Philosophie, bezogen auf die Untereinheiten und Endproduktfertigung sind:

Flexibilität

Qualität

Niedrige integrale Kosten

Dies wird erreicht durch:

Flußproduktion

Prozeßbasierende Integration

In-Line-Fertigung

Kurze Zykluszeiten

Integration des Materialtransportes

Eine Arbeitszyklusumschaltung

Modulare Echtzeitinformation

Standardsysteme und -prozesse

Fertigungsorientierter Produktentwurf

Optimale Anwendung menschlicher Faktoren

Die Implementierung dieser Punkte kann in den folgenden Phasen stattfinden:

I. Organisation

Sorgen für eine integrale, strukturierte Vorgehensweise

Direkter Erfolg ist möglich durch einen systematischen Vorgang bei:

- Produktentwurf

- Prozeßentwicklung

- Analyse des Daten- und Produktflusses

II. Implementierung der Flußproduktion

Realisierung einer physischen Infrastruktur für Produktfluß sowie Fertigungshandlungen

Daraus folgt die Installation eines Transportsystems (VTS)

III. Automatisierung der Arbeiten

Vorgehen gemäß eines bestimmten Wachstumsplans

Anfangen mit der Automatisierung von Teilsystemen

Integration

Zum Thema Flußproduktion

Flußproduktion kann auf folgende Weise realisiert werden:

In-Line-Produktion

Diese Form der Flußproduktion eignet sich für kurze Zykluszeiten (<10–30 s). Hierfür muß die Fertigung in identische Zykluszeiten zerlegt werden können.

Abb. C

On-Line-Produktion

Diese Form ist geeignet, wenn die Fertigung NICHT in identische Zykluszeiten zerlegbar ist. Fertigungsorientierter Produkteinwurf ist also NICHT möglich. Auch ist sie nur geeignet für längere Zykluszeiten (>20 s)

Abb. D

Mit Hilfe dieser zwei Konzepte kann ein komplettes Fertigungssystem eingerichtet werden.

Wachstums–Mechanisierung

Folgendes Wachstums–Mechanisierungskonzept basiert auf der von Philips empfohlenen Produktionsphilosophie:

Phase 1

– Anfang der Flußproduktion

– In–Line, kurze Zykluszeit

– Ergonomische Arbeitsplätze

Abb. E

Phase 2

– Automatisierung der Untereinheitenfertigung

Abb. F

Phase 3

– In–Line–Integration der prozeßorientierten Untereinheitenfertigung

Abb. G

Phase 4

– Automatisierung der Endfertigung, wenn möglich

Abb. H

– Integration der automatisierten Systeme im Gesamtkonzept

Abb. I

– Integration der automatisierten Systeme in ein Gesamt–CIM–Konzept

Abb. J

– Kernpunkte

   . Prozeßsteuerung

   . Datenakquisition für Auftragsverwaltung und Prozeßüberwachung

   . Schnittstelle mit Qualitätsüberwachung und Wartungssystem

INDUSTRIEROBOTER

Was sind Industrieroboter?

Wichtige Hilfsmittel bei der Fertigungsautomation sind Industrieroboter. Was sind eigentlich Industrieroboter? Es besteht keine genaue Klarheit darüber, was man eigentlich unter Roboter verstehen soll. In diesem Zusammenhang ist auch ein Ausspruch des Roboterpioniers Joseph F. Engelberger von Bedeutung: " I cannot define an industrial robot, but I can tell for sure when I see one." Professor Ir. L. N. Reijers und Ir. H.J.L.M. de Haas haben die Manipulatoren wie folgt aufgegliedert:

Abb. K

Die Roboter in der Fertigungsindustrie umfassen alle Manipulatoren, die gemäß einem automatischen Zyklus arbeiten, also die speziellen Betriebsmechanisierungsmaschinen, die industriellen Manipulatoren und die industriellen Roboter.

Der richtige Roboter am richtigen Platz

Es ist äußerst wichtig, bei der Selektion einer Roboterkonfiguration (Roboter sowie alle notwendige Peripherie) folgende Punkte zu beachten:

\# Benötigte **Flexibilität** in Sachen Umbau, Umstellung und Zykluszeiten

\# Die Roboterkonfiguration sollte in einen **Wachstumsplan** passen

\# Möglicher Einfluß des **fertigungsorientierten Entwurfs** auf dem Roboterkonzept

\# Der Prozentsatz universeller Module im gesamten Roboterkonzept. Je größer diese Zahl, desto größer ist der Wiedergebrauchswert.

\# Einsatz eines Multizweckroboters oder eines Einzwecksystems. Dies hängt eng mit dem Besetzungsgrad zusammen

Einzweck- oder Multizweckroboter?

Ein Einzweckroboter hat im allgemeinen eine kurze Zykluszeit (2–4 s) und ist deshalb sehr geeignet für den Einsatz in kurzzyklischen Untereinheiten-Fertigungsaktivitäten. Wenn es bei diesen Aktivitäten keine manuellen Arbeitsstationen gibt, tendiert man zur Anwendung vieler Einzweckroboter in Serie.

Ein **Multizweckroboter** eignet sich speziell für den Einsatz in langzyklischer Fertigung (10–30 s), vorausgesetzt, daß er voll ausgelastet ist.

DER AUTOMATISIERUNGSGRAD

Die deutsche Zeitschrift " MONTAGE" vom 1.1.88 meldet, daß der durchschnittliche Automatisierungsgrad in der Fertigungsindustrie weniger als 10% beträgt, und daß der maximal erreichbare Automatisierungsgrad in der Serienfertigung etwa 35% sein wird. Diese 35% können jedoch nicht vor dem Jahr 2000 erreicht werden.

Aber es gibt natürlich viele Unterschiede zwischen den Bereichen. Im Fahrzeugbau ist der Automatisierungsgrad zum Beispiel bedeutend höher als im Maschinenbau. Auch werden in der KFZ-Industrie Roboter schon seit Jahren eingesetzt für Punktschweißung und Lackierung der Karossen. Im allgemeinen werden die Roboter hier eingesetzt mit Rücksicht auf ergonomische Umstände, wie schwere Arbeiten (z. B. über Kopf) mit gesundheitsschädigenden Stoffen (wie Unterbodenschutz) oder in Zusammenhang mit Prozeßbeherrschung, z. B. zum Erreichen von konstanter Qualität der Schweißverbindungen. Wie die Verteilung der in den Niederlanden installierten Roboter (Ende 1984) zeigt, hat dies auch seine Gültigkeit für die anderen Bereiche:

# Bogenschweißen	29%
# Produkthandling	21%
# Punktschweißen	17%
# Coating	17%
# Schlichten/Polieren	5%
# Montieren	3%
# Sonstiges	8%

Also können wir sagen, daß wir bei der Fertigungsautomation noch vieles erreichen müssen.

WIE KANN PHILIPS DABEI HELFEN?

Die drei Gesichter Philips

Philips ist Hersteller von elektrotechischen und elektronischen Endprodukten, wie Farbfernseher, Rundfunkgeräte, CD-Spieler usw.

Philips produziert auch selber die hierzu notwendigen strategischen Einzelteile und Untereinheiten.

Außerdem entwickelt und baut Philips auch selber Produktionshilfsmittel, primär für den eigenen Bedarf, aber auch für den Verkauf an andere.

Abb. L

Philips als Ausrüstungslieferant

Als Ausrüstungslieferant nimmt Philips eine einmalige Position ein, weil sie die vollständige Verfügung über

Produktionswissen betreffs der zu produzierenden Endprodukte

Produktionserfahrung betreffs der Ausrüstungsanwendung

Strategische Erwägungen wie eine Produktion eingerichtet werden soll

hat.

In diesem Zusammenhang liefert Philips:

Variable Transportsysteme (VTS)

Flexible Handhabungssysteme (FHS)

Module für Mechanisierung (MFM)

SCARA-Roboter

Roboter-Fertigungsstationen (RAS)

Surface-Mounted-Device-Maschinen

Mehrfach-Positionierungsmodule (MPM)

\# Einzel-Plazierungsmodule (SPM)

\# Speicherprogrammierbare Steuerungen

\# Identifikationssysteme

\# CIM Module

Sowohl für interne als auch für externe Kunden arbeitet Philips als Ausrüstungslieferant, Systemintegrator und Modullieferant.

Als Systemintegrator tritt Philips hauptsächlich in der Elektrotechnik- und Elektroindustrie auf. Als Modullieferant liefert Philips an Ausrüster, so daß die Philipsausrüstung auch in weiteren Bereichen – wie der Feinmechanik und Optik, des Maschinen- und Gerätebaus, der Stahlindustrie, im Fahrzeugbau, in der Boardfertigung, usw. eingesetzt wird.

Die schematische Abbildung zeigt die Position von Philips als Fertigungsautomationsanbieter .

Abb. M

\# Philips liefert Module an ihre eigenen Systemintegrations-Projektgruppen

\# Philips liefert direkt an Kunden in ähnlichen Industrien

\# Philips liefert **Standardmodule** an viele Ausrüster und somit an andere Industrien.

RENTABILITÄT – EINE GROBE FAUSTREGEL

Investition DM 100.000 pro Montagehandlung

Wenn für eine bestimmte Anwendung der richtige Roboter gewählt worden ist, wird pro Fertigungshandlung eine Investition von etwa DM 100.000 erforderlich sein.

Beispiel: ein Produkt muß aus folgenden Einzelteilen aufgebaut werden: Gehäuse, drei identische Scheiben, zwei Zwischenringe, ein Abschlußring und Schrauben. Die Montagehandlungen sind dann:

1. Plaziere Scheibe in das Gehäuse

2. Plaziere Zwischenring

3. Plaziere Abschlußring

4. Schraube fest

Sehr salopp gesagt ist die notwendige Investition dann DM 400.000.

Betriebskosten 50% der Investition p.a.

Die Betriebskosten einer Roboterkonfiguration sind etwa die Hälfte der Investition per annum. Im vorherigen Beispiel also ungefähr DM 200.000 p.a.

Direkte Entlohnungskosten DM 50.000 p.a.

Wenn die Investition **unmittelbar** zurückverdient werden muß mittels Lohnkosten-Einsparungen, müssen im vorherigen Beispiel durch den Einsatz des Roboters vier Menschen eingespart werden.

WANN RENTIERT SICH DER EINSATZ EINES ROBOTERS

Im vorherigen Teil haben wir die Elektrotechnik und Elektronikindustrie in Bezug auf den Robotereinsatz analysiert.

Die genannten Merkmale der neunziger Jahre (Effizienz, Qualität, Flexibilität und Kreativität) gelten genauso für alle anderen Industrien.

Deshalb kann im allgemeinen festgestellt werden, daß der Einsatz von Industrierobotern zu Produktivitätssteigerung führt, vorausgesetzt, daß deren Einsatz auf einer der folgenden Zielsetzungen basiert:

\# **Steigerung der Effizienz**

- Beispielsweise Arbeitereinsparung
- Entfernen von Engpässen, die durch ergonomisch schlechte Arbeitsumstände entstanden sind.
- Verringerung der Arbeit unter den Händen

\# **Steigerung der Qualität**

- Automatische Kontrolle
- Konstante Qualität
- Weniger Ausfall

\# **Steigerung der Produktivität**

- Dies gilt speziell für Untereinheiten- und Endproduktmontage
- Schneller umschalten zur Anpassung an sich ändernde Marktanforderungen

\# **Steigerung der Kreativität**

- Durch den Einsatz von Robotern können Fertigungsmethoden entwickelt werden, die manuell nicht machbar sind
- Dies bietet die Möglichkeit, komplett neue Produkte zu entwickeln und dadurch Marktanteile zu behalten oder zu vergrößern.

Aber die wichtigste Voraussetzung ist:

SYSTEMATISCH VORGEHEN!

APPENDIX 1

Die Elektrotechnik- und Elektronikindustrie verzweigt sich in Einzelteileferti-
gung, Untereinheitenfertigung und Endproduktefertigung. Die wichtigsten
Merkmale dieser Industriezweige sind:

Allgemein	**Endprodukte** Kleine Stückzahlen	**Untereinheiten** Große Stückzahlen	**Einzelteile** Massenproduktion
Jahresproduk-tion (Stk) pro Linie	Max. 500.000	500.000 bis 2 Mio	Min. 1,5 Mio
Produkttypen in Jahrespro-duktion	Etwa 20	1 bis 3	1
Jahres-Nenn-produktion pro Typ	25.000	800.000	40.000.000
Gleichzeitige Fertigung meh-rerer Typen	Ja	Nein	Nein
Nenn-Mengen-größe	1 bis 500 (ideal 1 Stk)	100.000	40.000.000
Umschalten	Täglich	Wöchentlich/ Monatlich	Nach einigen Jahren
Nenn-Zyklus	30-60 s	mechanisiert 2-10 s manuell 10-30 s	2 s
Typische Fer-tigungshand-lungen	Wenige Komplex	Viele Einfach	Wenige Einfach
Zahl der Ar-beitsschichten	Tagesdienst/ 2 Schichten	3 Schichten	Dauerbetrieb/ 5 Schichten
Typische Arbeitsplätze	Manuell Lokale Mechanisie-rung	Flexible Auto-matisierung	Starre Mechanisierung
% Automati-sierung	Niedrig 10-20%	Hoch 70-80%	Vollständig 100%
Mehrwert	Sehr gering	Mäßig	Hoch
Lebenszyklus der Produkte	0,5-2 Jahre	2-3 Jahre	Min. 4 Jahre

APPENDIX 2
Philips Lieferprogramm

\# **Variable Transportsysteme (VTS)**

VTS-5 für ein Transportgewicht bis 5 kg. Typische Anwendungen: Board-fertigungen und Endfertigung kleiner Produkte wie Autoradio, usw.

VTS-25 für ein Transportgewicht bis 25 kg. Typische Anwendungen: Ferti-gung von CD-Spielern, Schreibmaschinen

VTS-100 für ein Transportgewicht bis 100 kg. Typische Anwendungen: Fertigung von Farbfernsehern.

\# **Variables Robotersystem (VRS)**

- Modulares Robotersystem
- Aufbau mit Standardmodulen
- Hohe Genauigkeit und Geschwindigkeit
- Fortschrittliche Steuerung
- Für Gewichte bis max. 15 kg

\# **Flexibles Handlingssystem (FHS)**

- Modulares Manipulatorsystem
- Aufbau mit Standardmodulen
- Hohe Genauigkeit und Geschwindigkeit
- Für Gewichte bis max. 200 kg

\# **Module für Mechanisierung (MFM)**

- Baukastensystem mit Standardtransfers und Zangen zur Assemblierung einer anwendungsorientierten Lösung
- Geeignet für kurz-zyklische Operationen (2 bis 4 s) in Großserien- und Massenfertigung
- Mit Nockenwellen- oder Servoantrieb

\# **SCARA-Roboter**

Billige und flexible Lösung für einfache Fertigungsaufgaben mit Zyklusseiten von 4 und 8 s

\# **Roboter-Fertigungsstation (RAS)**

- Multifunktionelle Endfertigungsstation
- Kann mit 4-6 Zangen ausgerüstet werden
- Geeignet für eine Zykluszeit von 10-30 s

\# **Surface-Mounted-Device-Maschinen**

- Modulare Einzelteil-Plazierungsmaschinen (MCM)
- Kompakte Plazierungsmaschinen (CSM)

 # Mehrfaches Positionierungsmodul (MPM)

    – Plazierung spezieller SMDs

    – Bohrung von Einstecklöchern

 # Einzel–Plazierungsmodul (SPM)

    – Kompakte Einzel–Plazierungsmodule für MPM

 # Speicherprogrammierbare Steuerungen

    – Eine komplette Familie mit MC30, MC32, MC40 und PC20

 # Identifikationssysteme

    – Barcode–Lesesysteme

    – Eskortspeicher–Systeme (P.REM.ID)

 # CIM Module

    – Lokale Netzwerke

    – Zellensteuerungen

    – Liniensteuerungen

    – Anwendungssoftware

Abbildung A

'60	'70	'80	'90
Effizienz	Effizienz Qualität	Effizienz Qualität Flexibilität	Effizienz Qualität Flexibilität Kreativität

Abbildung B

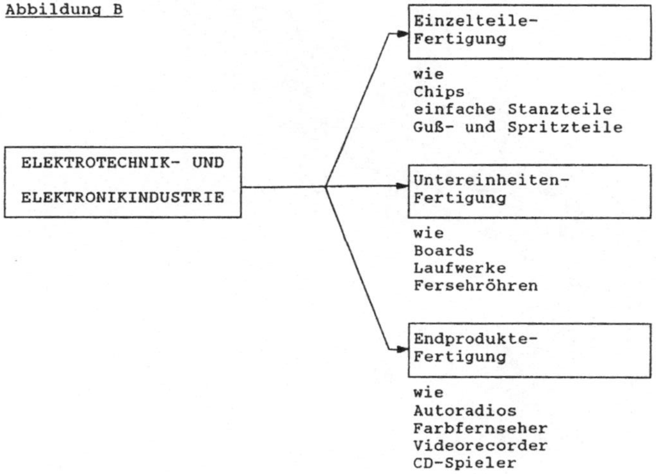

ELEKTROTECHNIK- UND ELEKTRONIKINDUSTRIE

Einzelteile-Fertigung

wie
Chips
einfache Stanzteile
Guß- und Spritzteile

Untereinheiten-Fertigung

wie
Boards
Laufwerke
Fersehröhren

Endprodukte-Fertigung

wie
Autoradios
Farbfernseher
Videorecorder
CD-Spieler

Abbildung C

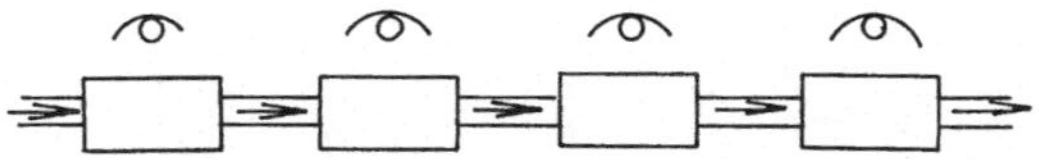

Abbildung D

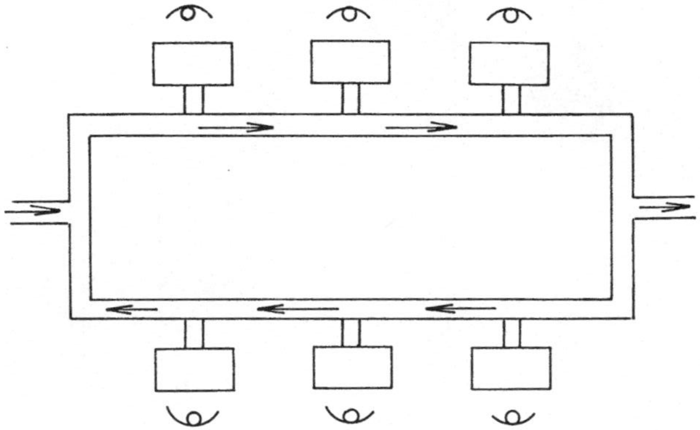

Abbildung E

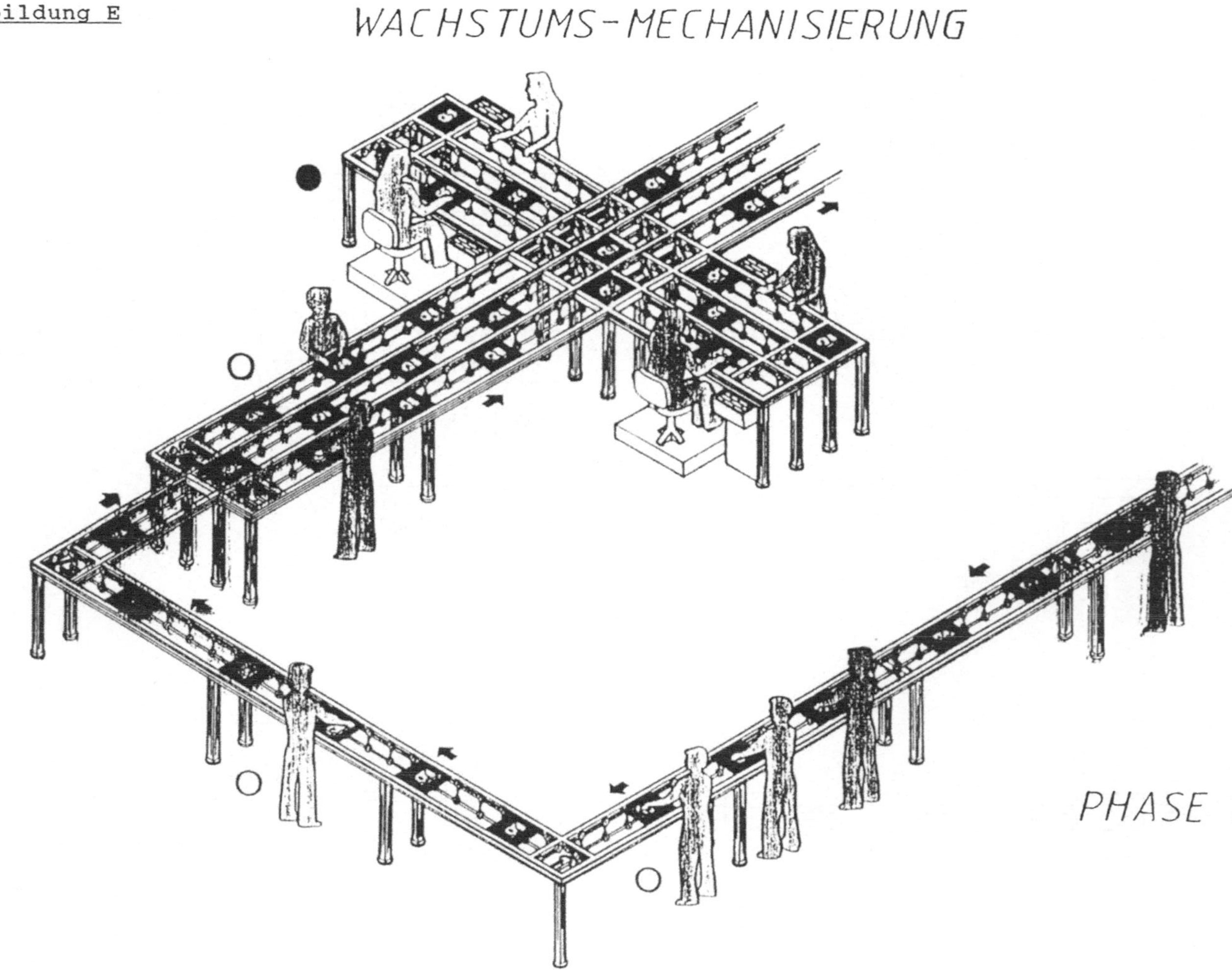

Abbildung F

WACHSTUMS - MECHANISIERUNG

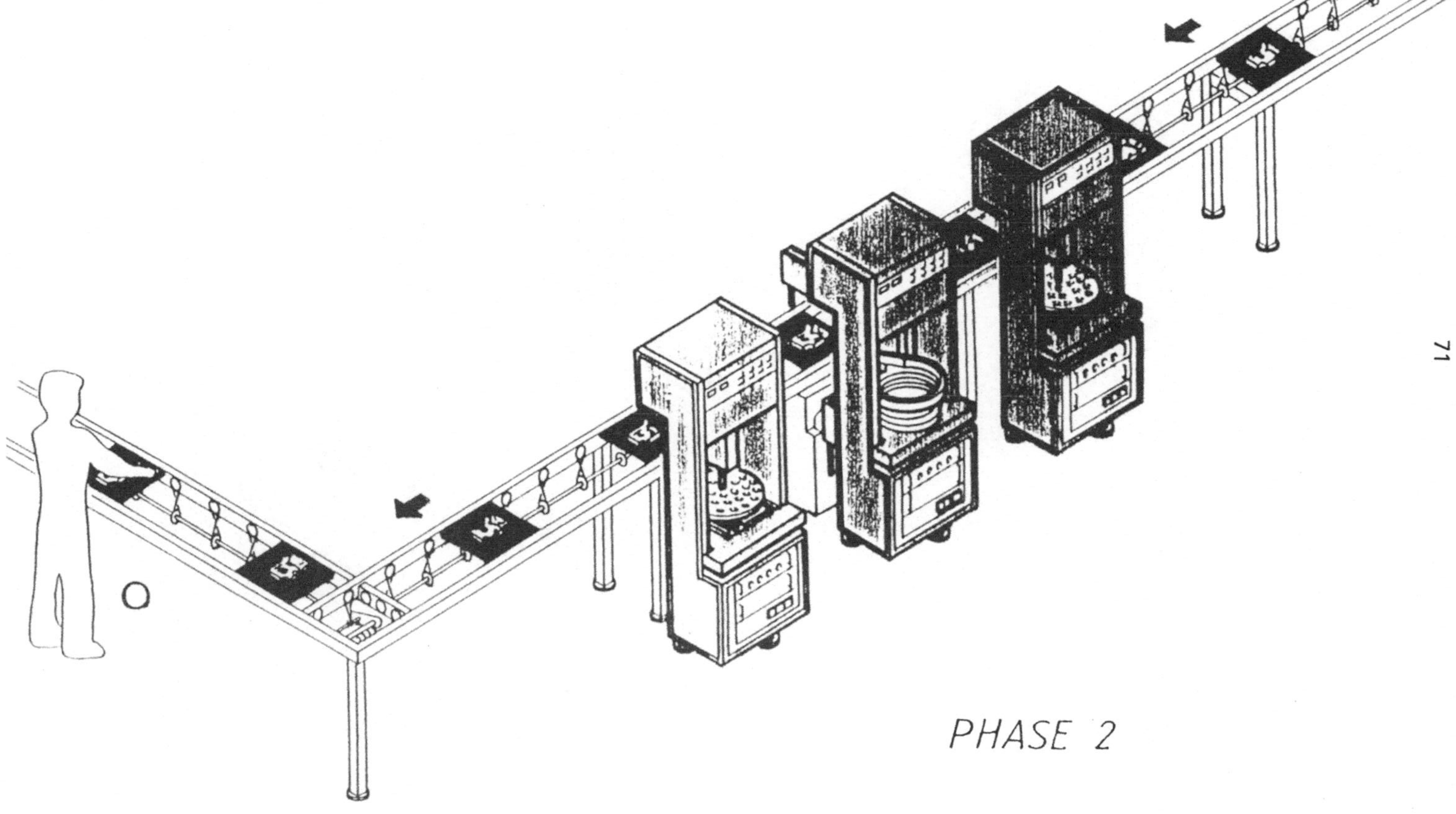

PHASE 2

Abbildung G

WACHSTUMS-MECHANISIERUNG

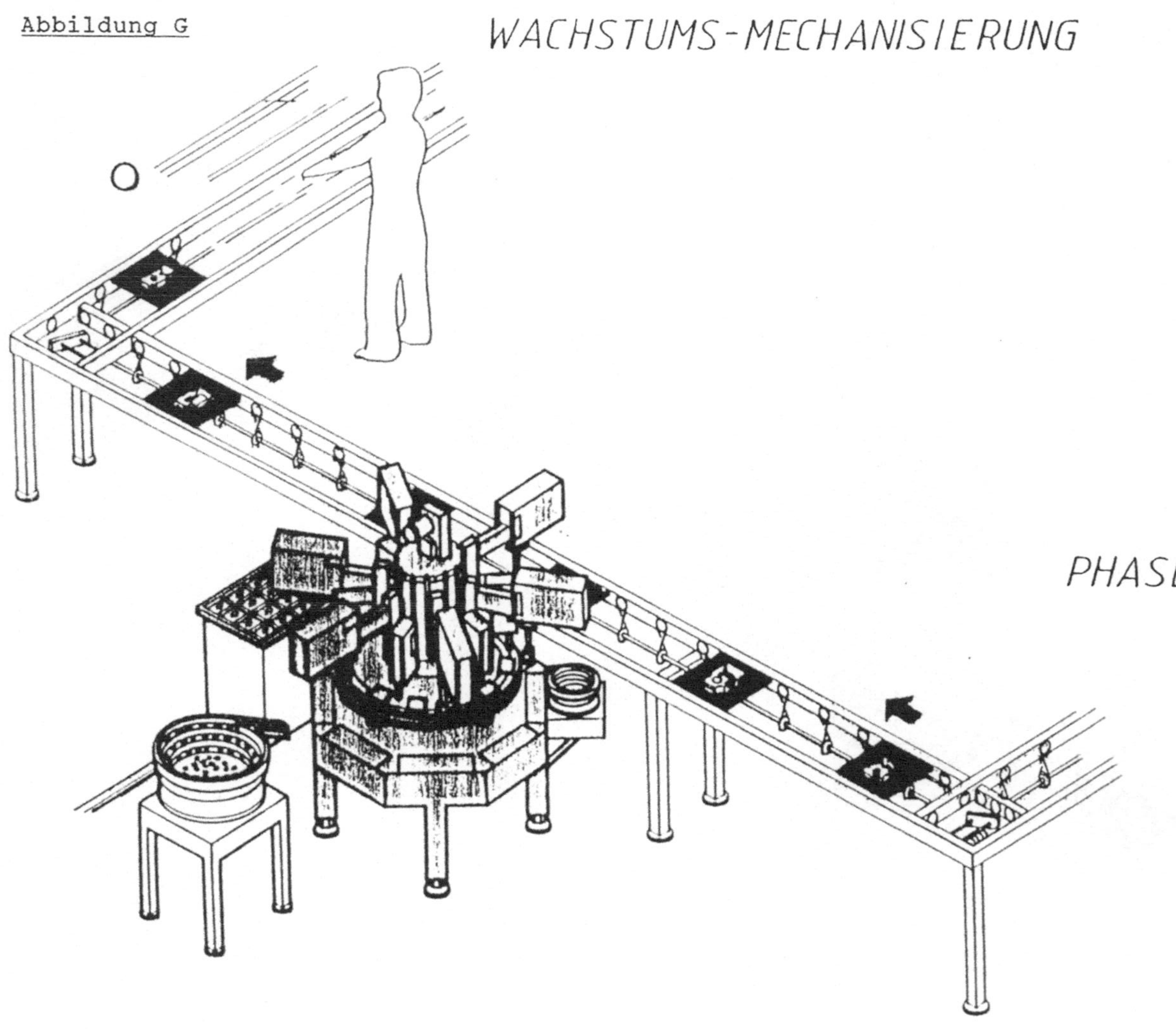

PHASE 3

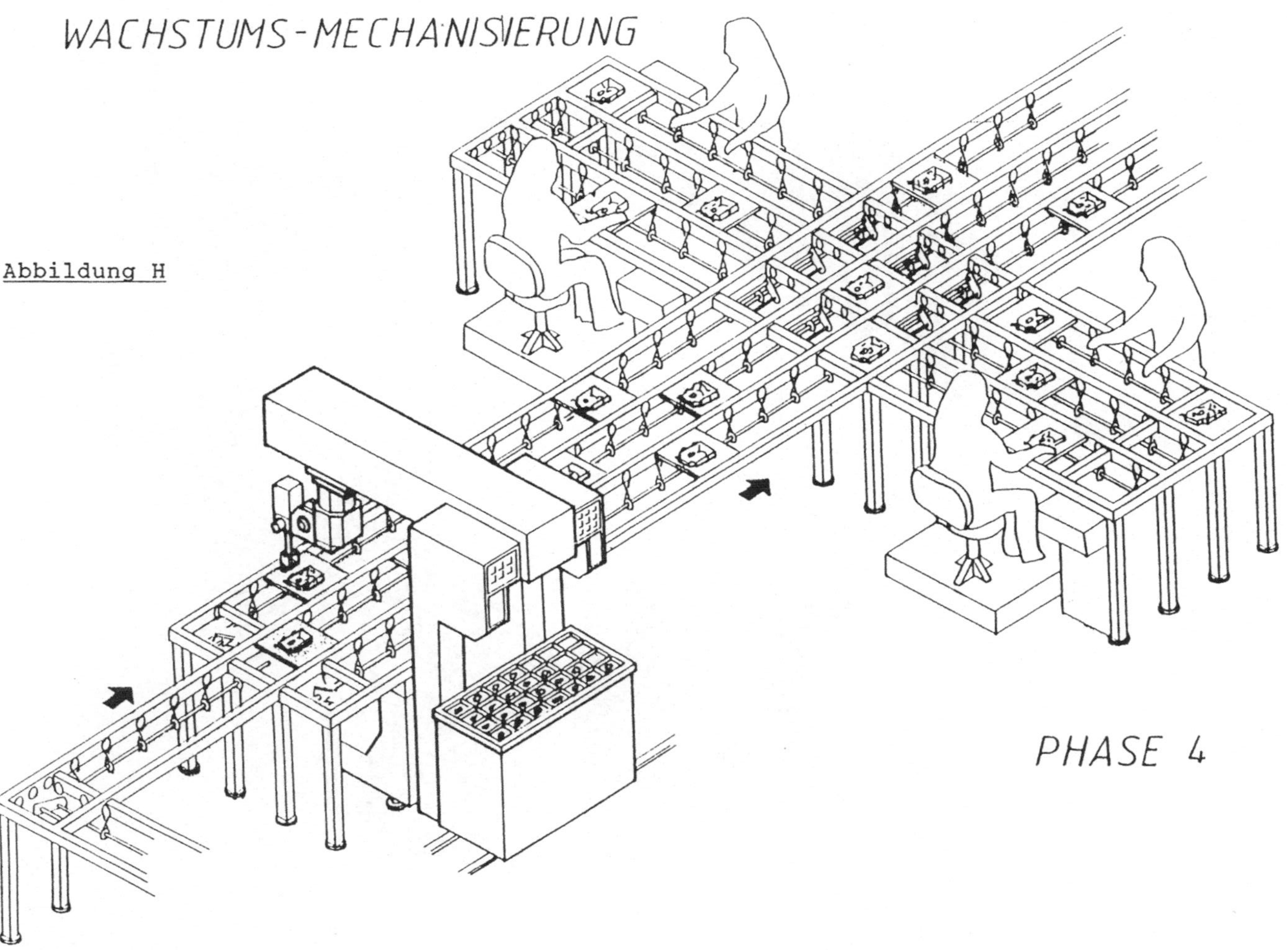

Abbildung H

Abbildung I

WACHSTUMS-MECHANISIERUNG

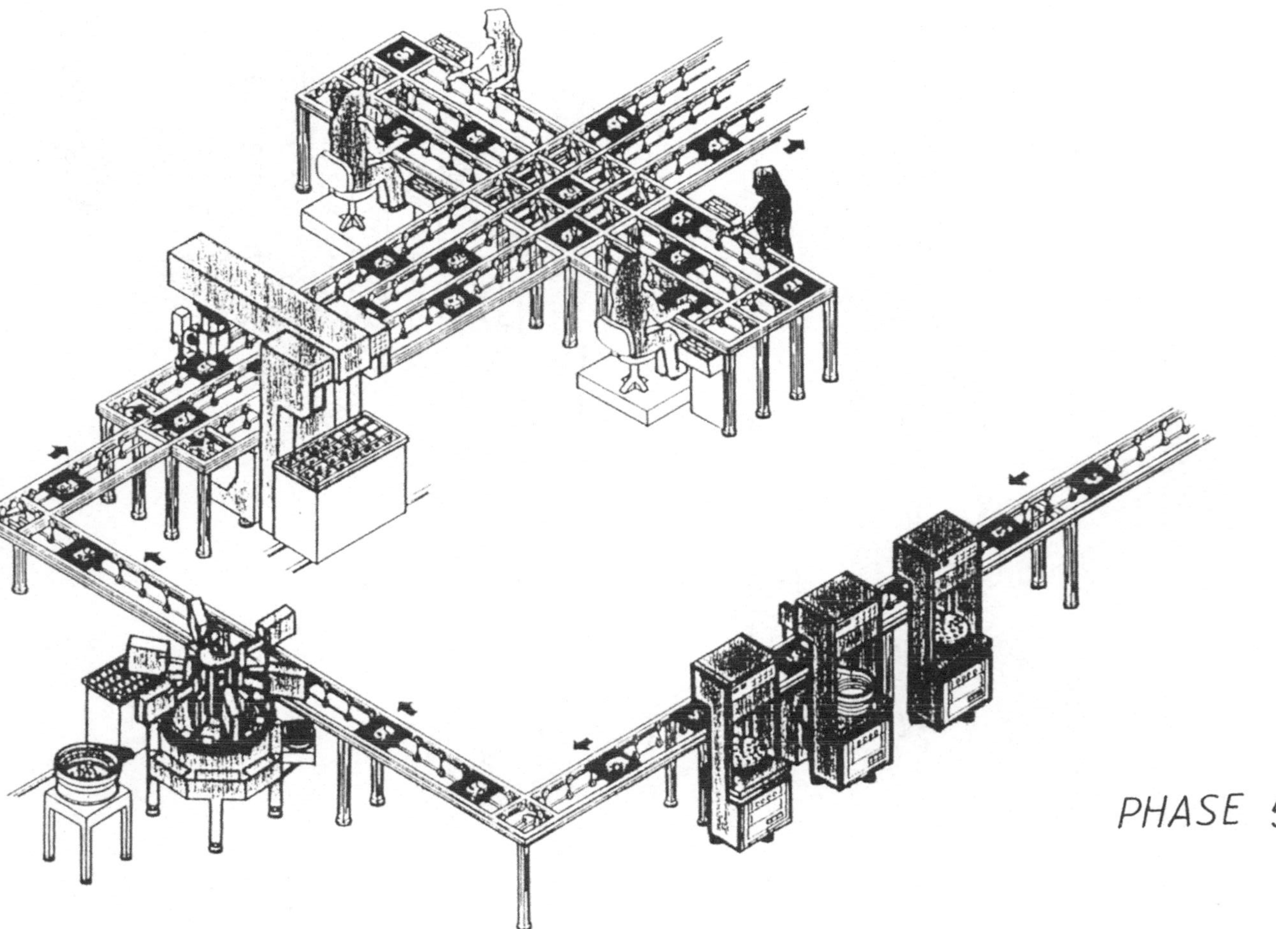

PHASE 5

Abbildung J

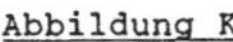

Abbildung K

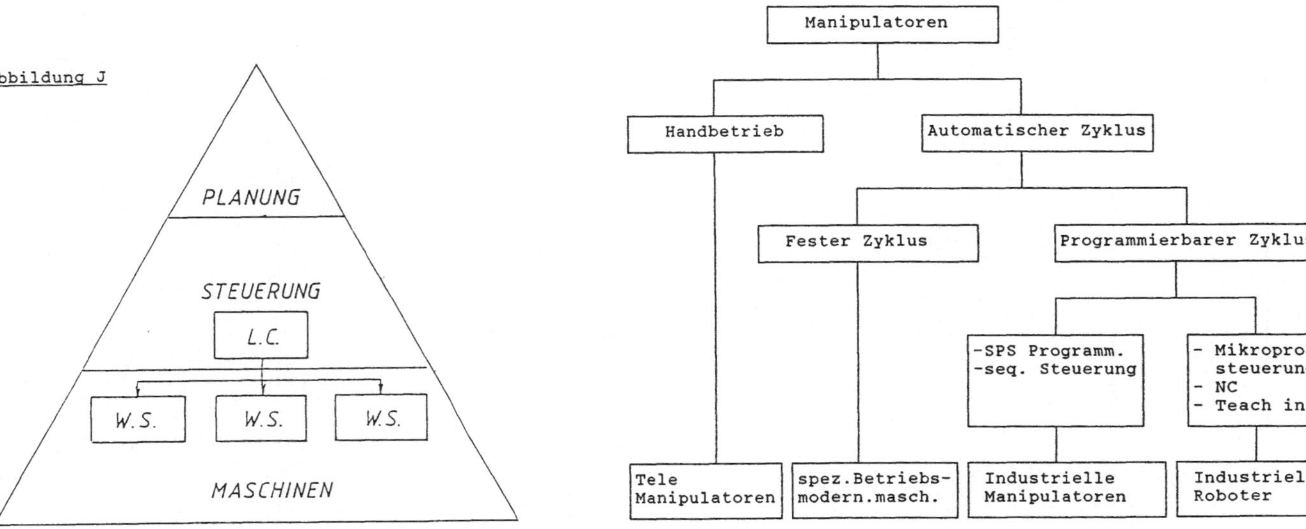

Abbildung L

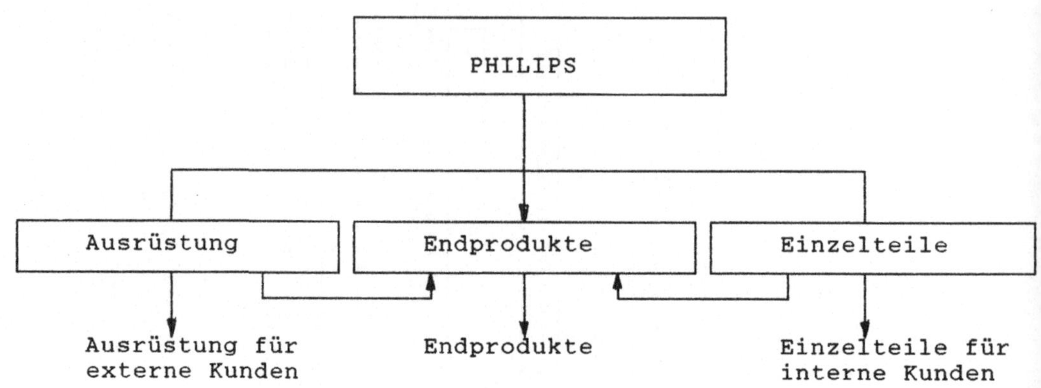

Abbildung M

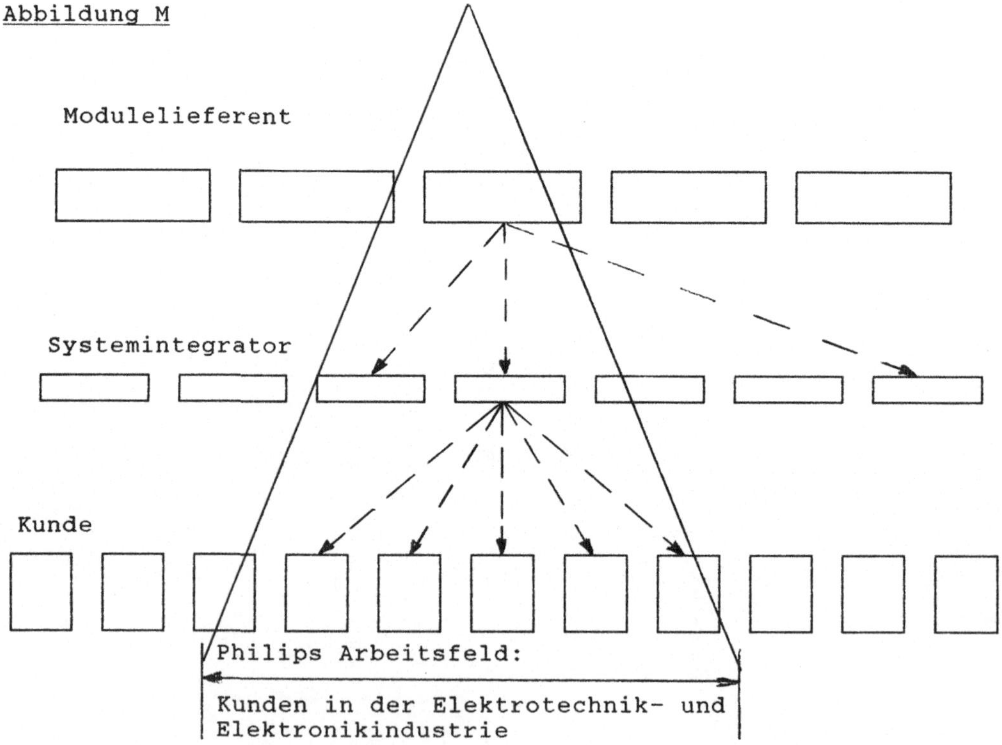

Mobile Roboter in der Fertigungsautomatisierung

von Th. Hugel

Einleitung

Im Bereich der Produktionsautomatisierung hat sich eine Schwerpunktverlagerung in Richtung flexibler Fertigungszellen vollzogen. Fertigungszellen werden hier als räumlich abgegrenzte Einheit innerhalb einer Produktionsanlage definiert. Flexibel bedeutet in diesem Zusammenhang, daß kurzfristige Produktionsumstellungen ebenso möglich sind wie die schnelle Behebung von Fehlerzuständen im Produktionsablauf der Fertigungszelle.
Innerhalb solcher Zellen unterscheidet man aktive und passive Komponenten. Aktive Komponenten sind in der Lage, Aufträge bzw. Teilaufträge selbständig auszuführen, während passive Komponenten dazu nicht in der Lage sind. Aktive Komponenten werden deshalb auch als Agenten bezeichnet. Agenten in diesem Sinne wären also stationäre und mobile Roboter oder auch Bearbeitungsmaschinen (z. B. NC-Maschinen).
Jeder Agent besitzt eine lokale Agentensteuerung. Die Koordination und Überwachung der Teilsysteme innerhalb der Fertigungszelle übernimmt eine globale Zellsteuerung, die wiederum von einer übergeordneten Anlagensteuerung kontrolliert wird. Es ergibt sich somit eine Steuerungshierarchie, wie sie in Bild 1 zu sehen ist.
Auf jeder dieser Steuerungsebenen werden Modelle der realen Welt benutzt, die aber zwangsläufig immer unvollständig und ungenau sind. Diese Abweichungen der Modelle von den realen Weltzuständen können zu Störungen innerhalb des Fertgigungsprozesses führen. Wünschenswert für einen ungestörten Produktionsablauf sind deshalb intelligente, fehlertolerante Agenten, welche in der Lage sind, Fehlerzustände eigenständig zu beheben bzw. zu vermeiden. Dazu bedarf es geeigneter Meßsysteme, um die Modellabweichungen der realen Umgebung feststellen zu können. Jeder Agent und jeder Sensor stellt dabei ein dynamisches System mit eigenem Zeitverhalten dar. Die Hauptschwierigkeiten beim Aufbau flexibler Fertigungszellen ergeben sich durch die Auslegung der Steuerung, so daß sie den Zeitbedingungen der dynamischen Systeme genügt sowie der damit verbundene Kommunikationsaufwand der verschiedenen Hierarchieebenen.

Im folgenden soll ein Ansatz für eine flexible Zellensteuerung vorgestellt werden, der sich im wesentlichen an den Gegebenheiten der realen Umwelt orientiert und bei der Auslegung der Agentensteuerung die a priori Unsicherheiten der verwendeten Modelle berücksichtigt.

Der Karlsruher Autonome Mobile Roboter KAMRO

Als Versuchsträger für die Realisierung einer intelligenten, fehlertoleranten Agentensteuerung wird zur Zeit am Institut für Prozeßrechentechnik und Robotik der Universität Karlsruhe ein mobiles Zweiarmrobotersystem entwickelt (s. Bild 2). Eine detaillierte Beschreibung der Funktionsweise und der Möglichkeiten des mobilen Zweiarmsystems ist in [1] zu finden. Die wesentlichen Komponenten dieses Systems sind das Fahrzeug, die Roboterarme und die Sensorik. Dieser Agent hat die Aufgabe innerhalb einer Fertgigungszelle verschiedene Arbeitsstationen anzufahren und dort Montage- oder Handhabungssequenzen durchzuführen. Für diese Aufgabenstellung ist das System mit einem omnidirektionalen Fahrwerk ausgerüstet, das mit Rädern vom Typ Mecanum [3] aufgebaut ist, desweiteren verfügt es über zwei Roboterarme vom Typ Puma 260 in einer hängenden Anordnung, die räumlich so aufgebaut sind, daß eine koordinierte Zweiarmmanipulation ermöglicht wird. Ergänzt werden diese Teile durch Ultraschall- und optische Sensoren zur Navigation und Feinpositionierung an den Arbeitsstationen, taktilen Sensoren zur Erfassung von Kräften und Momenten in den Roboterarmen und den elektrischen Greifern, sowie durch ein digitales Bildverarbeitungssystem, das aus einer stationären Kamera zwischen den Roboterarmen und zwei Handkameras besteht, die an den Greifern angebracht sind [6,7].
Das Modell der Umgebung liegt in Form von CAD-Daten vor. Die Beschreibung des Auftrages soll automatisch von einem Planungssystem erstellt werden [2].

Elementaroperationen

Die Planung der Aufträge, welche die Agenten in der Fertigungszelle auszuführen haben, erfolgt teil- bzw. vollautomatisch und off-line unter Verwendung eines vereinfachten, statischen Modells der Zelle, durch ein rechnergestütztes Planungssystem.
Der Plan für jeden Agenten setzt sich aus einer Liste von Grundfunktionen des jeweiligen Agenten zusammen. Diese Grundfunktionen, im weiteren werden sie Elementaroperationen (EO) genannt, sind die kleinsten Einheiten, aus welchen ein Plan zusammengesetzt ist. Das Planungssystem kann eine EO nicht weiter zergliedern.
Innerhalb der Agentensteuerung übernehmen sogenannte EO-Module die Ausführung der einzelenen EOs. Diese Module verfügen über das notwendige Spezialwissen, um selbständig komplexe, sensorgeführte Aktionen durchzuführen und innerhalb bestimmter Grenzen auf unvorhergesehene Situationen definiert zu reagieren. Die Gesamtheit der EOMs bildet die Ebene der Elementaroperationen innerhalb der Steuerungshierarchie eines Agenten. Die Verwaltung der EOMs erfolgt in der übergeordneten Schicht der lokalen Kontrolle. Diese dient gleichzeitig als Schnittstelle zur globalen Steuerung der Fertigungszelle.
Kann eine EO durch das EOM nicht korrekt ausgeführt werden, so versucht die lokale Kontrolle geeignete Fehlerbehebungsmaßnahmen einzuleiten. Scheitern diese, so erfolgt eine Fehlermeldung an das Kontrollsystem der Fertigungszelle.
Wesentlicher Punkt dieses Ansatzes ist die Verbindung von reaktiven und plangesteuerten Verhaltensmustern. Dadurch, daß im wesentlichen nur der Zielzustand beschrieben wird, nicht aber explizit die Folge von Zuständen in der realen Welt , die zur Lösung durchlaufen werden müssen, kann ein EOM überhaupt auf unvorhergesehene Situationen reagieren.

Die EOs des KAMRO

Ein ins Auge fallender Vorteil des EO-Konzeptes ist dessen Modularität. Es wird dadurch möglich, eine definierte   Grundmenge von EOs durch Hinzunahme neuer EOs für ein erweitertes Aufgabenspektrum auszubauen.

Bei der hier vorliegenden Aufgabenstellung sind die wesentlichen Arbeitsbereiche der Agenten "Fahren" und "Montage". Es wurde bisher folgende Grundmenge von EOs definiert [4,5]:

- MOVE - Bewegung des Fahrzeugs zwischen zwei Raumpunkten entlang einer definierten Trajektorie.

- DOCK bzw. UNDOCK - Feinbewegung des Fahrzeugs zum Herstellen bzw. Lösen einer definierten Beziehung zwischen dem mobilen Roboter und einer Arbeits- oder Ladestation.

- CALIBRATE - Koordinatensystemabgleich zwischen mobilem Roboter und Arbeitsstation.

- TRANSFER - Verfahrbewegung des Endeffektors zwischen zwei Raumpunkten entlang einer definierten Trajektorie.

- APPROACH bzw. DEPART - Feinbewegung des Endeffektors zum An- bzw. Abrücken im Nahbereich von Objekten.

- GRASP bzw. DETACH - Endeffektoraktion zum Greifen bzw. Loslassen von Objekten.

- JOIN bzw. DISJOIN - Feinbewegung des Endeffektors zum Herstellen bzw. Lösen einer definierten Kontaktbeziehung zwischen zwei Objekten.

- CONFIGURATE - Einstellen einer definierten Armkonfiguration mittels Gelenkwinkelvorgaben.

Als Beispiel für eine Aufgabenbeschreibung wird die Bewegung des mobilen Roboters von einer Arbeitsstation A zu einer anderen Arbeitsstation B , wie in Bild 3 zu sehen, beschrieben:

• UNDOCK - Feinbewegung zum Lösen des Roboters von der Arbeitsstation A.

• MOVE - Fahrbewegung innerhalb der Fertigungszelle entlang einer vorgegebenen Trajektorie bis in den Nahbereich der Arbeitsstation B.

• DOCK - Feinbewegung zur Positionierung des Roboters an der Arbeitsstation B.

Jede dieser EOs wird durch einen Parametersatz beschrieben, wie er in Bild 4 zu sehen ist [5]. Durch diese Parameter wird, im obigen Beispiel dem Fahrzeugsteuerrechner, das zu fahrende Wegsegment einschließlich des Freiraumes, der dem Fahrzeug zur Verfügung steht, übermittelt. Desweiteren werden die Meßintervalle festgelegt, innerhalb derer die Position und die Orientierung des Fahrzeugs ermittelt werden können.
Die Feinbewegungen sind gekennzeichnet durch eine sehr langsame Geschwindigkeit des Fahrzeugs, bedingt durch die unmittelbare Nähe von Hindernissen (Arbeitsstationen und Umgebung). Jede Arbeitsstation stellt einen Referenzpunkt für die Position und Orientierung des Fahrzeuges dar. Mittels der Fahrzeugsensoren wird in der Andockstellung ein Update der Fahrzeugkoordinaten vorgenommen. Der optische Positionssensor des Fahrzeugs erlaubt in der Andockstellung oder an vorher spezifizierten Wegpunkten eine drahtlose Kommunikation mit dem übergeordneten Steuerrechner. So können neue Fahraufträge abgesetzt oder bestehende geändert werden.
Während des Fahrens von Arbeitsation A zu Arbeitsstation B wird in vorher bestimmten Wegintervallen eine Messung der aktuellen Position und Orientierung durchgeführt. Mit deren Hilfe dann gegebenenfalls eine Korrektur der Bahnkurve vorgenommen wird. Die Intervalle sind abhängig von der Art der verwendeten Sensoren und der Fahrzeugumgebung. Zwischen diesen Meßintervallen wird das Fahrzeug mit Hilfe der Weggeber an den Radachsen gesteuert. Weiterhin überwacht die Fahrzeugsensorik ständig die Umgebung des Roboters, um Kollisionen mit unerwarteten Hindernissen zu vermeiden. Wird ein Hindernis entdeckt, versucht der Steuerrechner die vorgegebene Bahnkurve zu verlassen und das Fahrzeug um das

Objekt herumzuführen. Die zulässigen Abweichungen von der Bahnkurve werden durch den vorgegebenen Freiraum festgelegt. Ist es nicht möglich, das Hindernis innerhalb der gegebenen Grenzen zu umfahren, wird eine Fehlermeldung an die übergeordnete steuerungsebene abgesetzt, die dann entsprechende Fehlerbehebungsmaßnahmen einleiten muß.

Realisierung

Die Ebene der Elementaroperationen - durch Echtzeitanforderungen gekennzeichnet - wird direkt auf dem Roboterfahrzeug implementiert. Es werden dabei VME-Systeme mit MC680X0-Einplatinenrechnern und entsprechender Peripherie eingesetzt. Die Ebene der lokalen Kontrolle wird auf einer SUN-Workstation unter UNIX realisiert. Weitere SUN-Rechner werden als Host-Entwicklungssysteme für die Onboard-Rechner des mobilen Roboters eingesetzt. Implementierungssprachen sind C, Pascal, Assembler und Prolog. Die Planungs- und CAD-Systeme sind auf einer DEC-VAX instaliert, die unter VMS läuft.
Die Durchführung der Elementaroperationen als sensorgeführte Aktionen in Echtzeit macht den Einsatz eines Multiprozessorsystems notwendig. Zur Verwaltung dieser Rechner wird das am Institut entwickelte Multiprozessor - Betriebssystem HEROS (Hierarchical Executive Robot Operating System) [8] verwendet.
Für die verteilten Sensorsysteme kommen Signalverarbeitungseinheiten auf der Basis von Microcontrollern zum Einsatz [6,4]. Die Datenübertragung zu den VME-Systemen erfolgt über schnelle serielle Kanäle.
Eine Übersicht der Systemstruktur zeigt Bild 5.

Ausblick

Es wurde in einer Kurzfassung das Konzept der Elementaroperationen erläutert das als Lösungsansatz zur Realisierung fehlertoleranter, intelligenter Agentensteuerungen im Bereich flexibler Fertigungszellen zu verstehen sind. Das Ziel dieses Ansatzes ist der Aufbau teilautonomer Agenten, die in der Lage sind, gestellte Aufgaben selbständig in einer Umgebung durchzuführen, die mit Störungen behaftet ist. Zur Zeit laufen Arbeiten, die exemplarisch jeweils eine Elementaroperation für Roboterarm und Roboterfahrzeug implementieren sollen. Auch die Ebene der lokalen Kontrolle soll damit einhergehend in Angriff genommen werden.

Dieses Vorhaben wird durch die Deutsche Forschungsgemeinschaft im Sonderforschungsbereich 314 gefördert.

Literatur

1.	Rembold, U.: The Karlsruhe Autonomous Mobile Assembly Robot. IEEE Int. Conf. on Robotics and Automation 1988.

2.	Frommherz, B.; Hörmann, K.: A Concept for a Robot Action Planning System. In: Languages for Sensor-Based Control in Robotics. Rembold, U.; Hörmann, K. (eds.). Springer 1987.

3.	Muir, P. F.; Neuman, Ch. P.: Kinematic Modelling for Feedback Control of an Omnidirectional Wheeled Mobile Robot. Int. Conf. on Robotics and Automation 1986.

4.	Hörmann, A.; Hugel, Th.; Meier, W.: Ein Ansatz zur Realisierung intelligenter fehlertoleranter Robotersysteme. Robotersysteme 3-4,1988.

5.	Hörmann, A.: Elementaroperationen - Spezifikationen. EO-Manual IPR 1988.

6.	Doll, T. J.; Hugel, Th.; Meier, W.: On the Design of Flexible Sensor Integrated Grippers. Proc. 7th RoViSeC 1988.

7.	Raczkowsky, J.: Werkstückerkennung mit einem Bildverarbeitungssystem. Robotersysteme 3, 1985.

8. Kordecki, C.: Ein Konzept für ein verteiltes Mehrrechnersystem. Diessertation an der Fakultät für Informatik, 1987.

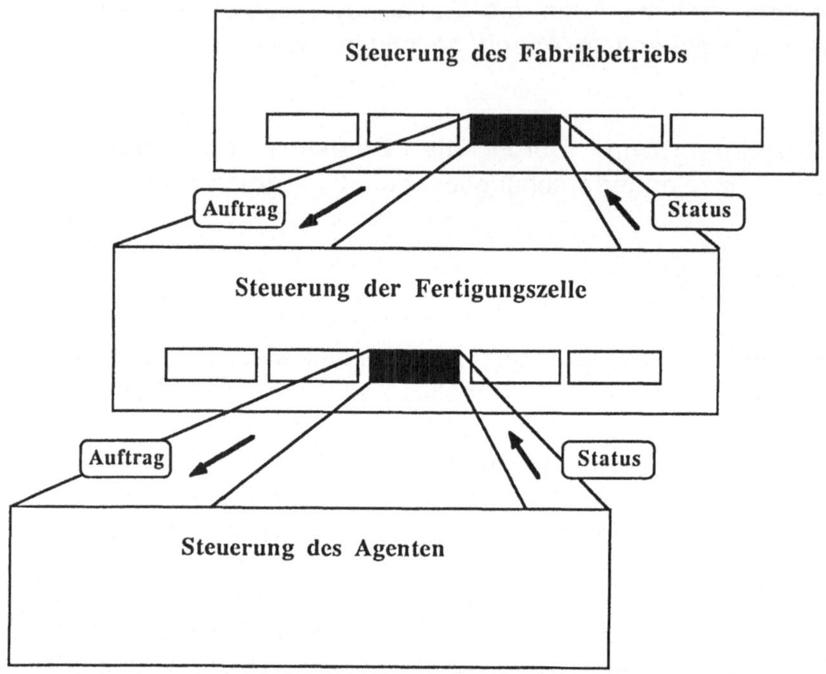

Bild 1: Steuerungshierarchie

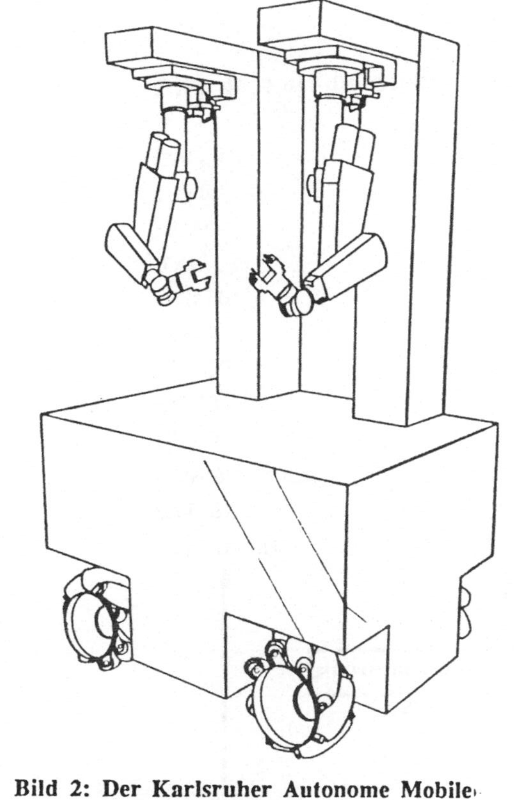

Bild 2: Der Karlsruher Autonome Mobile Roboter KAMRO

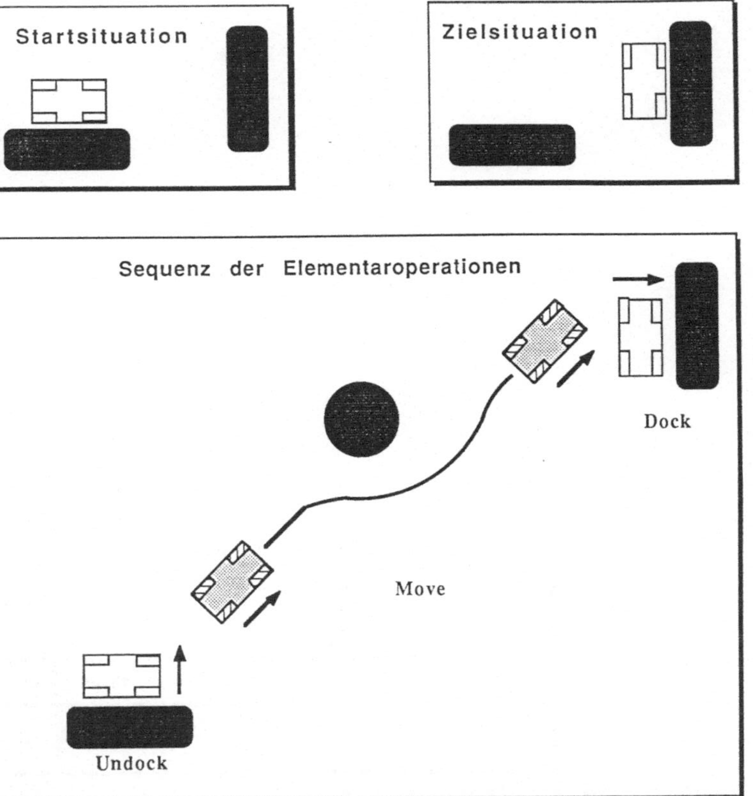

Bild 3: Fahrsequenz des mobilen Roboters

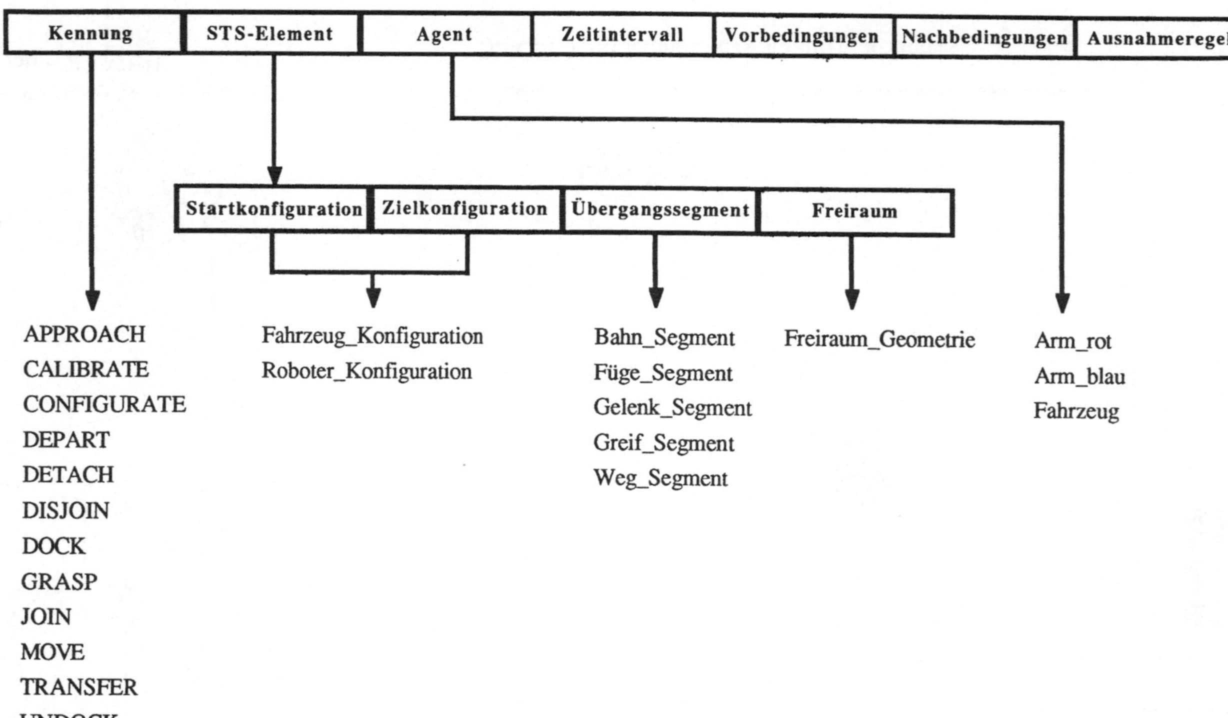

Bild 4: Parameterspezifikation der EOs

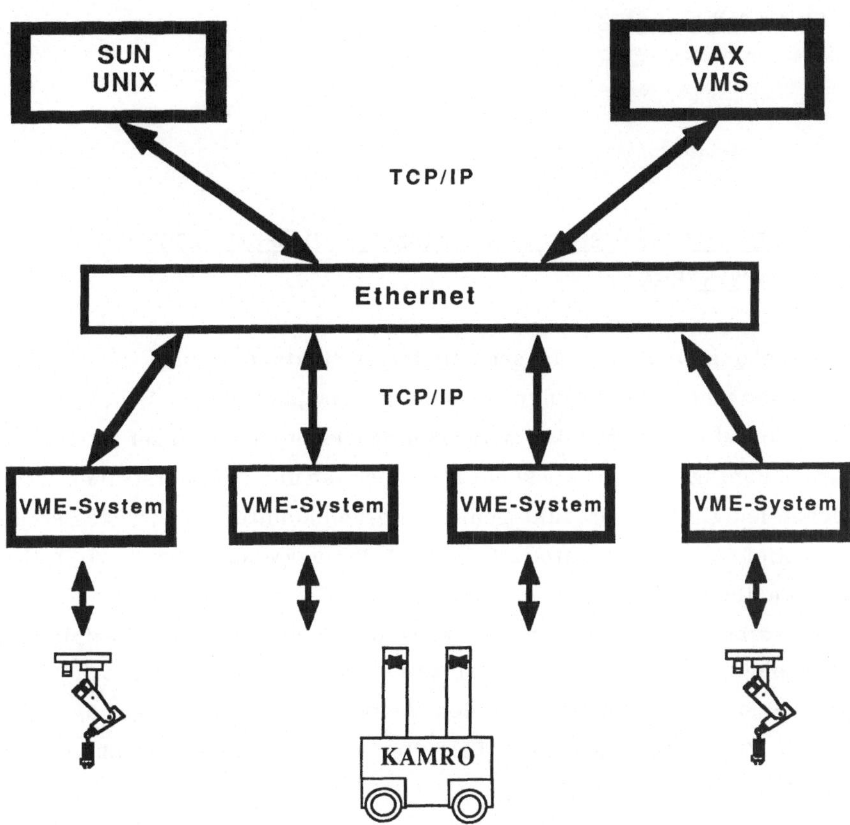

Bild 5: Systemstruktur

Wirtschaftlichkeitsfragen bei roboterunterstützter Kleinmontage

von H. Goldbecker

1. KRITERIEN FÜR DEN EINSATZ FLEXIBLER UND SPEZIALISIERTER MONTAGESYSTEME

1.1 Abgrenzung flexibler und spezialisierter Montagesysteme

In der Vergangenheit beschränkte sich die Automatisierung von Montageprozessen ausschließlich auf Produkte mit großen Stückzahlen und langer Lebensdauer. Es wurden Montagesysteme wie Rundtaktautomaten und Transferstraßen erstellt, auf denen lediglich ein Produkt montiert werden konnte. Nachdem das Produkt dann auslief, wurde der Automat nicht wieder verwendet. Der Vorteil dieser Automaten liegt in der großen Leistung.

Montageprozesse, die die Voraussetzungen für den Einsatz spezialisierter Systeme nicht erfüllen, können erst seit einigen Jahren durch den Einsatz flexibler Systeme automatisiert werden. Jedoch zeichnen sich diese Systeme in der Regel durch eine geringere Leistung aus. Diese Zusammenhänge sind nochmals in Abb. 1 dargestellt.

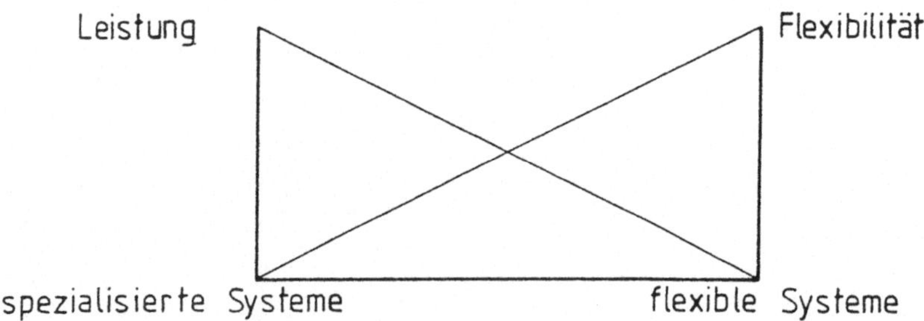

Abb. 1: Leistung und Flexibilität bei spezialisierten und flexiblen Systemen

1.2 Einsatzschwerpunkte der verschiedenen Montagesysteme

Stellt man die spezialisierten Systeme den flexiblen gegenüber, so lassen sich insbesondere folgende Kriterien für ihre Einsatzschwerpunkte herausstellen (Abbs. 2)

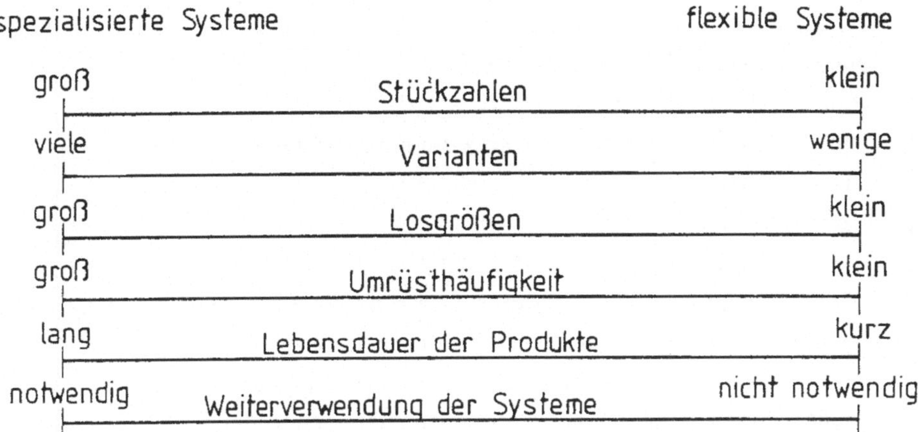

Abb. 2: Kriterien für die Einsatzschwerpunkte von Montagesystemen

Auf der einen Seite der Skala befindet sich die hochspezialisierte Maschine, während auf der anderen Seite das total flexible Montagesystem "Mensch" einzuordnen ist. Ein flexibles Montagesystem wie z.B. ein Robotersystem kann folgendermaßen in dieser Skala eingeordnet werden (Abb.3).

- mittlere Stückzahlen
- abgrenzbare Variantenvielfalt
- mittlere Losgrößen
- häufiges Umrüsten
- ausreichend große Lebensdauer der Produkte
- Wiederverwendung der Systeme bei Veränderungen der Produkte bzw. Produktwechsel

Abb. 3: Kriterien für den Einsatz flexibler Montagesysteme

In der Praxis werden häufig Mischformen auftreten, wobei der Anteil der spezialisierten und flexiblen Komponenten unterschiedlich ist.

2. ZIELE UND NUTZEN FLEXIBLER MONTAGESYSTEME

Mit dem Einsatz flexibler Montagesysteme lassen sich u.a. die in Abb. 4 dargestellten Ziele bzw. Nutzen erreichen.

- Gleichbleibend hohe Produktivität
- gleichbleibend hohe Qualität, da
  . hohe Anforderungen an die einzelnen Produkt-
    komponenten
  .. enge Toleranzen
  .. gleichmäßige Qualität des Materials
  . Erziehungsprozeß von Vorlieferanten und Vorfertigung
- geringe Umrüstzeiten und damit kleinere Losgrößen
  → geringe Lagerbestände mit Just in time-Produktion
- leichte Kapazitätsanpassung an einen sich ändernden
  Bedarf und Absatz
- 100% Qualitätskontrolle und ggfs. Dokumentation
  (Produkt- und Produzentenhaftung)
- Einbringung in CIM
  . Transparenz im Planungs- und Steuerungsprozeß
- Systematisierung des Produktions- und Montageprozesses
  → Reduzierung der Herstellungskosten
- Montagegerechte Konstruktion
  → Reduzierung der Produkt- und Montagekosten
- Wiederverwendung von Systemkomponenten bei Produkt-
  änderungen und neuen Produkten
  → hohe Wirtschaftlichkeit des Systems

Abb. 4: Ziele und Nutzen flexibler Montagesysteme

Wie aus diesen Kriterien zu ersehen ist, lassen sich mit flexiblen Montagesystemen genau die Ziele im Unternehmen verfolgen, die heute als richtungsweisend für das erfolgreiche Wirtschaften im Unternehmen angesehen werden.

3. WIRTSCHAFTLICHKEITSBETRACHTUNGEN

In den Unternehmen gibt es die verschiedensten Formen der Wirtschaftlichkeitsrechnungen, die jede ihre Berechtigung haben. Wir wollen hier jedoch nur
auf eine vereinfachte Form der Amortisationsrechnung eingehen, die für eine
überschlägige Wirtschaftlichkeitsberechnung ausreicht. Hierbei geht man z.Zt.
von Lohnkosten von DM 50.000,-- pro Jahr aus.

Die Unternehmensrichtlinien gehen bei einer spezialisierten Automatisierung
von einem Amortisationszeitraum von 2 Jahren aus, d.h. pro Mannschicht
DM 100.000,--. Bei flexiblen Montagesystemen wird z.Zt. die gleiche Rechnung
mit den gleichen Parametern, also insbesondere auch mit der Amortisationszeit
von 2 Jahren, gerechnet. Dies ist jedoch m.E. nicht gerechtfertigt, da die
Wiederverwendbarkeit der flexiblen Komponenten von Montagesystemen nicht
berücksichtigt wird. Bei diesen flexiblen Komponenten sollte deren technische
Lebensdauer für die Nutzungszeit zugrunde gelegt werden. Dies würde den
tatsächlichen wirtschaftlichen Verhältnissen wesentlich eher entsprechen und
die Anwendungsmöglichkeiten für flexible Montagesysteme erheblicher erweitern.

In den USA und in Japan wird in dieser Hinsicht inzwischen wesentlich reali-
tätsnaher gedacht. Beispiele werden im Vortrag vorgestellt.

4. ANFORDERUNGEN BEIM EINSATZ FLEXIBLER MONTAGESYSTEME

4.1 Anforderungen an Produkte und Komponenten

Bei der Einführung von flexiblen Montagesystemen werden die verschiedensten
Anforderungen an Unternehmen und Systemhersteller gestellt, die für das
Gelingen von Automatisierungsprojekten von erheblicher Bedeutung sind.

Die in Abb. 5 dargestellten Kriterien geben die Anforderungen an Produkte und Komponenten wieder

```
┌────────────────────────────────────────────────┐
│ ─ Anforderungen an Produkte und Komponenten     │
│   . gleichmäßig hohe Qualitätseigenschaften     │
│   . montagegerechte, d.h. definierte und ein−   │
│     fache Fügeprozesse                          │
│   . positioniergerechte Komponenten             │
│     .. Positionierung durch Schwingförderer     │
│        möglich                                  │
│     .. palletiert                               │
│     .. positionierbar im System                 │
└────────────────────────────────────────────────┘
```

Abb. 5: Anforderungen an Produkte und Komponenten

4.2 Anforderungen an die Systeme

An die Systeme werden die in Abb. 6 aufgeführten Kriterien gestellt.

```
┌────────────────────────────────────────────────────┐
│ ─ Anforderungen an Systeme                          │
│   . Prozeß− und Funktionssicherheit                 │
│     .. möglichst große Erfahrungen des Herstellers  │
│     .. Verwendung von Standardkomponenten soweit    │
│        wie möglich                                  │
│   . Sensorisierung soweit wie möglich               │
│     .. Erkennen von Störungen und möglichst auto−   │
│        matisches Beseitigen von Störungen           │
│        ➝ Erreichen einer hohen Verfügbarkeit        │
│     .. Prüfen der Qualität des Montageprozesses und │
│        automatisches Reagieren auf Fehler           │
│        ➝ Reduzieren des Ausschußanteils auf ein     │
│           Minimum                                   │
│   . Sicherheitstechnische Ausstattung               │
│   . Bedien− und Wartungsfreundlichkeit              │
│   . Umweltfreundlichkeit                            │
└────────────────────────────────────────────────────┘
```

Abb. 6: Anforderungen an die Systeme

4.3 Anforderungen an das Personal

Die an das Personal gestellten Anforderungen sind in Abb. 7 dargestellt

```
- Anforderungen an das Personal
    . Erfahrungen in der Wartung und Störungsbesei-
      tigung an komplexen Systemen
        .. mechanisch
        .. pneumatisch/hydraulisch
        .. steuerungstechnisch
    . Schulung des Bedienungspersonals zur sachgerech-
      ten Bedienung der Systeme
    . Software-Anforderungen
        .. Programmierkenntnisse SPS
        .. Programmierkenntnisse höherer Programmier-
           sprachen
```

Abb. 7: Anforderungen an das Personal

5. EINFLUSS VON GREIFERN AUF DIE GESTALTUNG UND NUTZUNG FLEXIBLER MONTAGESYSTEME

Die Wahl des Greifers ist für die Nutzung und Flexibilität von Montagezellen von entscheidender Bedeutung. Es kann hier zwischen folgenden Greifern unterschieden werden

- Einfachgreifer
- Mehrfachgreifer
- Greiferwechselsystem

Die Einsatzkriterien der verschiedenen Greifersysteme sind in Abb. 8 darge-stellt.

	Einfachgreifer	Mehrfachgreifer	Greiferwechsel-system
Kosten	gering	hoch	hoch
Flexibilität	gering	mittel	hoch
Leistung	hoch	hoch	gering
Sensorik	möglich	möglich	möglich

Abb. 8: Einsatzkriterien für Greifersysteme

Im speziellen soll hier noch auf einen Revolvergreifer mit 6 Greifern eingegangen werden, der zum Bestücken von Exoten von Leiterplatten, aber auch zum Montieren von kleinen mechanischen Bauteilen eingesetzt werden kann. Der Greifer ist in Abb. 9 dargestellt.

Der Revolverkopf für Montageroboter ist ein elektrisch angetriebener Revolverkopf mit 6 Greifereinheiten. Die Drehrichtung ist sowohl links als auch rechts. Jede der 6 Positionen ist codiert und direkt (ohne Durchtakten) ansteuerbar. Die Greifer sind pneumatisch betätigt. Jeder Greifer besitzt eine Greifer- und eine Pusher-Bewegung.

Der jeweils im Einsatz befindliche Greifer liegt in direkter Verlängerung der Roboter-Z-Achse. Die Indexierung der Position erfolgt mechanisch und damit sehr präzise.

Die Schaltzeit beträgt bei 60⁰ ca. 0,1 - 0,2 Sekunden und
bei 180⁰ ca. 0,3 - 0,4 Sekunden

Der Kopf wiegt ca. 1,5 - 2 kg. Der Roboter kann somit in der Regel mit Höchstgeschwindigkeit betrieben werden. Insgesamt bietet der Revolvergreifer folgende Einsatzvorteile:

- Vielseitiger Einsatz des Roboters (bis zu sechs verschiedene Bauteile)
- Verkürzen der Roboterwege beim Montagezyklus (Zeitersparnis)
- Kurze Schaltzeiten (keine Greiferwechselzeit)
- Ausnutzung der Höchstgeschwindigkeit des Roboters (aufgrund des geringen Gewichts des Kopfes)

Die Einsatzmöglichkeiten sind wie folgt gegeben:

- Bestücken von Leiterplatten mit ICs, Kondensatoren, Widerständen, Relais, Rundsteckern, Flachsteckern, Schaltern u.a. Bauteilen
- Montage mechanischer Baugruppen

In der Leiterplattenfertigung werden Sonderbauelemente wie Blockkondensatoren und Potentiometer gegenwärtig noch weitgehend manuell bestückt. Bei dieser sogenannten Restbestückung können zusätzlich Standardbauelemente in kleiner Stückzahl gesetzt werden, deren Montage in einem Automaten wirtschaftlich nicht realisierbar ist. Schließlich werden Leiterplatten in der Kleinserienfertigung heute noch weitgehend manuell bestückt.

Um die Risiken manueller Bestückung wie

- falsche Montage von Bauelementen
- falsche Polung der Bauelemente
- Zerstörung von Bauelementen durch unsachgemäße Montage und
- Herausfallen von manuell gesetzten Bauelementen

auszuschalten, ist die Automatisierung des Bestückungsvorganges

- von Sonderbauelementen
- von Standardbauelementen in geringer Anzahl pro Leiterplatte
  und
- bei Leiterplatten in Kleinserienfertigung

geboten.

In der Roboterstation erfolgt die Bestückung mit Sonderbauelementen. Dabei wurde von folgenden Anforderungen ausgegangen:

- Taktzeit pro Bauelement unter drei Sekunden.
- Verkürzung der Toleranzkette durch Positionierung und Orientierung von Leiterplatten an Aufnahmebohrungen und Greifen der Bauelemente an Anschlußdrähten
- Sicherung der Bauelemente gegen Herausfallen durch aktives Clinchen mit Unterwerkzeug

Es wurde ein Revolvergreifer für sechs Bauelemtente entwickelt.

Die Bauelemente werden hintereinander von Linearförderern aufgenommen und auf die stationäre angeordnete Leiterplatte gesetzt.

Das Unterwerkzeug mit sechs Schneid- und Biegeeinrichtungen verfährt gleichzeitig rechnergesteuert und sichert die Lage der Bauelemente auf der Leiterplatte.

Die Taktzeit für das Bestücken von sechs Bauelementen beträgt etwa 18 Sekunden.

GoWeMa GOLDBECKER GMBH

Technische Problemlösungen — Werkzeuge — Maschinen — Anlagen — Industriebedarf

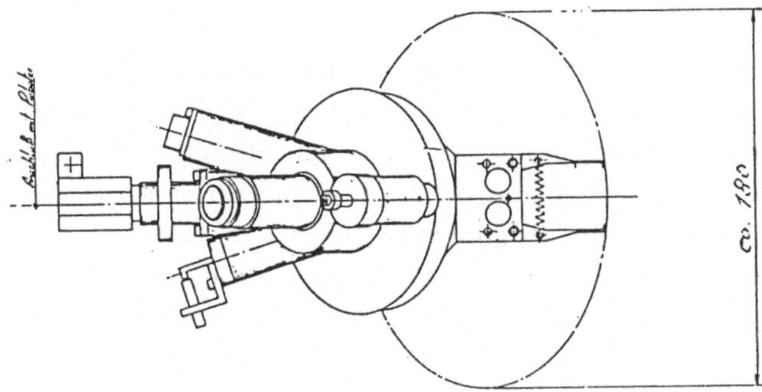

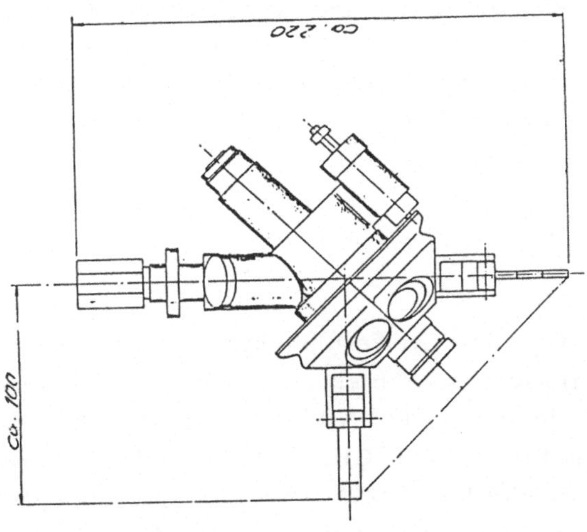

Abb. 9: Revolvergreifer

Anforderungen an Greifer für Montagearbeiten (flexible, intelligente Greifersysteme)

von G. Haag

1. EINLEITUNG

Aufgabe eines Greifers, einer Dreheinheit oder Hubeinheit ist es, in Verbindung mit der Kinematik des entsprechenden Handhabungsgerätes die Position und Orientierung des Handhabungsobjektes (Werkstücks) im Raum zu verändern. Jeder Roboter und jedes Handhabungsgerät ist daher nur so vielseitig, wie es der eingesetzte Greifer erlaubt. Die möglichen Arbeitsergebnisse sowie die Genauigkeit und Handhabungszeit werden wesentlich durch das gewählte Greifersystem mitbeeinflußt. Die derzeit nahezu exponentiell ansteigende Anzahl der eingesetzten Handhabungsgeräte und Industrieroboter und deren Eindringen in neue Arbeitsbereiche führen zu einer zunehmenden Anzahl und Vielfältigkeit der "off-arm products". Für die Erfüllung der in der Greifaufgabe zusammengefaßten Anforderungen, müssen Greifer, Hubeinheiten und Dreheinheiten, die in Verbindung mit dem Handhabungsgerät zu einer Funktionseinheit zusammengefasst sind, bestimmte Anforderungen erfüllen. Es ist daher angezeigt nach objektiven Kriterien zur Auswahl geeigneter Greifersysteme aus einer Vielzahl von Möglichkeiten zu suchen.

2. DIE GREIFAUFGABE

Merkmale des Greifobjektes, der Greiferumgebung sowie kinematische Merkmale der Handhabungsaufgabe (Objekttrajektorie) und des Handhabungsgerätes (max. Beschleunigung bei NOT-AUS) sind in der Handhabungsaufgabe zusammengefaßt (DITTRICH, SCHOPEN, 1987). Deren Umsetzung in ein geeignetes Greiferkonzept(Auswahl eines geeigneten Greifers) resultiert in einem bestimmten Anforderungsprofil an den Greifer (KETTNER, CARDAUN, 1980; LEE, DERBY, 1986). Häufig läßt sich die Greifaufgabe mit unterschiedlichen vorhandenen Greifern realisieren. Es ist dann erwünscht, die Alternativen aufgezeigt zu bekommen und möglichst über eine definierte Zielfunktion den für diese Greifaufgabe optimalen Greifer zu erhalten. Andererseits existiert zu bestimmten Greifaufgaben zunächst eventuell kein geeigneter Greifer. Es ist dann von Bedeutung Vorschläge für eine Abänderung der Greifaufgabe zu erhalten (z.B. durch Veränderung der kinematischen Kenndaten), so daß bestehende Greifersysteme herangezogen werden können. In diesem Falle ist ein zyklischer Informationsfluß zwischen Greifaufgabe und Lösungsvorschlag mittels eines bestimmten Greifers notwendig.

Eine sorgfältige Analyse der Greifaufgabe ist Grundvoraussetzung für die richtige Auswahl eines geeigneten Greifers. In der Praxis hat sich die nachfolgend dargestellte Gliederung nach Merkmalen (Bild 1) als sinnvoll erwiesen.

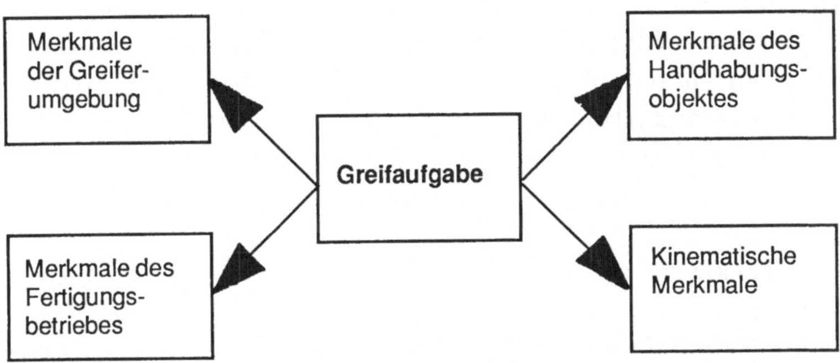

Bild 1 : Gliederung der Greifaufgabe

Es liegt nahe, die Analyse der Greifaufgabe und die daraus sich ergebende Auswahl des optimalen Greifers in ein Expertensystem (KI) einzubinden.

2.1 Merkmale des Greifobjektes

Merkmale des Greifobjektes, wie z.B. Masse und Trägheitstensor der zu handhabenden Werkstücke, deren geometrische Form und Abmessungen, Werkstoff, Bearbeitungsqualität der einzelnen Flächen sowie mögliche zulässige Verformungen sind durch die Konstruktion vorgegeben.

2.2 Merkmale der Greiferumgebung

Die Umgebung des Greifobjektes, d.h. Temperatur, Feuchtigkeit, Staub
oder auf der anderen Seite Reinraumanforderungen bestimmen die Auswahl
des Greifers ebenfalls mit.

2.3 Merkmale des Fertigungsbetriebs

In vielen Fertigungsbetrieben wird ein bestimmtes Antriebsmedium (pneumatischer, hydraulischer, elektrischer Antrieb) bevorzugt. In der angepas-
sten Automatisierung kommt der Sensorik eine besondere Bedeutung zu.
Dem Greifersystem kommen dann zu den "klassischen" Aufgaben, wie
Greifen, Halten, Lösen zusätzliche Aufgaben zu, wie z.B. Meldung ob Teil
gegriffen oder nicht oder auch die Identifikation und Messung eines Teils
beim Greifvorgang. Zur Einbindung der gestellten Handhabungsaufgabe
in den gesamten Fertigungsablauf sind daher in vielen Fällen in den Greifer
integrierte Sensoren erforderlich. Dies stellt ein weiteres Auswahlkriterium dar.

2.4 Kinematische Merkmale

Beim Verfahren des Handhabungsobjektes (Werkstücks) durch das Handhabungsgerät längs einer vorgegebenen Bahn (Objekttrajektorie) treten
Beschleunigungen auf. Die daraus resultierenden Kräfte und Momente auf
das Handhabungsobjekt müssen vom Greifer aufgenommen werden. Die
Greifkraft muß daher einer aus mehreren Einzelkräften resultierenden
Gesamtkraft entgegenwirken. Generell ist zu beachten, daß die einzusetz-
tenden Greifer, Dreheinheiten, Hubeinheiten usw. auf die größten auftretenden Kräfte und Momente ausgelegt werden müssen. Nur so kann eine
sichere Handhabung von Objekten garantiert und damit die notwendige
Betriebssicherheit erzielt werden. Als Mindestforderung erhält man daher,
daß beim Verfahren kein Verdrehen oder Lösen des Handhabungsobjektes
im Greifer erfolgen darf. In der Regel treten die größten Kräfte und Momente jedoch bei einer Notabschaltung des Handhabungsgerätes (NOT -
AUS) auf. Aus Sicherheitsgründen sollte die Handhabungsaufgabe daher
so formuliert werden, daß selbst bei einer Notabschaltung das Handha-

bungsobjekt noch sicher durch den Greifer gehalten wird. Ein Verdrehen des Objektes im Greifer ist in diesem Fall jedoch zu tolerieren.

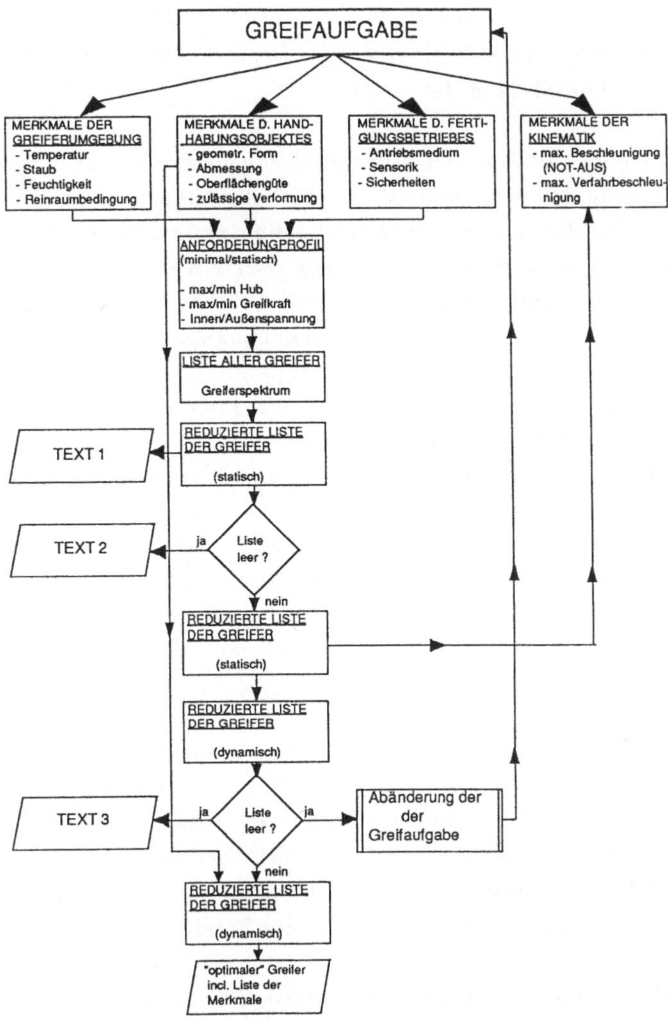

Bild 2: Blockdiagramm: Greifaufgabe

3. SELEKTIONSKRITERIEN

In Bild 2 sind die einzelnen Schritte zur Auswahl eines bestimmten (möglichst optimalen) Greifers aus einem breiten Produktspektrum (Fa. Schunk) dargestellt. Mittels eines eigens entwickelten Expertensystems kann eine kundenspezifische Greifaufgabe bearbeitet werden. Als Eingabedaten dienen die in der Analyse der Greifaufgabe nach Abschnitt 2 festgelegten charakteristischen Merkmale.

Es ist vorteilhaft die Selektion in mehreren Einzelstufen durchzuführen. So kann aufgrund der Merkmale 2.1 bis 2.3 ein Anforderungsprofil erstellt werden, welches Minimalforderungen beinhaltet und den statischen Grenzfall abdeckt. Zu diesen Anforderungen werden der maximale/minimale Hub, die maximale/minimale Greifkraft, die Zugriffsart (außen/innen) sowie weitere Einflußfaktoren der Werkstückspannung gerechnet.

In Bild 3 ist ein Teil des Greifer-Spektrums der Firma Schunk dargestellt. Die einzelnen Greifer bzw. Greifersysteme (Bild 3) werden nun bezüglich des minimalen Anforderungsprofils überprüft und eine reduzierte Liste der in Frage kommenden Greifer erstellt.

Als weiteres und entscheidendes Selektionskriterium werden nun die kinematischen Merkmale der Objektbahn herangezogen. Damit ergibt sich eine Liste der in Frage kommenden Greifer, die zur Lösung der Greifaufgabe geeignet sind.

Oft lassen sich Werkstücke auf unterschiedliche Art und Weise durch den Greifer aufnehmen. In diesem Falle ist diejenige Werkstückaufnahme zu bevorzugen, die sich durch möglichst kurze Hebelarme auszeichnet. Dadurch können die bei der Handhabung auftretenden Reaktionskräfte im Greifer reduziert werden. Dies wirkt sich positiv in einer Verringerung des Verschleißes aus und erhöht damit die Produktlebensdauer.

Die Auswahl des "optimalen" Greifers erfolgt dann letztendlich unter Einbeziehung dieser Verschleißgesichtspunkte. Es ist bemerkenswert, daß häufig die so ermittelte Lösung der kundenspezifischen Greifaufgabe auch die langfristig kostengünstigste Lösung darstellt. Damit ist den betriebswirtschaftlichen Gesichtspunkten ebenfalls hinreichend Rechnung getra-

Oberbegriff	Greifertypen			
PARALLEL- U. ZENTRISCH-GREIFER		Größen:		Hub
	PPG	50, 65, 80, 100, 125, 160, 200		2,8 - 15,0 mm
	HPG	80, 100, 125, 160, 200		6,0 - 15,0 mm
	PPG-F	40, 65, 80		5,0 - 10,0 mm
	LPG	48, 62, 80		8,0 - 18,0 mm
	ZGP	65, 90, 110, 130, 160, 200, 250		1,5 - 14,0 mm
	ZGH	65, 90, 110, 130, 160, 200, 250		3,5 - 8,0 mm
WINKEL-GREIFER		Größen:		Greifkraft:
	PWG	30, 40, 60, 80, 100, 125		50 - 2200 N
	PKG	30, 40, 50, 65, 80		90 - 950 N
	UWG	25, 32, 45, 70		20 - 70 N
	PWG-M	15, 22, 30		12 - 60 N
GREIFER-WECHSEL-SYSTEME	Wechselkopf	GWK1, GWK2		
	Ablage	SAW1, SAW2		
	Adapter	diverse Adapterplatten z.B. für PPG u. ZGP		
	Montageflansch	SMF 25 - SMF 250, zum anflanschen verschiedener Greifer.		
VAKUUM-TECHNIK		Durchmesser:		Haftkraft:
	VTK	10, 16, 25		4,5 - 20,0 N
	VTN	2,8 - 429,8		21,0 - 3224,0 N
	VTS	10, 18, 40, 60, 85		1,0 - 80,0 N
KUNSTSTOFF-GREIFER		Größe:		Arbeitsbereich:
	SKG-J	40, 50, 60, 70		20,0 - 50,0 mm
	SKG-J/ W	40, 50, 60, 70		20,0 - 50,0 mm
	SKG-F	30, 50, 70, 80, 90, 100, 110		16,0 - 80,0 mm
	SKG-F/ W	30, 50, 70, 80, 90, 100, 110		16,0 - 80,0 mm
	SKG-A	30, 50, 70, 80, 90, 100, 110		5,0 - 59,0 mm
	SKG-A/ W	30, 50, 70, 80, 90, 100, 110		5,0 - 59,0 mm
	SKG-M	30, 40, 50		

Bild 3: Teil des Greifer-Spektrums der Firma Schunk

Wie erwähnt existiert zu bestimmten Greifaufgaben zunächst eventuell kein geeigneter Greifer. Falls schon die statischen Erfordernisse durch keinen Greifer aus dem vorgegebenen Greifer-Spektrum erfüllt werden können und auch die Greifaufgabe nicht entsprechend abgeändert werden kann, muß nach anderen Lösungsmöglichkeiten Ausschau gehalten werden. Erfüllen jedoch ein-oder mehrere Greifer die statischen Mindestvoraussetzungen, so kann eventuell durch eine geeignete Abänderung der Bahndaten des Handhabungsobjektes (Herabsetzung der maximalen Beschleunigung) doch noch ein geeigneter Greifer selektioniert werden. Es ist eine Aufgabe dieses Expertensystems entsprechende Vorschläge zur Abänderung der Greifaufgabe auszuarbeiten. In diesem Falle ist ein mehrmaliges Durchlaufen der Selektions-und Berechnungszyklen erforderlich.

4. FLEXIBLE, INTELLIGENTE GREIFERSYSTEME

Die Lösung einer bestimmten Greifaufgabe (nach Abschnitt 3) resultiert in einem bestimmten Anforderungsprofil, das schließlich zur Selektion eines bestimmten Greifers führt. Bei komplexen Greifaufgaben, d.h. wenn etwa nacheinander verschiedene Werkstücke gegeriffen werden müssen

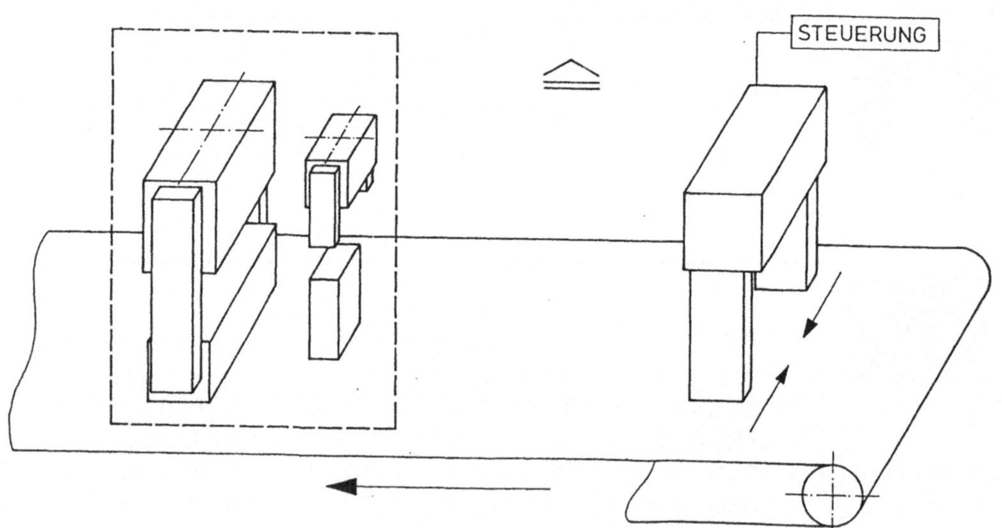

Bild 4: Greiferauswahl bei komplexen Handhabungsaufgaben

kann ein "optimaler" Greifer nach diesem Auswahlkriterium jedoch nicht ohne weiteres ermittelt werden. So kann zwar für jeden einzelnen Greifvorgang ein "optimaler" Greifer ermittelt werden, ein Greifer, der zur Lösung sämtlicher Greifvorgänge gleichermaßen geeignet ist existiert jedoch nicht (Bild 4)

Bei komplexen Handhabungsaufgaben (z.B. Montagearbeiten), wo nacheinander mehrere, hinsichtlich Gewicht, Größe, Form und Material unterschiedliche Teile innerhalb eines Arbeitszyklus zu handhaben sind, kommt daher einer flexiblen Greifergestaltung große Bedeutung zu.

4.1 Greifer-Wechselsystem, GWS

Die äußere Formgebung von zu handhabenden Werkstücken vor und nach der Bearbeitung kann so unterschiedlich sein, daß verschiedene Greifer oder zumindest unterschiedlich gestaltete Greiferfinger zum Einsatz kommen müssen. Damit die pheripheren Einrichtungen nicht für jedes Automatisierungsvorhaben erneut konstruiert werden müssen und die Taktzeitvorgabe möglichst kurz gewählt werden kann, kommen bei derartigen Anwendungsfällen Greifer-Wechselsysteme oder Multigreifer zum Einsatz Die Flexibilität dieser Systeme gestattet eine schnelle Anpassung an das Handhabungsproblem und garantiert minimale Umrüstzeiten.

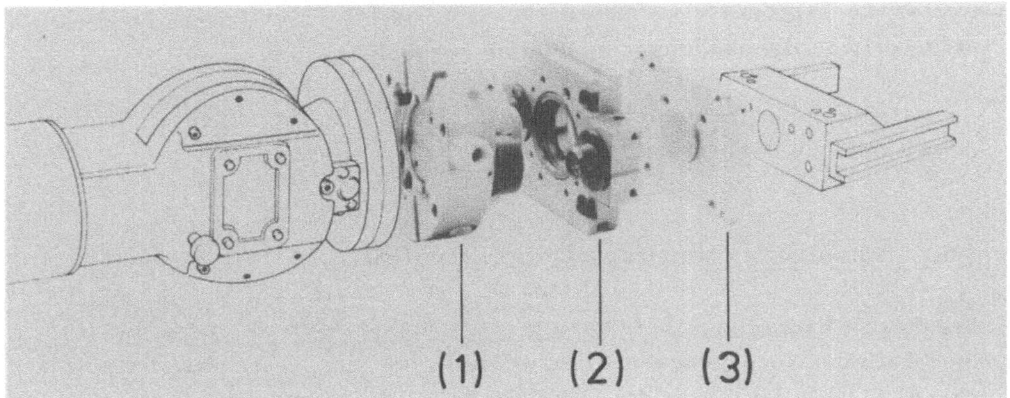

Bild 5: Greifer-Wechselsystem (SCHUNK)

In Bild 5 ist ein Greifer-Wechselsystem (SCHUNK) dargestellt. Ein GWS besteht aus einem Greiferwechselkopf (1), der am Roboter oder Handhabungsgerät befestigt ist und mindestens zwei Universaladaptern (2), die mit den entsprechenden Greifern oder Werkzeugen verbunden und abgelegt sind. Die Zwischenplatte (3) dient als Basis zur Befestigung von Werkzeugen bzw. Greifern an (2). Die Energiezufuhr zu den angeflanschten Werkzeugen bzw. Greifern erfolgt über integrierte Druckluftkanäle und Elektroanschlüsse. Die universelle Einsetzbarkeit derartiger Systeme wirkt sich insbesondere bei "Mittelserien" positiv aus.

4.2 Intelligente Multifunktionsgreifer

"Intelligente" Greifer, d.h. Greifer, bei denen ein Teil der erforderlichen Datenverarbeitung intern erfolgt, ermöglichen es in Kombination mit geeigneten Sensoren bereits während der Handhabungsphase wichtige Informationen an die Steuerung weiterzuleiten (HAAG, 1987). So kann eine Grobvermessung der Teile während des Greifvorganges erfolgen, entsprechende Signale zur Kanalisation des Teileflußes werden abgegeben. Mittels einer eingebauten Logikschaltung lassen sich unterschiedliche Fehler im Arbeitsablauf detektieren, sowie fehlerhafte Programmierungen anzeigen. Es ist ein besonderer Vorteil flexibler Greifersysteme, daß der erforderliche Hub des Greifers den zu handhabenden Teilen (Objekten) angepaßt werden kann. Wird ferner gleichzeitig die Greifkraft erfaßt und ausgewertet, so kann mittels eines derartigen Greifersystems zusätzlich die erforderliche Handhabungszeit minimiert werden.

Es sollen nun nachfolgend zwei Beispiele flexibler, intelligenter Greifer der Firma Schunk vorgestellt werden.

4.2.1 Hydraulischer Multifunktionsgreifer HUG-E

Bei diesem hydraulisch betriebenen Multifunktionsgreifer wird der Hub innerhalb der vorgegebenen Grenzwerte (< 100 mm) gesteuert. Entsprechende Signale werden an die SCHUNK Hydraulik-Steuereinheit zur Hubeinstellung weitergegeben. Durch das in den Greifer HUG-E integrierte analoge Wegmeßsystem können Werkstücke beim Greifvorgang gemessen werden. Das Meßergebnis wird nach Größenklassen unterteilt und Signale zur Steuerung des Teileflußes bereitgestellt. Das Ergebnis der Auswertung wird optisch am Greifer sowie an der SCHUNK Greifer-Elektronik angezeigt.

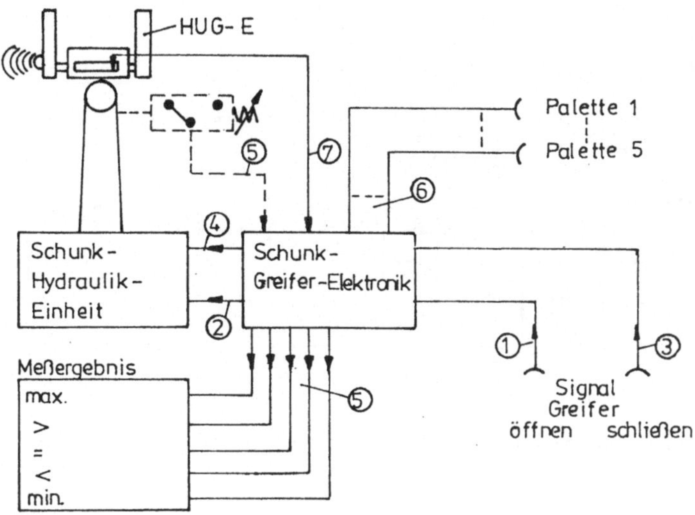

Bild 6: Einbeziehung der Greifer-Elektronik in einen einfachen Montageprozeß

In Bild 6 ist die Einbeziehung der SCHUNK Greifer-Elektronik in einen einfachen Montageprozeß aufgezeigt, der hier beispielhaft zur Teileselektion dient. Über einen Druckschalter (5) kann beim Erreichen einer bestimmten Greifkraft ein Freigabesignal abgegeben werden.

In Bild 7 wird diese Greifer-Elektronik in Kombination mit einem Roboter betrieben. Je nach momentan in Bearbeitung befindlicher Palette wird ein bestimmtes Signal an die Greifer-Elektronik abgegeben, die damit einen bestimmten Hub (max./min.) des Multifunktionsgreifers HUG-E bewirkt. Die Abmaße (an der Greifstelle) der jeweils zu greifenden Teile sind damit ebenfalls ausgewählt. Bei unzulässigen maßlichen Abweichungen erfolgt eine entsprechende Mitteilung an den Roboter, so daß der Teilefluß entsprechend kanalisiert werden kann.

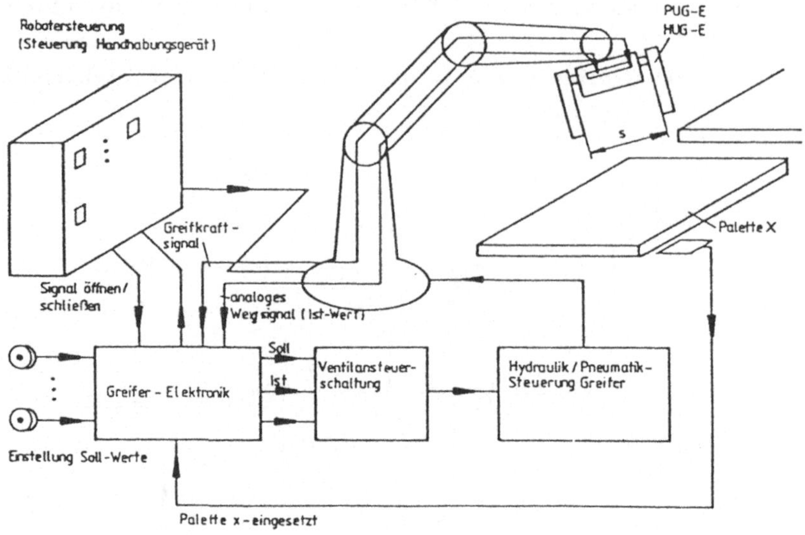

Bild 7 : Integration der Greifer-Elektronik und des Multifunktionsgreifers HUG-E in einen Arbeitsablauf

Der Multifunktionsgreifer HUG-E gemäß Bild 8 ist ein hydraulisch betätigter Zwei-Finger-Parallelgreifer. Gesamtöffnungshub 100 mm bei einer Greifkraft von ca. 4000 N; integriertes analoges Wegmeßsystem.

Bild 8: Multifunktionsgreifer HUG-E

4.2.2 Elektrisch angetriebener Multifunktionsgreifer

In vielen Anwendungsfällen ist es wünschenswert auf das Handhabungsobjekt bezogene Daten direkt von der Robotersteuerung an den Greifer
weiterzugeben.

In Bild 9 ist ein elektrisch angetriebener Multifunktionsgreifer dargestellt,
der mit einer eigenen Elektronik (SGR-Controller) zur Regelung des Greifers und zur Verarbeitung von Sensorsignalen ausgestattet ist.

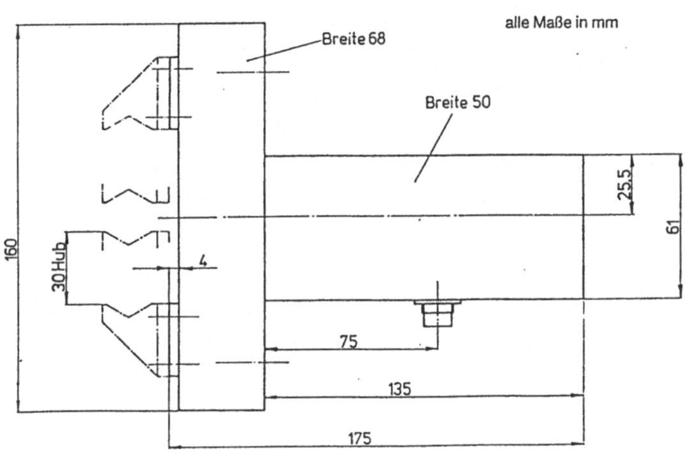

Bild 9: Elektrisch angetriebener Servogreifer, SGR-10 (SCHUNK)

Die Kommunikation zwischen der übergeordneten Steuerung (z.B. Robotersteuerung, PC, etc.) erfolgt über eine serielle Schnittstelle. Durch die mit
einem Mikroprozessor versehene Elektronik wird die übergeordnete Steuerung entlastet. Der Datenstrom ist gering, so daß die Übertragungsge-
schwindigkeit der seriellen Schnittstelle keinen wesentlichen Einfluß auf
die Reaktionszeit des Gesamtsystems hat. Dies wurde dadurch ermöglicht,
daß im allgemeinen keine Meßwerte zwischen Steuerung und Greiferelektronik ausgetauscht, sondern diese intern verarbeitet und entsprechende
Regel-bzw. Steuerfunktionen selbstständig ausgeführt werden. Es müssen
daher lediglich die Sollwerte und die Befehle von der übergeordneten
Steuerung übertragen werden und nach deren Ausführung die zugeordneten Resultate (z.B. Istwerte, Meldungen, Grenzwertüberschreitungen, etc.).

Der SGR-Controller schließt die Steuerkette des SGR (mit Encoder) zu einem Regelkreis und bildet somit den Kern des Servogreifersystems. Der SGR-Controller wird über ASCII-Befehlscodes programmiert. Im folgenden sind einige dieser Befehle zur Veranschaulichung der Funktionsweise aufgeführt:

g.cal <cr>

Diese Prozedur initialisiert das Wegmeßsystem des Greifers. Vor Ausführung dieses Befehls sind die Greiferbefehle nicht wirksam und bringen eine Fehlermeldung.

g.force(force) <cr>

Diese Prozedur öffnet/schließt den Greifer mit der Kraft "force".

g.defpart(num, force, size, offset, +limit, -limit) <cr>

Diese Prozedur definiert ein Teil mit den Parametern mit denen es gegriffen werden soll.

g.grippart(num) <cr>

Diese Prozedur bewirkt das Greifen eines mit g.defpart definierten Teils.

g.status <cr>

Es wird ein Diagnosetest durchgeführt und das Ergebnis aufgelistet.

Häufig wiederkehrende, komplexe Greiffolgen lassen sich durch einfache, in BASIC geschriebene Programme, die in der Greiferelektronik abgelegt werden, bearbeiten. Eine praxisgerechte Schnittstelle zwischen Greifer und Handhabungsgerät erfodert, daß unterschiedliche Steuerungen ohne größere Anpassungen mit der Greiferelektronik kommunizieren können. Die Festlegung einer entsprechenden Schnittstelle ist hier durch die Verwendung einer Programmiersprache möglich geworden.

5. LITERATURHINWEISE

DITTRICH, S., SCHOPEN, M.: Zangengreifer in der Handhabungstechnik, Systematik, Auswahlkriterien.
VDI Berichte Nr. 643, 1987

HAAG, G.: Auf dem Weg zu intelligenten Roboter-Greifer-Systemen.
Kongreß 1, Kommtech 87, Essen, 1987

HAAG, G.: "Intelligente" flexible Greifersysteme in Montage uns Fertigung.
VDI Berichte Nr. 643, 1987

KETTNER, H., CARDAUN, U.: Systematisches Auswählen von Greiferkonzepten für die Werkstückhandhabung.
Fertigen auf flexiblen Produktionsmitteln 1980

LEE C.S., DERBY S.: A Robot Gripper Design Program.
American Soc. Mech. Engineers, 1986

Flexible Greifersysteme für Handhabungseinrichtungen

von J. Niederstadt

Greifersysteme stellen das Bindeglied dar zwischen Werkstück oder Werkzeug auf der einen Seite und dem Handhabungsgerät auf der anderen Seite Seite. Die Erweiterung der Aufgabenpalette für Industrieroboter, wie z.B. Ausführung von Montageaufgaben, erfordert Greifersysteme, die über die ursprüngliche Aufgabe, Werkstücke oder Werkzeuge zu halten, hinausgehen. Sie müssen z.B. Werkstücke zentrieren, orientieren, Zusatzbewegungen ausführen oder Informationen über die Handhabungsprojekte an die Robotersteuerung weitergeben.

Anhand einiger ausgesuchter Beispiele möchte ich in meinem Vortrag die Entwicklung zum flexiblen Greifer aufzeigen. Diese Entwicklung führt vom einfachen Greifer mit auswechselbaren Greiferfingern über lernfähige Greifersysteme, die sich unterschiedlichen Werkstückabmessungen anpassen können bis zu Greifern, die aufgrund ihrer Konstruktion und sensorischen Fähigkeiten eine Vielzahl unterschiedlicher Funktionen übernehmen können.

Im wesentlichen bestehen Greifersysteme aus den sechs verschiedenen Teilsystemen, die im ersten Bild dargestellt sind.

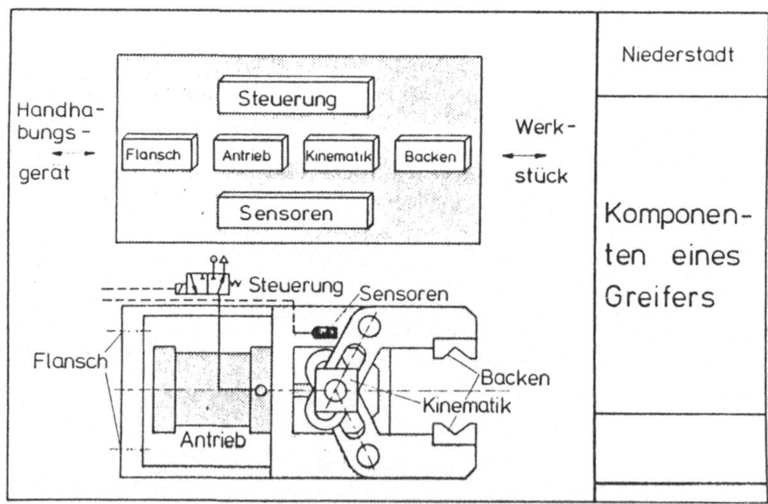

<u>Bild 1:</u> Komponenten eines Greifers

Der Flansch stellt eine sichere Verbindung zwischen Roboterarm und
Greifer her. Bestrebungen gehen dahin, Greiferflansche zu standardi-
sieren und so einen manuellen oder auch automatischen Greiferwechsel
zu ermöglichen.

Die Greiferantriebe haben die Aufgabe die zugeführte Energie in Be-
wegungsenergie umzuwandeln und eine Greiferfingerbewegung zu erzeu-
zeugen. Am häufigsten kommen hier Pneumatikzylinder zum Einsatz, da
sie im Vergleich zu hydraulischen oder elektromotorischen Antrieben
wesentlich kostengünstiger und leichter sind.

Für die Umwandlungen der rotatorischen oder linearen Antriebsbewegung
in eine lineare, rotatorische oder krummlinige Bewegung sorgt die Kinematik. Über die Kinematik kann man unterschiedliche Übersetzungsver-
hältnisse zwischen Antrieb und Backenbewegung realisieren. So können
z.B. über einen Kniehebel sehr hohe Greifkräfte bei geringen Antriebs-
abmessungen aufgebracht werden.

Das Haltesystem (Backen) stellt die Verbindung zwischen Werkstück und
Greifer her. Das Halten eines Objektes erfolgt über Kraft- oder Form-
schluß oder über intermolekulare Kräfte, wie z.B. bei Magnetgreifern.
Es gibt Greiferausführungen, die zwar ohne Antrieb und Kinematik aus-
kommen, z.B. Magnete oder Haken am Ende des Roboterarms, Flansche und
Haltesysteme sind jedoch immer erforderlich.

Zum Aufbau eines Greifers gehört auch die Steuerung des Antriebes, die
in diesem Fall durch ein 3/2-Wege Pneumatikventil angedeutet ist und
die Sensoren, die sowohl werkstückbezogene Aufgaben erfüllen, wie z.B.
Objekterkennung, als auch greiferbezogene Aufgaben, wie Erkennung der
Backenstellung.

Eine wesentliche Eigenschaft von flexiblen Greifern besteht darin, daß
die Greiferwirkflächen an unterschiedliche Handhabungsobjekte angepaßt
werden können. Das ist z.B. dann der Fall, wenn entweder die Greiferfinger oder der ganze Greifer manuell oder automatisch ausgewechselt
werden können. <u>(Bild 2).</u>

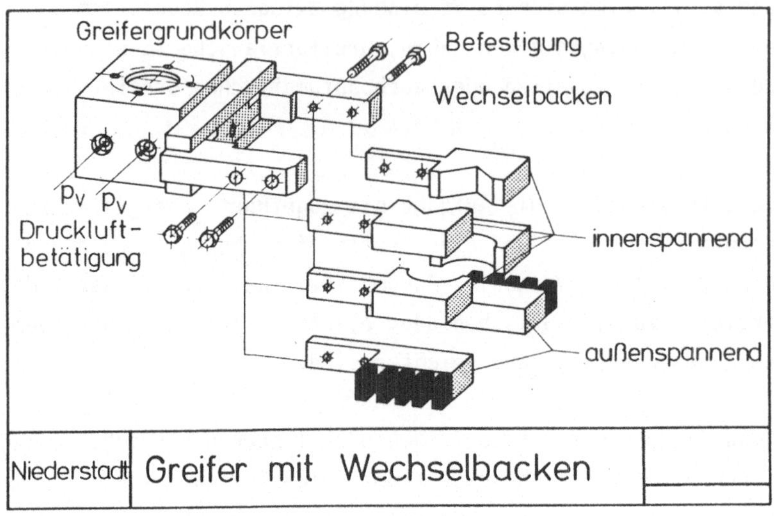

Bild 2: Greifer mit Wechselbacken

Das Bild zeigt stellvertretend für viele handelsübliche Greifersysteme
der gleichen Art einen Greifer, bei dem die Greiferfinger manuell
gewechselt werden können. Der Greifergrundkörper bleibt fest mit dem
Handhabungsgerät verbunden, während die Greiferfinger an das jeweils
zu handhabende Objekt angepaßt werden. Bei geeignetem Greiferantrieb
lassen sich sowohl innenspannende als auch außenspannende Greiferfinger einsetzen, oder es besteht auch die Möglichkeit, kraftschlüssige
oder formschlüssige Greiferelemente zu verwenden. Der Greiferfinger-
wechsel ermöglicht zwar eine optimale Anpassung an verschiedene Werk-
stückformen, kann jedoch zu hohen Nebenzeiten führen.

Der in **Bild 3** dargestellte Greifer ist zwar nicht für ein so breites
Werkstückspektrum einsetzbar wie der Greifer mit Wechselbacken, er
macht jedoch keinen Umrüstaufwand erforderlich, wenn zylindrische Werkstücke mit unterschiedlichem Durchmesser gehandhabt werden müssen.

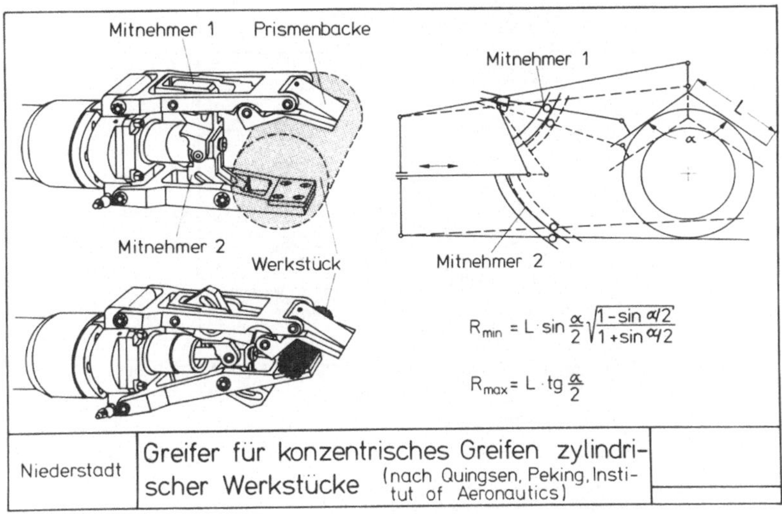

$$R_{min} = L \cdot \sin\frac{\alpha}{2} \sqrt{\frac{1 - \sin\alpha/2}{1 + \sin\alpha/2}}$$

$$R_{max} = L \cdot tg\frac{\alpha}{2}$$

| Niederstadt | Greifer für konzentrisches Greifen zylindrischer Werkstücke (nach Quingsen, Peking, Institut of Aeronautics) | |

Bild 3: Greifer für konzentrische Krafteinleitung (Mechanical-Engineering Departement of Birningham University)

Die Besonderheit dieses Greifers liegt darin, daß die Krafteinleitung unabhängig vom Werkstückdurchmesser immer konzentrisch erfolgt. Der Durchmesserbereich ist praktisch nur begrenzt durch die Schenkellänge der V-förmigen Finger und den Winkel zwischen diesen Schenkeln. Die Greiferbacken werden von einem Linearantrieb betätigt. Der Mitnehmer 1 sorgt dafür, daß über einen Hebel der V-förmige Finger immer in Richtung der Zylinderachse geschwenkt wird. Die Ortskoordinaten der Zapfen, die von den Mitnehmern geführt werden, lassen sich geometrisch berechnen und für die Programmierung einer NC-Maschine aufbereiten.

Etwas näher an der Praxis ist ein Greifer, der in <u>Bild 4</u> dargestellt ist.

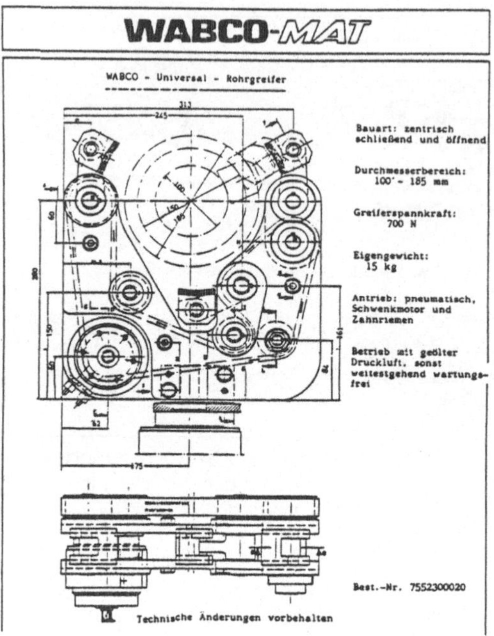

Bild 4: WABCO-Universal-Rohrgreifer

Es handelt sich hierbei ebenfalls um einen Greifer für zylindrische
Körper unterschiedlichen Durchmessers. Drei Greiferfinger werden über
einem Pneumatikmotor mit Zahnriemenantrieb zum Rohrzentrum geführt.
Die leicht prismatisch ausgearbeiteten Backen können entweder feder-
zentriert ausgeführt, oder über jeweils einen Zahnriemen nachgeführt
werden. Der greifbare Durchmesserbereich liegt bei der hier gezeigten
Version zwischen 100 und 185 mm, bei einer maximalen Greifkraft von
700 N.

Ein hohes Maß an Flexibilität bieten Greifer, die die Kontur eines zu
greifenden Gegenstandes abtasten können und die Information über die
Werkstückgeometrie z.B. mechanisch gespeichert haben. Die Wirkungsprin-
zipien beruhen auf der Verwendung von plastischen, elastischen oder ver-
schiebbaren Elementen im Greifer, bzw. in den Greiferfingern. **Bild 5**
zeigt drei nach diesen Prinzipien arbeitende Greiferausführungen.

Bei dem mit 1 bezeichneten Greifersystem passen sich die mit Metallkugeln gefüllten elastischen Elemente der Kontur eines kontaktierten
Objektes an. Durch Absaugen der Luft verhärtet sich die entstandene

Kontur und es entsteht ein "Negativabdruck". Gleichzeitig kann das Objekt durch den Unterdruck gehalten werden.

Neben der pneumatischen ist eine elektromagnetische oder eine kombiniert elektromagnetisch-pneumatische Betätigung möglich. Bei der elektromagnetischen Betätigung werden die Metallkugeln mit Hilfe einer Spule aufmagnetisiert und verfestigt. Das Greifobjekt kann ebenfalls von magnetischen Kräften gehalten werden.

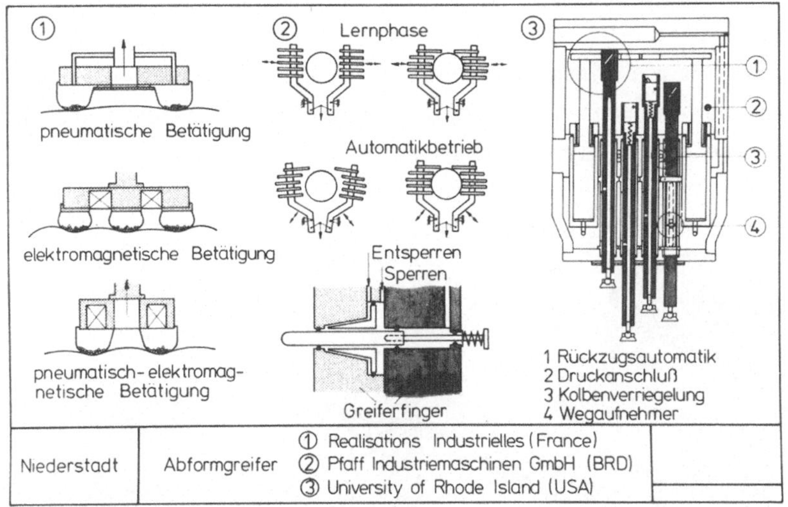

Bild 5: Abformgreifer (1 Realisations Industrieles, France, 2 Pfaff Industriemaschinen GmbH, BRD, 3 University of Rhode Island, USA)

Während bei dem ersten Greifersystem der Abformvorgang bei jedem Greifvorgang wiederholt wird, ist bei dem mit 2 bezeichneten System die Information über die Werkstückkontur mechanisch gespeichert. In der sogenannten Lernphase werden Taststifte pneumatisch an die Oberfläche des Werkstückes herangeführt und arretiert. Die Kontur des Objekts ist damit gespeichert. Der Greifer kann dann im Automatikbetrieb gleichförmige Werkstücke formschlüssig greifen.

Das dritte System stellt einen Vakuumgreifer dar, der gleichzeitig eine Vielzahl von mechanischen Aufgaben erfüllt. Durch Druckeinleitung werden 20 Vakuumsauger ausgefahren und legen sich an die Oberfläche des

Werkstückes an. Durch sphärische Lagerung der Saugnäpfe können auch schiefe Ebenen erfaßt werden. Stoßen die Stempel auf einen Widerstand innerhalb eines vorgegebenen Hubes, sind sie automatisch mit einem Vakuumraum verbunden. In der oberen und unteren Endlage sind die Vakuumkanäle gesperrt. Bei vollständig verschlossenen Vakuumsaugern bildet sich im Stempel ein Unterdruck aus. Dadurch werden kleine Kolben mit Verriegelungsstiften bewegt. Die durch Pneumatikzylinder bewegte Rückzugsautomatik hebt alle nicht oder nur unvollständig arbeitenden Saugstempel in die obere Endlage zurück. Die anliegenden Saugstempel werden verriegelt.

Jeder Stempel ist mit einem Wegmeßsystem ausgerüstet. Dadurch kann eine Information über die Werkstückoberfläche und eine Rückmeldung über die Anzahl der arbeitenden Stempel gewonnen werden.

Ein andere Art von Multifunktionsgreifern zeigt <u>Bild 6.</u>

<u>Bild 6:</u> WABCO-Multifunktionsfreifer

Dieser Greifer wird an einem Industrieroboter verwendet, der folgende Aufgaben durchführt:
1. Greifen von Feuerlöschern von einem Speicherband, (2 verschiedene Durchmesser, 3 verschiede Längen) und einlegen in bereitgestellte Kartons.

2. Aufnehmen und bereitstellen von Euro-Holzpaletten.

3. Aufnehmen von Kartons und Stapeln auf Europaletten.

Das handhabbare Maximalgewicht liegt bei etwa 400 N.

Bereits in den sechziger Jahren begann in den USA die Entwicklung von optischen Sensoren zur Steuerung von Robotern. Diese sehr frühe Entwicklungsarbeit führte dazu, daß heute bereits eine Vielzahl ausgereifter Mustererkennungssysteme auf dem Markt angeboten wird. Für die Mustererkennung werden heute hauptsächlich Industrie-Fernsehkameras oder Diodenarrays eingesetzt, die jedoch in den meisten Anwendungsfällen ortsfest in der Nähe der Handhabungsgeräte aufgestellt sind. Von den vielen, bisher entwickelten Sensorsystemen möchte ich im Rahmen dieses Vortrages ein System vorstellen, bei dem Bildsensoren in den Greifer eines Handhabungsgerätes integriert sind und hier eine Werkstücklageerkennung durchführen (Bild 7).

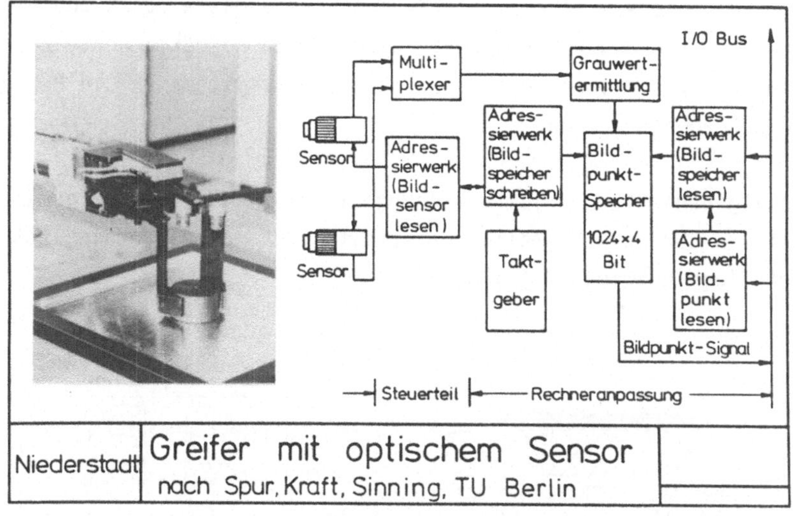

Bild 7: Greifer mit optischem Sensor
(Technische Universität, Berlin)

Der Sensor ermittelt die Bildinformation durch hochintegrierte Fotodiodenarrays, die matrixförmig angeordnet sind und 1024 Bildpunkte erhalten. Der Sensor ist in ein sechzehnpoliges Dual-In-Line-

Gehäuse integriert und wird von den Antrieben des Handhabungsgerätes
mitbewegt.
Das Sensorsystem arbeitet mit zwei Bildwandler-Sensoren, die jeweils
einer Hauptbewegungsachse des Handhabungsgerätes zugeordnet sind. Der
"X-Sensor" überwacht die Position der Horizontalachse, der "C-Sensor"
die der Schwenkachse. Die Sensoren werden nacheinander über eine Multi-
plexeinrichtung abgetastet. Ein digitaler Zähler synchronisiert die
Adressierung der Fotodiode mit dem Speicherplatz der Abbildung. Die
Helligkeitsinformation des Bildpunktes wird ausgelesen und unter Berücksichtigung der bereits akkumulierten Grauwertinformationen in den
Bildpunktspeicher eingeschrieben. Die Interface-Einheit kommuniziert
über den I/O-Bus mit dem Zentralprozessor des Steuerungsrechners.
Status und Daten der Interface-Einheit können in den Hauptspeicher ein-
gelesen werden.

Aus der Lage des Werkstücks relativ zum Greifermittelpunkt und der aktuellen Position des Handhabungsgerätes werden Korrekturwerte berechnet,
die vom Steuerdateninterpreter des Handhabungssystems an die Bewegungsachsen ausgegeben werden.

Ein völlig neuartiges Objekterkennungssystem wurde in einem gemeinsamen
Projekt von der Carnegi-Mellon-University und dem California Institute
of Technology entwickelt (Bild 8).

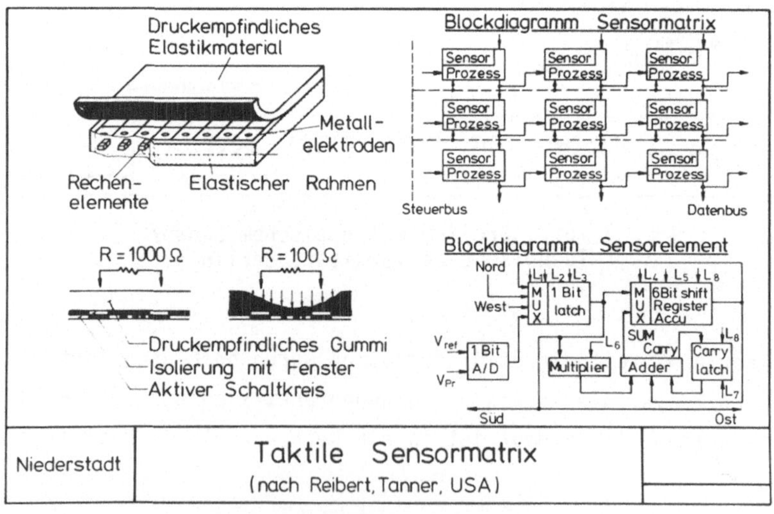

Bild 8: Taktile Sensormatrix

Das System arbeitet mit einem druckempfindlichen Kunststoff, mit
dem die Greiferbacken beschichtet sind, Das elastische Material verändert seinen elektrischen Widerstand bei einer Druckbelastung. Unter
der Membran befindet sich eine Isolierscheibe mit Fenstern und darunter
die metallischen Elektroden zur Widerstandsmessung. Die Elektroden sind
Teil eines 1 mm^2 großen Rechenelementes, das direkt auf die Grundplatte
des Sensors aufgebracht ist. Die taktilen Zellen sind matrixförmig angeordnet und erfassen die Oberflächenkontur eines im Greifer befindlichen Gegenstandes. Die Sensordaten werden bereits in den Rechenele-
menten digitalisiert und zur Vermeidung einer großen Anzahl von Daten-
leitungen seriell übertragen.

Durch den zunehmenden Einsatz von Industrierobotern im Bereich der Montage hat die Entwicklung von Greifern, die mit taktilen Sensoren ausgerüstet sind, an Bedeutung gewonnen. Ein solcher Greifer ist z.B. in
__Bild 9__ dargestellt.

Aufgrund der einfachen Sensorik eignet sich dieser Greifer besonders
für den Einsatz unter rauhen Umgebungsbedingungen.

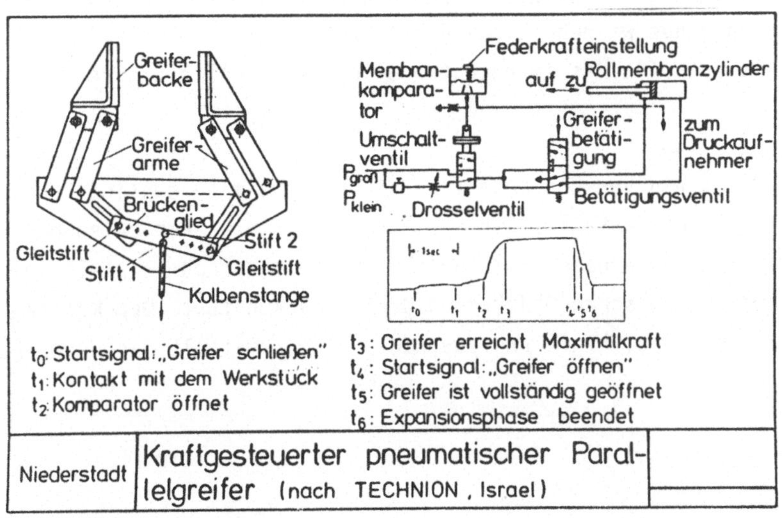

__Bild 9:__ Kraftgesteuerter pneumatischer Parallelgreifer
(Technion, Israel)

Der Greifer führt parallele Backenbewegungen aus. Dabei sind zwei unterschiedliche Bewegungsformen möglich.

Die Kolbenstange des Antriebszylinders ist durch den Stift 2 so mit dem Brückenglied verbunden, daß bei Betätigung der Backen auf ein exzentrisch liegendes Objekt eine Kraft ausgeübt wird, die entweder das Objekt in die Greifermitte bewegt oder bei festem Objekt eine eventuell unerwünschte Reaktionskraft in Roboterarm einleitet.

Durch Entfernen des Stiftes 2 kann das Brückenglied eine zusätzliche Drehbewegung im die Kolbenstange ausführen. Bei Betätigung des Antriebzylinders legt sich zuerst die dem Objekt am nächsten gelegene Backe an und bleibt solange in Ruhe, bis die zweite Backe ebenfalls an das Objekt herangeführt wird. Erst nachdem beide Backen anliegen, baut sich die volle Greifkraft auf.

Die pneumatische Steuerung zur Betätigung des Pneumatikzylinders ist so ausgelegt, daß die Krafteinleitung in das Objekt während des Greifvorganges zuerst langsam erfolgt und erst ab einer einstellbaren Schwelle ein vollständiger Kraftaufbau durchgeführt wird. Das Druckdiagramm zeigt die Vorgänge während einer Greiferbetätigung.
Dieses gilt auch für das im nächsten Bild dargestellte Greifersystem (Bild 10).

Im Bild 10 ist ein Versuchsmodell eines Greifers mit adaptiver Greifkraftkontrolle dargestellt. Der Greifer ist mit drei verschiedenen Sensorsystemen ausgerüstet. Ein Geschwindigkeitsaufnehmer stellt eine Relativbewegung zwischen Objekt und Greiferbacken fest. Der Kraftaufnehmer mißt die Greifkraft und das Wägesystem ermittelt das Werkstückgewicht.

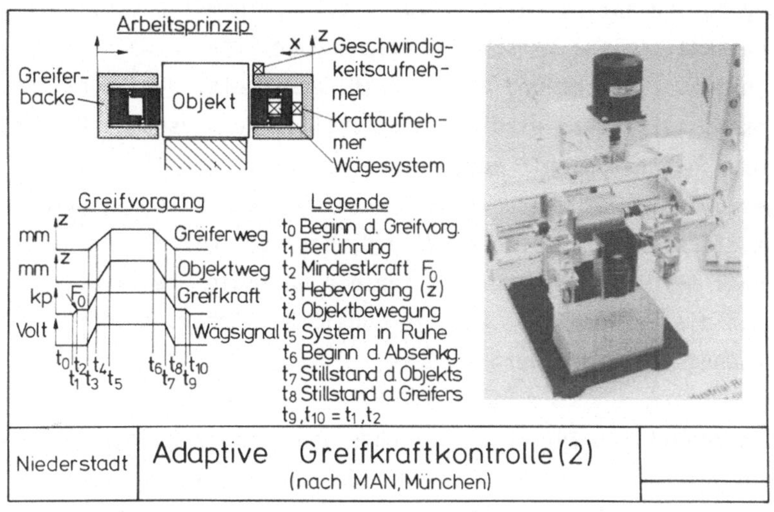

Bild 10: Adaptive Greifkraftkontrolle 1 (MAN, München)

Die Wirkungsweise des Greifers läßt sich anhand der dargestellten Signalverläufe verdeutlichen, die zur besseren Analyse der Vorgänge stark gedehnt dargestellt sind. Zur Zeit t_0 beginnt der Greifvorgang. Bei t_1 berühren die Backen das Objekt. Bei t_2 haben sich die Greiferglieder mit einer für die Wägung erforderlichen Mindestkraft F_0 an den Gegenstand angelegt. Bei t_3 beginnt der Hebevorgang der Greifarme und die wachsende Belastung der Greifarme durch den Gegenstand. Die Greifkraft wird entsprechend der Zunahme des Wägesignals nachgeregelt.

Bei t_4 ist der Greifarm voll belastet und hebt dem Gegenstand. Das Signal des Wägesystems hat den maximalen Wert erreicht und die Greifkraft wird nicht mehr gesteigert. Die optimale Greifkraft ist erreicht.

Bei t_5 befindet sich das System in Ruhe.

Bei t_6 beginnt der Absenkvorgang.

Bei t_7 steht das Objekt wieder auf der Unterlage.

Die Vorgänge zu den Zeitpunkten t_8-t_{10} entsprechen denen der Zeitpunkte t_0-t_3.

Zur Erzeugung der optimalen, d.h. zum Greifen minimalen Greifkraft wird
der Reibungskoeffizient zwischen Körper und Greifer durch eine Divisi-
onsschaltung aus Gewicht und Anpresskraft ermittelt. Das Signal des Geschwindigkeitsaufnehmers wird nur hinsichtlich der Aussage "Gegenstand
gleitet oder gleitet nicht" ausgewertet. In dem Augenblick, in dem die
Relativgeschwindigkeit den Wert Null erreicht hat, wird der berechnete
Reibungskoeffizient gespeichert. Wird dieser Wert mit dem aktuellen Gewichtssignal multipliziert, erhält man die optimale Greifkraft. Darüber
hinaus kann dieser Wert z.B. auch zur Qualitätssicherung oder zur Werk-
stückerkennung verwendet werden.

Das Greifermodell ist für Objektgewichte von einigen Kilogramm ausgelegt und reagiert auf Lastsprünge von 500 g ohne erkennbares Durchrut-
schen des Objektes. Die mit diesem Modell durchgeführten Versuche hatten einzig die Aufgabe, die Funktionsfähigkeit eines solchen Systems
zu beweisen. Es ist bis heute nicht in einem Handhabungsgerät zum Einsatz gekommen.

Bereits in den frühen siebzigern Jahren wurden an der Nagoya Universität taktile Greifer entwickelt, die Sensoren in die Greifflächen integriert hatten. Ebenso wie bei dem vorgestellten MAN-Greifer wurden adaptive Greifkraftregelungen gebaut, die es erlaubten, Werkstücke mit minimalen Kräften zu halten. Anstelle des Geschwindigkeitsaufnehmers kamen
bei diesen Systemen Rutschsensoren zum Einsatz, die in die Greiferflä-
chen integriert waren. Diese Sensoren arbeiten z.B. wie die Tonabnehmer
von Plattenspielern. Sie registrieren Rutschbewegungen von Objekten mit
Hilfe von Saphiren, deren Signale der Steuerung zugeleitet werden. Andere Sensoren arbeiten mit Rollen oder Kugeln in den Greiferbacken.

Wesentlich einfacher und robuster arbeitet der im <u>Bild 11</u> dargestellte
Greifer.

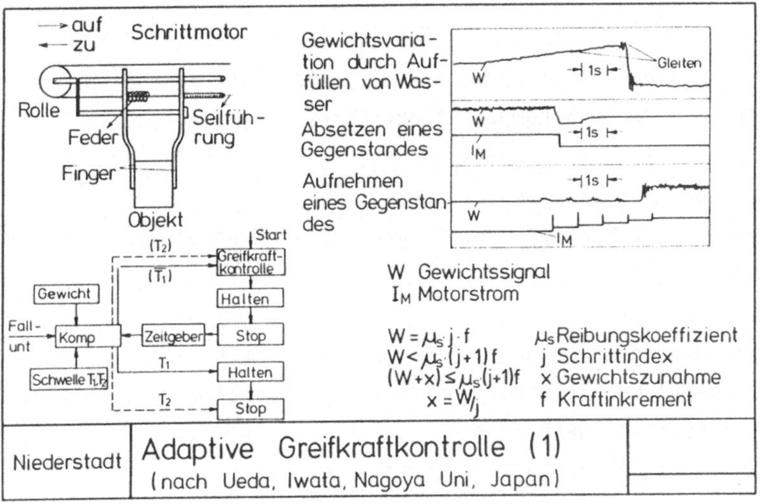

Bild 11: Adaptive Greifkraftkontrolle 2
(Nagoya Universität, Japan)

Der Greifer hat eine feststehende Backe und eine von einem Schritt-
motor über eine Seilrolle und eine Feder angetriebene, bewegliche
Backe. Das System kommt mit einem einzigen Sensor aus. Dieser Sensor
besteht aus DMS-Streifen, die zur Gewichtsbestimmung auf dem Roboterarm angebracht sind. Durch die Betätigung des Schrittmotors kann die
Greifkraft über die Feder in Schritten erhöht werden. Nach jedem
Schritt wird das Objektgewicht gemessen. Die Messung führt nur dann zu
einem Ergebnis, wenn der Gegenstand sich im Greifer in Ruhe befindet
und nicht gleitet. Die Greifkraft wird so lange in Schritten erhöht bis
endgültig das Gewichtssignal über einen einstellbaren Schwellwert T1 angestiegen ist. Die Absetzbewegung arbeitet mit einem Schwellwert T2.
Wenn durch die Berührung des Gegenstandes mit einem Untergrund das Gewichtssignal unter den Wert T2 abgesunken ist, kann der Greifer geöffnet
werden.

Der Meßschrieb zeigt, daß die Greifkraft mit diesem verhältnißmäßig
einfachen System sehr gut nachgeregelt werden kann, ohne daß große
Gleitbewegungen entstehen.

Neben den Sensoren im Greifer selbst wurde in den letzten Jahren eine
Vielzahl von Sensoren entwickelt, die die Reaktionskräfte im Flansch
zwischen Greifer und Roboterarm messen. Viele dieser Sensoren arbeiten
nach dem Prinzip der Mehrkompenentenkraftmessung, die bereits in Werkzeugmaschinen, z.B. zur Schnittkraftmessung, mit Erfolg eingesetzt wird.
Bei Robotern werden diese Sensoren hauptsächlich dann verwendet, wenn
Fügevorgänge in der Montage oder Entgratvorgänge beim Gußputzen durchgeführt werden müssen.

Diese Kraftkompenenten können z.B. bei Industrierobotern dazu verwendet
werden, ein Werkzeug mit einer vorgegebenen Minimalkraft an der dreidi-
mensional gekrümmten Oberfläche eines Körpers entlangzuführen, oder ein
zu fügendes Werkstück gegen eine auftretende Reaktionskraft zu bewegen
und dadurch einen Fügevorgang zu ermöglichen.

Im nächsten Bild ist dieses Verfahren an einem 6-Komponenten Kraft-
und Momentaufnehmer dargestellt (Bild 12).

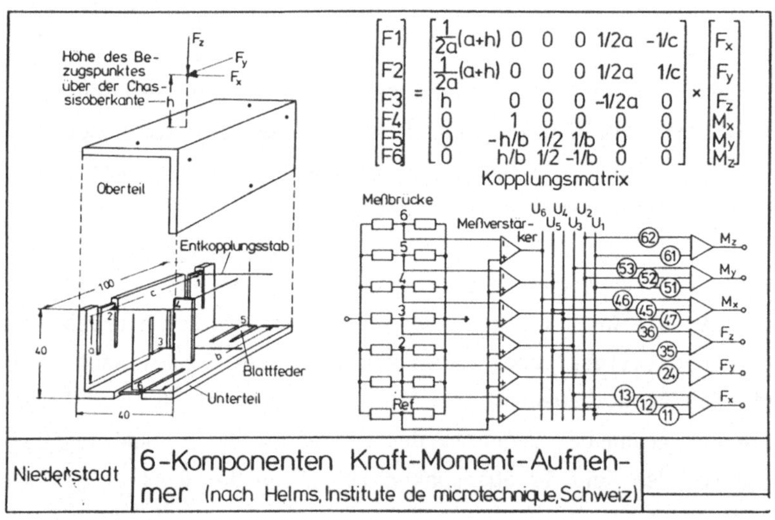

Bild 12: 6-Komponenten Kraft- Moment-Aufnehmer
(Inst. de microtechnique, Schweiz)

Das System besteht aus zwei starren Metallwinkeln, die durch Ent-
kopplungsstäbe miteinander verbunden sind. Die Stäbe sind an Metall-
federn befestigt, deren Durchbiegung von DMS-Aufnehmern gemessen werden kann. Die zugehörige Kopplungsmatrix hat 14 Koeffizienten, die
über geometrische Betrachtungen ermittelt werden können. Die Auswerte-
schaltung kann z.B. so aussehen wie im Bild dargestellt.

Zur Messung der Reaktionskräfte auf den Arm eines Roboters eignen sich
selbstverständlich auch Kraftaufnehmer auf Quarzbasis oder Wegaufnehmer,
die die Verformung von Federnelementen messen und nach dem gezeigten
Verfahren auswerten.

Das nächste Bild zeigt einen in den USA entwickelten Sensor, der mit
Wegaufnehmern bestückt ist (Bild 13).

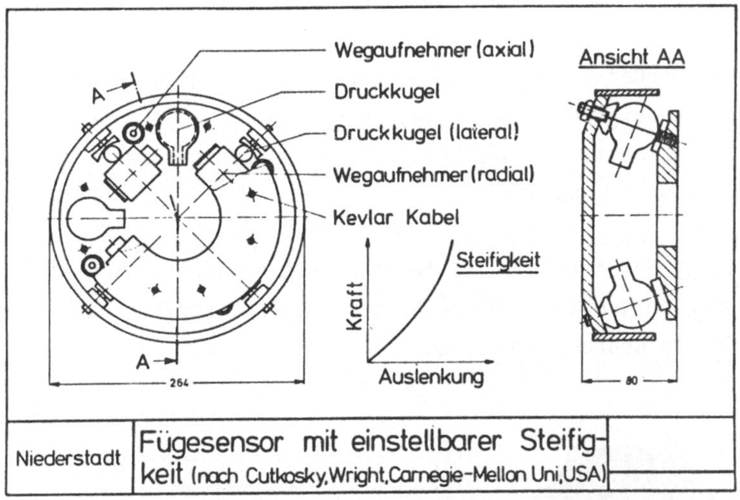

Bild 13: Fügesensor mit einstellbarer Steifigkeit
(Carnegie-Mellon-University, USA)

Der als Fügesensor an einem Montageroboter eingesetzte Aufnehmer
zeichnet sich dadurch aus, das seine Steifigkeit einstellbar ist.

Zwischen zwei Metallplatten sind mehrere elastische Hohlkörper angeordnet, die mit einem gasförmigen Medium auf wechselnde Drücke
aufgefüllt werden können. Vier Behälter stützen axial und vier Behälter lateral, Die Behälter sind aus Gummi und mit einem Gewebe
aus Kevlar versteift.

Der taktile Sensor sitzt zwischen Greifer und Roboterarm und reagiert
auf die Einwirkung von äußeren Kräften auf den Robotergreifer oder das
Werkzeug durch Verlagerung der Sensorplatten. Diese Verlagerung wird
über induktive Wegaufnehmer gemessen und nach dem in Bild 12 vorgestellten Verfahren ausgewertet. Durch die Verwendung der pneumatischen
Federelemente entsteht eine Steifigkeitskennlinie wie sie im Bild dargestellt ist. Die progressive Steigung befähigt das System, eine fein-
fühlige Kraftmessung bei kleinen Kräften durchzuführen und trotzdem
bei hohen Kräften nicht sofort am Ende des Meßbereiches zu sein.

Ein weiterer großer Vorteil besteht darin, daß unterschiedliche Kraft-
angriffspunkte aufgrund unterschiedlicher Greifergrößen oder Werkzeug-
längen durch automatische Druckeinstellung in den pneumatischen Elementen bewältigt werden können.

Der im __Bild 14__ dargestellte Greifer arbeitet ebenfalls nach dem Prinzip der nachgiebigen Gelenkeinheit (der in der Literatur häufig mit
RCC für "Remote Center Compliance" bezeichnet wird).

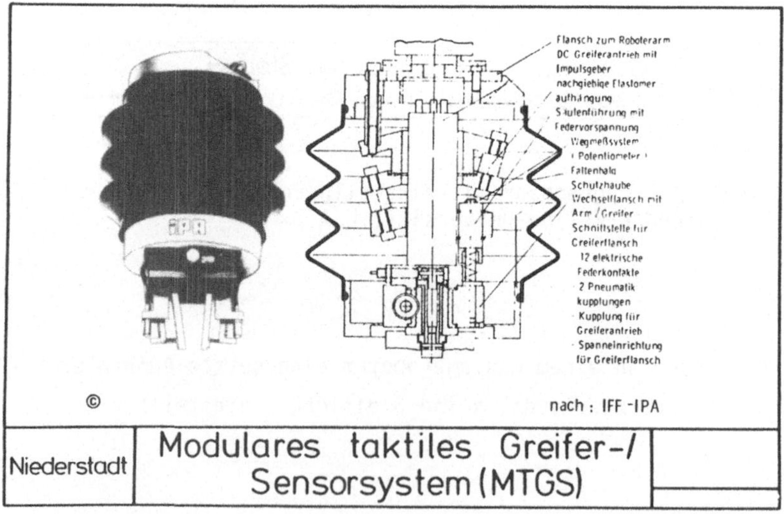

__Bild 14:__ Modulares taktiles Greifer/Sensorsystem (MTGS)
(Universität Stuttgart)

Im Gegensatz zu dem vorher gezeigten System arbeitet diese Einheit
jedoch nur mit einem einzigen Wegaufnehmer. Das MTGS zeichnet sich
durch eine Vielzahl von Funktionen aus und ist auf den Einsatz im
Montagebereich zugeschnitten. Der eigentliche Fügesensor besteht aus
drei Scheiben, die jeweils durch drei elastische Elemente verbunden
sind und gegen lateral einwirkende Kräfte und Momente nachgiebig sind.

Die Anordnung dieser Federelemente ist so ausgelegt, daß Reaktionskräfte und Momente, die beim Fügen von Bolzen in Bohrungen entstehen,
umgelenkt werden und den Montagevorgang unterstützen.

Ein Fügevorgang kann als erfolgreich abgeschlossen gelten, wenn in
der Sollposition des Werkstückes die Sollfügekraft erreicht und wenn
der Verlauf der Fügereaktionskraft während des Fügevorgangs vorgegebene
Schranken nicht überschritten hat. Bei Überschreiten dieser Schwellen
muß der Fügevorgang abgebrochen und erneut gestartet werden.

Neben der vorgestellten Fügeeinheit beinhaltet das MTGS-System noch
weitere Funktionen wie z.B. eine Greiferwechselvorrichtung. Ein Handhabungsgerät hat damit die Möglichkeit, verschiedene Greifersysteme
einzusetzen. Bei einem Greiferwechsel werden automatisch 12 elektrische
und zwei pneumatische Verbindungen hergestellt, die für weitere Aufgaben im Greifer, z.B. Werkzeugversorgung oder Sensorversorgung herangezogen werden können. Die Greiferfinger selbst können wahlweise von
einem Gleichstrommotor oder einem Pneumatikzylinder angetrieben werden.
Der Parallel-Greifer hat einen programmierbaren Greifweg von 25 mm und
ist mit Mikroschaltern ausgerüstet, die bis zu einer Maximalgreifkraft
von 75 N einstellbare Kraftschwellen abtasten können.

Der im <u>Bild 15</u> dargestellte Greifer wird ebenfalls zum Fügen eingesetzt
und kommt dabei ohne elektrische Sensorik aus. Er arbeitet rein pneumatisch in einem Lageregelkreis.

Die Grobpositionierung wird von den Antrieben des Roboters durchgeführt.
Zur Feinpositionierung kann der Greifer in zwei Koordinaten Bewegungen
von ± 4 mm durchführen. Die Lage einer Bohrung oder eines Bolzens wird
mit pneumatischen Staudrucksensoren erfaßt, die gleichmäßig am Umfang

der Greiferspitze verteilt sind. Bei exentrischer Greiferstellung bildet
sich zwischen zwei gegeüberliegenden Sensoren ein Differenzdruck aus,
der auf einen Schwimmkolben wirkt. Der Kolben ist luftgelagert und mit
dem Greifer starr gekoppelt. Aufgrund des Differenzdruckes wird der
Kolben und damit der Greifer solange verschoben, bis sich ein Druck-
gleichgewicht und damit eine zentrische Lage des Greifers eingestellt
hat. Über einen einseitig wirkenden Pneumatikzylinder werden die Greiferbacken und die Sensoren parallel nach außen bewegt. Dadurch kann z.B.
ein Bolzen in eine Bohrung oder eine Hülse über einen Dorn gleiten.

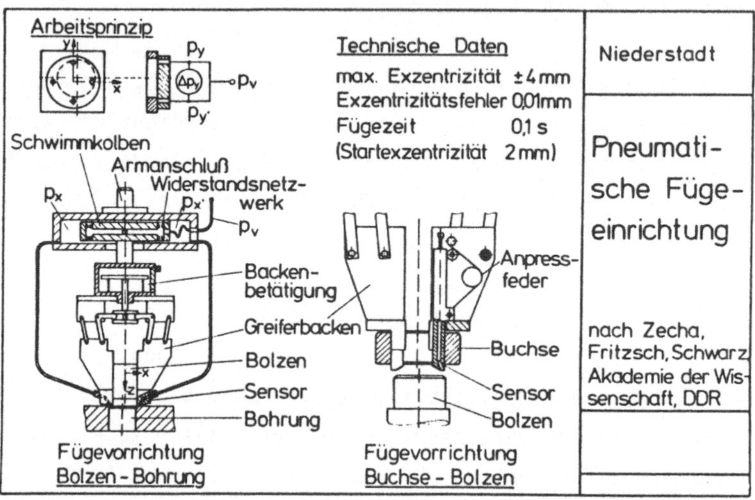

Bild 15: Pneumatische Fügeeinrichtung
(Akademie der Wissenschaft, DDR)

Der maximale Exzentrizitätsfehler dieser Fügeeinheit liegt bei 0,01 mm.
Die Leistungsfähigkeit dieses verhältnismäßig einfachen Fügegreifers be-
weist ein Experiment, bei dem ein Bolzen, der zu Beginn eines Fügevorgangs 2 mm exzentrisch zu einer Bohrung lag, in nur 0,1 s in diese Bohrung eingefügt werden konnte.

Der im **Bild 16** dargestellte Greifer wurde für den Einsatz in einer Ober-
flächenbeschichtungsanlage konzipiert.

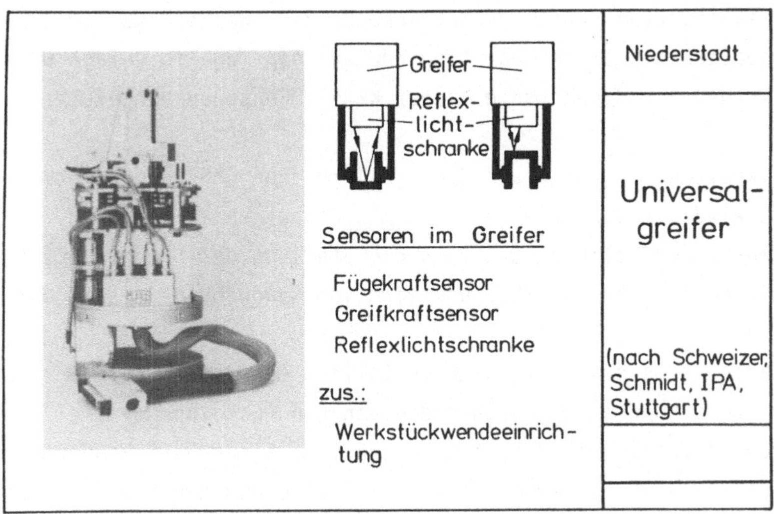

Bild 16: Universalgreifer (Universität Stuttgart)

Das von dem Greifer zu bewältigende Werkstückspektrum umfaßt etwa
150 verschiedene Werkstücktypen. Die Werkstücke bestehen aus Termo-
oder Duroplasten. Etwa 70% der Werkstücke sind einseitig an der Stirn-
fläche geschlossene Hohlzylinder. In allen Fällen treten Abweichungen
von der reinen Zylinderform auf, die z.B. durch Ausformungsschäden oder
durch Design bedingte Modifikationen gekennzeichnet sind. Die Werkstück-
massen bewegen sich in einem Bereich zwischen 1g bis 50g. Der Durchmesserbereich geht von 7,5 mm bis 100 mm. Die Werkstückhöhen reichen von
9 mm bis 51 mm.

Die von einem Förderband in beliebiger Lage angelieferten Teile werden
von einem vor dem Handhabungsgerät angebrachten Kamerasystem erfaßt, um
die Lage auf dem Förderband festzustellen. Die Werkstücke liegen in
ihren stabilen bzw. indifferenten Lagen auf dem Förderband und müssen in
diesen Lagen gegriffen werden. Nach dem Greifen kann es nötig sein, sie
so zu drehen, daß sie mit der Öffnung nach unten zeigen, um sie auf das
Magazin zu stecken. Dies ist durch eine zusätzliche Drehachse möglich,
die in den Fingerspitzen des Greifers angebracht ist. Die Erkennung der
Lage des Werkstückes im Greifer ist über eine Reflexionslichtschranke

nach dem skizzierten Verfahren möglich. Da die Werkstücke mit sehr
unterschiedlichen Kräften gegriffen und auf ein Magazin gefügt werden
müssen, werden für die Messung dieser Kräfte Sensoren eingesetzt.

Zur Greifkraftmessung sind auf den Greiferbacken DMS aufgeklebt. Die
Fügekraft wird mit einem Federsystem mit Wegaufnehmer gemessen. Sowohl
die Greiferbackenstellung, als auch die Stellung der Dreheinheit in den
Fingerspitzen ist frei wählbar und wird vom Handhabungssystem gesteuert.

Die im Rahmen dieses Vortrages vorgestellten mehr oder weniger flexiblen
Greifersysteme können nur annähernd einen Eindruck von der Vielfalt der
bisher konzipierten Greifersysteme geben. Mit Sicherheit kann gesagt
werden, daß es den "Universalgreifer" für alle Anwendungsfälle nicht
geben wird. Es ist jedoch davon auszugehen, daß neue Sensorenentwick-
lungen in Zukunft auch verstärkt im oder am Greifer eingesetzt werden
und dadurch die Flexibilität des Greifers und des gesamten Handhabungssystems vergrößern.

Zur Technologie der Leiterplattenbestückung mit Spezialgreifern

von M. Kristen

1. EINLEITUNG

Mit den heute zur Verfügung stehenden Standardbestückungsautomaten lassen sich Leiterplatten bis zu 80% maschinell komplettieren. Die Restbestückung mit Sonderbauelementen (axiale Widerstände, große Kondensatoren, Transistoren, Stecker, Stifte, Relais, etc.) wird meist noch manuell durchgeführt. Die Konsequenz dieser Restbestückung sind überproportional hohe Montagekosten.

Selbst die Bestückung mit Standardbauelementen wird manchmal noch manuell vorgenommen. Die Gründe hierfür sind vielschichtig; einerseits kann es an der mangelnden Flexibilität der Bestückungsautomaten liegen, andererseits an kleinen Losgrößen, bedingt durch eine steigende Variantenvielfalt. In diesen Fällen werden auch Standardbauelemente für eine automatisierte Bestückung mittels Montageroboter interessant.

Die Leistungsfähigkeit eines Montageroboters wird wesentlich durch den Greifer bestimmt, da er die Verbindung zwischen dem Roboter und dem Greifobjekt in gewünschtem technischen Sinn ermöglicht. Die Effektivität und Flexibilität der Leiterplattenbestückung mittels Montageroboter ist in erster Linie von Greifer und Peripherie abhängig.

Grundsätzlich sind zwei Entwicklungstendenzen bei der Greiferentwicklung zu beobachten: auf der einen Seite steht der »Universalgreifer« mit hoher Flexibilität und durchschnittlicher Erfüllung von Anforderungskriterien, auf der anderen Seite der »Spezialgreifer«, dessen Flexibilität zwar sehr gering ist, der aber bestimmte Anforderungskriterien optimal erfüllt.

2. DER GREIFER

2.1 Einteilung der Greifer

Die Einteilung der Greifer kann prinzipiell nach verschiedenen Ordnungsgesichtspunkten erfolgen.

Entsprechend der Anzahl der gleichzeitig zu greifenden Objekte unterscheidet man zwischen Einzelgreifer, Zweifachgreifer und Mehrfachgreifer. Wenn zwei oder mehr Objekte zeitlich und funktionell unabhängig voneinander gegriffen werden sollen, ist ein Doppelgreifer bzw. Revolvergreifer zu entwickeln.

Vom Greifprinzip her gesehen gibt es adhäsive, fluidische, mechanische, elektrische (elektrostatische) und magnetische Greifer. Für Montagezwecke werden hauptsächlich mechanische Greifer eingesetzt, da in den meisten Fällen eine bestimmte Greifkraft gewünscht ist und das Objekt zum Greifer genau positioniert und orientiert werden soll.

Von der Art der Greiforgane her muß man zwischen Zangen- und Fingergreifer unterscheiden.

Bei den mechanischen Greifern dominieren die Zangengreifer, mit meist zwei, manchmal auch drei starren Greifgliedern (Greiforganen). Die bei Zangengreifern verringerten technischen Greifmöglichkeiten gegenüber der menschlichen Hand werden im allgemeinen durch die mögliche Übertragung großer Greifkräfte und eine besondere, dem Greifobjekt angepaßte Formgebung des Wirksystems wieder ausgeglichen. Man unterteilt die Zangengreifer in Scheren-, Parallel- und sonstige Greifer, welche eine Ebenen- oder Punktführung realisieren können. Bei der Ebenenführung wird die Bewegung einer Ebene gegenüber der Umgebung betrachtet.

Fingergreifer können als Einfinger-, Zweifinger- oder Mehrfingergreifer ausgeführt werden, wobei sowohl elastische als auch gelenkige Finger denkbar sind. Bei Fingergreifern ist prinzipiell eine flexiblere Anpassung an das jeweilige Greifobjekt gewährleistet.

Der letzte Ordnungsgesichtspunkt für die Einteilung der Greifer ist die Art des Zugriffs, bei der man zwischen Innen- und Außengreifer unterscheiden muß.

Die Entwicklung eines Greifers umfaßt sehr oft die Entwicklung von fünf Teilsystemen: Trägersystem, Antriebssystem, kinematisches System, Wirksystem und Informationsverarbeitungssystem (Sensorsystem) (Bild 1).

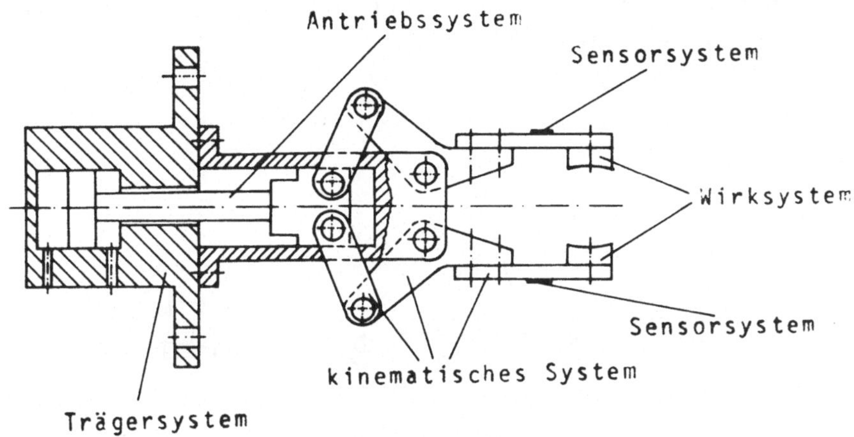

Bild 1: Teilsysteme eines mechanischen Greifers

2.2 Kinematische Systeme für Zangengreifer

Als kinematische Systeme oder »Greifergetriebe« für Zangengreifer werden in der Praxis

- Gelenkgetriebe (Hebelgetriebe),
- Schraubgetriebe,
- Keilgetriebe,
- Kurvengetriebe,
- Rädergetriebe (auch Zahnrad- und Zahnstangengetriebe),
- Zug- und Druckmittelgetriebe

sowie deren Kombinationen eingesetzt. Die Bewegungen der vom Greifergetriebe geführten Greiforgane sind in den meisten Fällen drehend oder schiebend gegenüber dem Trägersystem und zudem auch noch symmetrisch zur Greifermittelachse. Bei Scherengreifern werden die Greiforgane bei der Greifbewegung um ein festes Auflager gedreht. Die Wirkfläche W (Bild 2) bewegt sich folglich auf einer Kreisbahn, wobei der Winkel zwischen den beiden Wirkflächen veränderlich ist. Aus diesem Grund besteht bei Scherengreifern grundsätzlich die Gefahr, daß Greifobjekte, welche diesem Greifer nicht angepaßt sind, durch die Rotation der Greiforgane beim Greifen herausgedrückt werden können. Deshalb werden Scherengreifer überwiegend für Objekte mit gleichen Abmessungen verwendet (Bild 2).

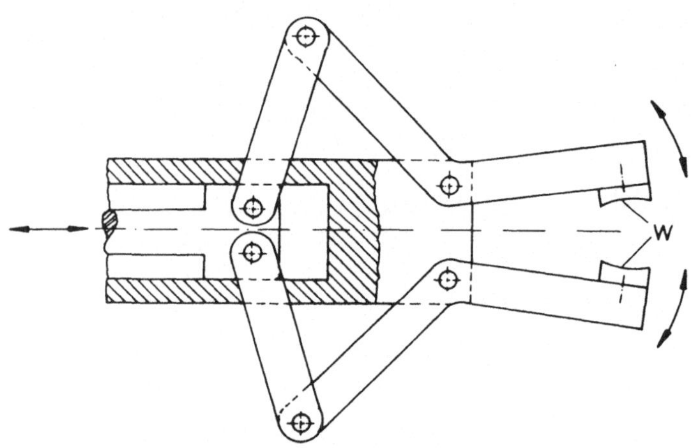

Bild 2: Der Scherengreifer

Ein weiterer Nachteil des Scherengreifers tritt beim Öffnen der Greiforgane auf. Wird ein Punkt auf den Greiforganen bei der Öffnungsbewegung betrachtet, so stellt man fest, daß dieser Punkt seinen Abstand zum festen Greifergestell verändert. Es kann somit vorkommen, daß der Abstand bei der Öffnung des Greifers größer wird und somit die Greiforgane in die Montageplatte (z.B. Leiterplatte) gedrückt werden.

Diese Gefahr läßt sich durch den Einsatz eines aufwendigeren Parallelgreifers vermeiden. Bringt man in die kinematische Struktur des Scherengreifers ein Parallelkurbelgetriebe ein, so erhält man einen Parallelgreifer (Bild 3). Bei dem Parallelgreifer bewegen sich die Wirkflächen W (Bild 3) auf einer Kreisbahn, allerdings werden die Wirkflächen immer parallel zueinander bewegt. Bei dem Parallelgreifer besteht aus diesem Grund nicht mehr die Gefahr, daß das Greifobjekt aus den Greiforganen herausgedrückt wird.

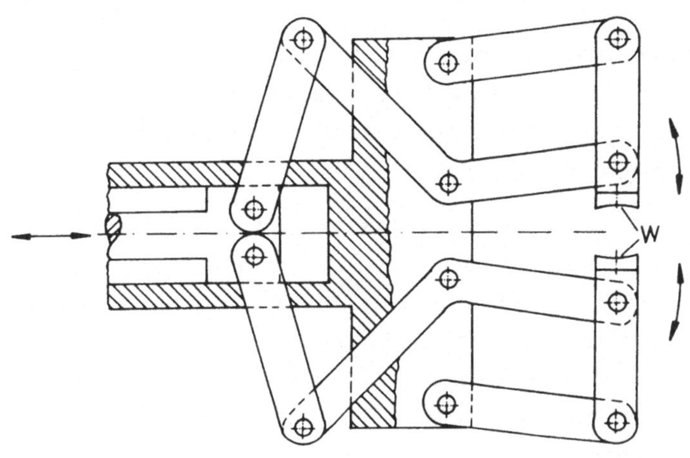

Bild 3: Der Parallelgreifer

Der Nachteil des Parallelgreifers liegt in dem durch die Gliedanzahl erhöhten konstruktiven Aufwand.

Parallelgreifer lassen sich nach der Form der Bahn, auf welcher die Greiforgane parallel geführt werden, unterscheiden. Man differenziert zwischen geraden-, kreis- und allgemein parallel geführten Greiforganen. Der abgebildete Greifer gehört zu der Gruppe der Parallelgreifer mit kreisparallel geführten Greiforganen.

Besonders den Parallelgreifern mit einer Geradenparallelführung der Greiforgane kommt bei der Leiterplattenbestückung mittels Montageroboter eine wichtige Bedeutung zu,
da bei diesem Greifertyp eine automatische Selbstzentrie-
rung des Greifobjekts bezüglich ein und desselben Punktes
auf der Greifermittelachse erfolgt. Bauteile mit verschiedenen Abmaßen werden folglich an ein und derselben Position
gegriffen.

3.   SYSTEMATISCHE ÜBERLEGUNGEN FÜR DAS GREIFEN ELEKTRONI-
     SCHER BAUTEILE

Bei der Leiterplattenbestückung - sei es mittels Montageroboter oder Bestückungsautomat - wird eine sehr hohe Genauigkeit gefordert, deshalb werden an Roboter, Greifer und
Peripherie hohe Anforderungen gestellt.

Die Toleranz des Bestückungssystems (Montageroboter und
Greifer) darf nicht größer sein als die Toleranz von Leiterplattenbohrung und Anschlußdraht. Durch eine konische
Ausformung der Leiterplattenbohrung läßt sich die letztge-
nannte Toleranz noch vergrößern, da man eine Einführschräge
zur Verfügung hat. Diese Maßnahme wird bei Vorführungen
häufig angewendet, kann aber auch in der Praxis Verwendung
finden.

Heutige Montageroboter besitzen eine Positioniergenauigkeit
von wenigen Hundertstel bis zu ±0,2 mm. Eine durchschnittliche Leiterplattenbohrung hat einen Durchmesser von ca.
1,1 mm. Geht man von einem relativ großen Elektrolyt-Kon-
densator als Greifobjekt aus, dessen Drahtdurchmesser bei
ungefähr 0,8 mm liegt, so ist der Luftspalt zwischen Anschlußdraht und Leiterplattenbohrung bei zentrischer Bestückung nur 0,15 mm groß. Die Ungenauigkeit des eingesetzten Greifers darf dann nur noch im Bereich weniger Hundertstel bis maximal ±0,1 mm liegen.

3.1 Der Griffpunkt

Prinzipiell bestehen bei der Leiterplattenbestückung für die Wahl des Griffpunktes zwei Möglichkeiten: entweder wird das elektronische Bauteil am Bauteilkörper selbst gegriffen, oder der Griff erfolgt an den Anschlußdrähten.

Wird beispielsweise ein Kondensator mit schiefstehenden Anschlußdrähten am Bauteilkörper gegriffen, so werden die Anschlußdrähte beim Bestücken unweigerlich neben den Platinenbohrungen aufsetzen (Bild 4a).

Liegt der Griffpunkt dagegen an den Anschlußdrähten, so steht zwar der Kondensatorkörper schief, aber die Bestückkung erfolgt trotzdem exakt, da die Position der Drahtenden bekannt ist (Bild 4b).

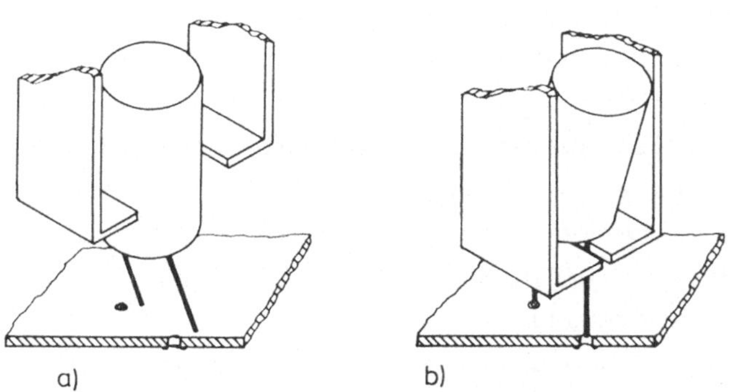

Bild 4: Die Wahl des Griffpunktes

Die Verlegung des Griffpunktes an die Anschlußdrähte bringt eine weitere Zentriermöglichkeit mit sich: werden die Wirkelemente (Greifbacken) an den Griffstellen eingekerbt, so werden die Anschlußdrähte beim Greifen nochmals exakt zentriert und Ungenauigkeiten ausgeglichen (Bild 4b).

Durch die besondere Wahl des Griffpunktes an den Anschlußdrähten kann die Bestückungsgenauigkeit gesteigert werden.

Diese nachträgliche Zentrierung und Ausrichtung der Bauteildrähte hat zur Folge, daß die Ungenauigkeiten der Zuführ-, Biege- und Schneideinrichtungen durch die Wahl des Griffpunktes an den Anschlußdrähten korrigiert werden.

Nach dem Setzen des Bauteils und dem Öffnen der Wirkelemente muß ein zusätzlicher Pusher das Bauteil bzw. die Anschlußdrähte tiefer auf/in die Leiterplatte drücken. Diese zusätzliche Bewegung wäre bei der Wahl des Griffpunktes an dem Bauteilkörper nicht unbedingt erforderlich.

Im weiteren Verlauf dieser Abhandlung wird davon ausgegangen, daß die kinematische Struktur des verwendeten Greifers eine Geradenparallelführung der Greiforgane gewährleistet, und daß der Griffpunkt grundsätzlich an den Anschlußdrähten der Bauteile liegt.

3.2 Die Gestaltung der Wirkelemente

Der Gestaltung der Wirkelemente kommt - wie man nachfolgend sehen wird - eine große Bedeutung zu. Die Art des angewendeten Griffes ist ausschlaggebend für wichtige Faktoren wie Bestückungsdichte, Setzzeit, Flexibilität, etc.. Für die Wirkelemente ergeben sich drei Gestaltungsformen, die von dem verwendeten Greifprinzip abhängig sind:

- Der »Klammergriff«

  Bei dem Klammergriff wird das Bauteil von Außen umklammert, die Anschlußdrähte werden unterhalb des Bauteils gegriffen. Somit kommt das Bauteil zwischen den Greiforganen zum Liegen (Bild 5a).

- Der »Zangengriff«

  Bei dem Zangengriff werden die Anschlußdrähte von der Seite, hintereinanderliegend gegriffen. Die Greiforgane befinden sich auf einer Seite neben dem Bauteil (Bild 5b).

- Der »Scherengriff«

  Bei dem Scherengriff werden die Anschlußdrähte von der Seite, nebeneinanderliegend gegriffen. Auch hier be-

finden sich die Greiforgane auf einer Seite neben
dem Bauteil (Bild 5c).

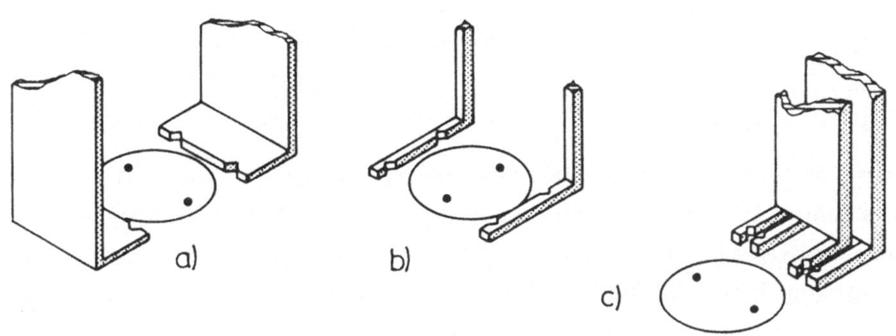

Bild 5: a) Klammergriff, b) Zangengriff, c) Scherengriff

3.3 Das Setzen der Bauteile

Für das Setzen der Bauteile kommen zwei praktikable Setz-
taktiken in Frage:

- Bei dem ersten Setzprinzip (Standard - Setzprinzip)
  (Bild 6a) werden die Greiforgane soweit geöffnet, daß der
  Roboter den Greifer vertikal fortbewegen kann, wobei die
  Greiforgane knapp am Bauteilkörper entlanggeführt werden.
  Dieses Setzprinzip ist nur bei Klammer- und Zangengriff
  anwendbar.

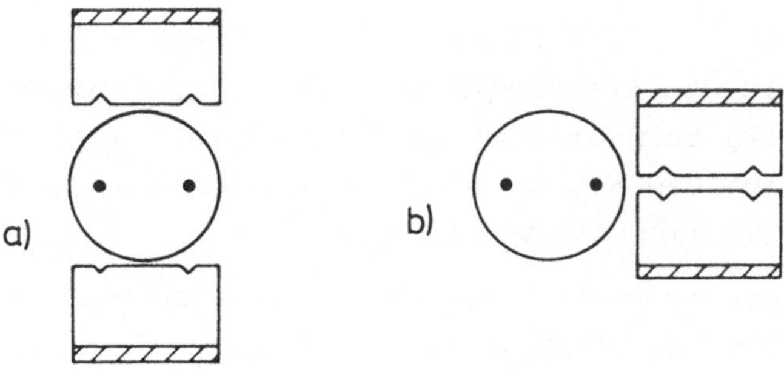

Bild 6: Die Setzprinzipien

- Bei dem zweiten Setzprinzip (optimiertes Setzen) (Bild
  6b) werden die Greiforgane nur noch soweit geöffnet, daß
  die Wirkelemente den Anschlußdraht freigeben. Der Montageroboter muß nun den Greifer horizontal bewegen, bis die
  Greiforgane vertikal am Bauteilkörper vorbeibewegt werden
  können. Dieses Setzprinzip ist für jeden der genannten
  Griffe anwendbar.

Der Unterschied der beiden Setzprinzipien ist einerseits
die zusätzliche Horizontalbewegung des Montageroboters bei
dem optimierten Setzen, andererseits ist der Greiferöff-
nungsweg beim Standard-Setzen in Abhängigkeit von den Bau-
teilabmaßen um ein vielfaches größer als der Weg beim
optimierten Setzen.

3.4 Die Bestückungsvarianten

Durch die Kombination von Setzprinzip und Wirkelementenform
(Griff) ergeben sich sechs theoretische Bestückungsvarian-
ten. Von diesen sechs Varianten sind allerdings nur fünf
praktikabel, da der Scherengriff nicht mit dem Standard-
Setzen vereinbar ist.

In Bild 7 sind drei dieser fünf möglichen Kombinationen abgebildet. Für diese Kombinationen wurde als Greifobjekt ein
Kondensator mit 10 mm Bauteildurchmesser angenommen. Der
erforderliche Luftspalt zwischen Greifobjekt und Wirkele-
ment/Greiforgan beträgt 0,5 mm, und die Wandstärke der
Greiforgane wurde mit 1 mm angenommen.

- In der ersten Reihe ist die Kombination des Klammer-
  griffs mit dem Standard-Setzen abgebildet. Der Bauteilkörper wird beim Greifen umklammert und die Greiforgane
  werden nach dem Setzen soweit geöffnet, daß der Roboter
  den Greifer vertikal bewegen kann.

- In der zweiten Reihe befindet sich die Darstellung der
  Kombination des Zangengriffs mit dem Standard-Setzen.

- Die letzte Abbildung zeigt den Scherengriff, welcher
  nur mit dem optimierten Setzen zu kombinieren ist.

In Bild 7 sind neben dem Greifprinzip und der 3-D-Darstellung noch die benötigte Fläche und die Bestückungsdichte der jeweiligen Kombination abgebildet.

Die benötigte Fläche ist diejenige Fläche, welche die Wirkelemente vom Öffnen des Greifers bis zur vertikalen Abhebebewegung durch den Montageroboter überstreichen. Diese Fläche kann, wie man sehen wird, als ein ungefähres Maß für die Bestückungsdichte angenommen werden.

Greifprinzip	3-dim. Darstellung	Fläche [mm^2]	Bestückungs-dichte
		240	
		149,5	
		180	

Bild 7: Drei Setz-Griff-Kombinationen

Bemerkenswert ist bei diesem Vergleich, daß die konventionelle Bestückungsmethode mittels Klammergriff bei weitem die geringste Bestückungsdichte erreicht. Nach dem Setzen des Bauteils wird bei dieser Kombination zugleich die größte Fläche überstrichen. Die Kondensatoren können zwar dicht nebeneinander gesetzt werden, jedoch ist ein gleichzeitiges, dichtes Hintereinandersetzen nicht möglich.

Beim Zangengriff wird die Bestückungsdichte wesentlich größer. Aber auch hierbei verbleibt zwischen den Kondensatorreihen ein Abstand, welcher durch die Anwendung des optimierten Setzens verschwinden würde.

Von den abgebildeten drei Kombinationen bietet der Scherengriff als einziger eine Bestückungsdichte, die ein Nebeneinandersetzen der Kondensatoren in jeder beliebigen Richtung ermöglicht. Obwohl die überstrichene Fläche beim Scherengriff etwas größer ist als die des Zangengriffs, können die Bauteile bei dieser Kombination nochmals enger nebeneinander plaziert werden.

Betrachtet man die in Bild 7 dargestellten Setz-Griff-Kombinationen unter dem Aspekt der Flexibilität, so erkennt man, daß alle abgebildeten Kombinationen auf Bauteile mit begrenzten Körperabmaßen und bestimmtem Rastermaß (der Abstand der Anschlußdrähte beträgt immer ein Vielfaches eines Zehntel Zolls) ausgelegt sind.

Die beste Möglichkeit, die Flexibilität zu steigern, liegt bei der Kombination des Zangengriffs mit dem optimierten Setzen. Bei dieser Kombination ist die Länge der Greifzange für die Bestückungsdichte nebensächlich, wenn davon ausgegangen wird, daß die Anschlußdrähte des Bauteils immer möglichst weit am Ende der Zange gegriffen werden. Durch eine Vergrößerung der Zangenlänge können unter der genannten Voraussetzung Bauteile mit unterschiedlichsten Abmaßen gegriffen und optimal nebeneinander gesetzt werden.

Entscheidend ist sowohl für diese Kombination, als auch für den Scherengriff, daß das Setzen der Bauteile in einer bestimmten Reihenfolge abläuft. Der Teil der Wirkelemente, welcher über das Bauteil hinausragt, muß immer über einer noch nicht mit Bauteilen besetzten Fläche liegen.

Wenn die Länge der Greifzange vergrößert wird, können statt der früheren zwei Kerben für die Zentrierung der Anschlußdrähte wesentlich mehr Kerben im Abstand eines Zehntel Zolls angebracht werden. In Bild 8a ist ein mögliches Wirkelement mit den genannten Änderungen abgebildet.

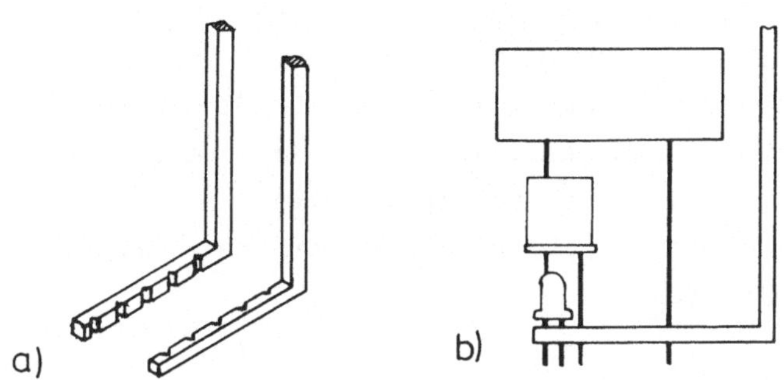

Bild 8: Flexibles Wirkelement für den Zangengriff

Mit dem abgebildeten Wirkelement können Bauteile unterschiedlichster Abmaße mit verschiedenen Rastermaßen der Anschlußdrähte dicht neben- und hintereinander gesetzt werden. Entscheidend ist bei diesem Wirkelement die Forderung, daß die Bauteile immer so gegriffen werden, daß das Bauteil etwas über das Ende der Zange hinausragt. Durch diese konstruktive Maßnahme erreicht man unabhängig von dem zu setzenden Bauteil eine dichte Bestückung, bei der sich die Bauteilkörper nach dem Setzen berühren können.

In Bild 8b sind beispielhaft verschiedene gegriffene Bauteile abgebildet (Leuchtdiode mit Rasterabstand 2,54 mm, Quarz mit Rasterabstand 5,08 mm, Blockkondensator mit Rasterabstand 15,24 mm).

Es ist ersichtlich, daß allein durch die Gestaltung der Wirkelemente eine flexiblere Bestückung mittels Montageroboter erreicht werden kann. An dieser Stelle soll nochmals darauf hingewiesen werden, daß sämtliche Betrachtungen bezüglich der Wirkelemente unter der Voraussetzung erfolgt sind, daß für die Bestückung ein Parallelgreifer mit geradenparallel geführten Greiforganen verwendet wird.

4. ZUSAMMENFASSUNG

Bei der konventionellen Leiterplattenbestückung (keine SMD-Bauteile) mittels Montageroboter gibt es etliche Ansatzpunkte, die Effektivität und die Flexibilität zu steigern. Schwerpunkte liegen hierbei sicherlich auch bei der Peripherie und bei dem Montageroboter selbst. Der größte Schwachpunkt der heutigen Bestückung ist und bleibt allerdings der Greifer.

Durch die Verwendung von Revolvergreifern und Greiferwechselsystemen kann man zwar sowohl die Effektivität als auch die Flexibilität steigern, aber man kommt bezüglich der Effektivität niemals an die Leistung eines Bestückungsautomaten heran.

Die Taktzeit (Setzzeit pro Bauteil) ist nicht die Stärke der Leiterplattenbestückung mittels Montageroboter. Aus diesem Grund muß versucht werden, die Taktzeit für die Roboterbestückung so gering wie möglich zu halten und den Vorteil der Roboterbestückung - die Flexibilität - besonders hervorzuheben.

Die vorliegende Arbeit soll nur einen Einblick in die Möglichkeiten geben, wie man eine vorhandene automatisierte Bestückung beispielsweise durch die Umgestaltung der Wirkelemente wesentlich flexibler gestalten kann.

Eine optimale automatisierte Leiterplattenbestückung durch Montageroboter kann nur durch eine Kombination verschiedener Wissensgebiete - Antriebstechnik, Getriebetechnik, Sensorik, Steuerungs- und Regelungstechnik, Mikroelektronikerreicht werden.

5. LITERATURHINWEISE

Kerle H.: Sonderbauformen mechanischer Greifer - Einsatzgebiete und Auslegungskriterien
VDI-Berichte, Nr.643, 1987

Kerle H., Kristen M.: Greifer für Montageroboter
IAM Forum, Nr.7, 1988

Die Bedeutung der Massenteilezuführung in der Montageautomation

von U. Reißmann

1. BEREICHSABGRENZUNG

1.1 Die Montagelinie

Die Montagelinie ist ein Teil des Montagesystems in der automatisierten Fertigung. Sie besteht aus der Transfereinrichtung, den Montagestationen und den jeweils zugehörigen Massenteilezuführungen. In Flußrichtung der Transfereinrichtung sind Montagestationen so angeordnet, daß jeweils zwischen ihnen ein Teilepuffer aufgebaut wird. Auf diese Weise wird eine lose Verkettung der verschiedenen Stationen miteinander erreicht.

1.2 Das Zuführsystem als Teil der Montagelinie

Die Gesamtheit aller zu einer Montagelinie gehörenden Massenteilezuführungen wird hier als Zuführsystem bezeichnet. Die äußere Systemgrenze liegt bei dieser Betrachtung im Bereich des innerbetrieblichen Normteilebehälterverkehrs. Die innere Systemgrenze liegt im Punkt der lagerichtigen, vereinzelten Bereitstellung der Massenteile für die Greifeinheiten der Montagestationen.

1.3. Die Zuführung

Als Zuführung wird der Bereich zwischen der Bunkerung der einzelnen Teilesorten im Vorfeld der Linie und seiner lagerichtigen, vereinzelten Bereitstellung
unmittelbar vor dem Montagevorgang, bezeichnet.

Die Hauptfunktionsbereiche der Zuführung werden wie folgt gegliedert:
1) Bunkern der ungeordneten Massenteile als Schüttgut im Vorfeld der
   Fertigungslinie. (Im allgemeinen wird das Fördergut hier in sog.
   stapelbaren Normteilebehältern bereitgehalten.)

2) Dosiertes Entleeren des Massenteilebunkers bzw. Befüllen eines
   nachgeschalteten Sortiergerätes.

3) Lagerichtiges Ordnen der Massenteile.

4) Selektion der Massenteile.

5) Strangförmiges, lineares Zuführen der Massenteile.

6) Geordnet speichern (im Strang).

7) Aus dem Strang vereinzeln.

8) Bereitstellen.

2.) DIE VERFÜGBARKEIT VON MONTAGELINIEN
____

Die Verfügbarkeit ist definiert als

$$V = Tma / (Tma + Tinst)$$

mit Tma = mittlere Zeit bis zum Ausfall
    Tinst = mittlere Zeit bis zur Instandsetzung

Um eine hohe Verfügbarkeit zu erreichen ist es notwendig, die Störungszeiten in allen Teilsystemen der Montagelinie gegen Null zu bringen. Diese Aufgabe ist um so schwieriger, je weniger genau die jeweiligen Systemparameter bekannt bzw. beeinflußbar sind.

Das Teilsystem Montagestation kann heute durch Einsatz von Robotertechnologie in Verbindung mit elektronischer Steuerungs- und Regelungstechnik, sowie Sensorik, weitestgehend störungsfrei gestaltet werden. Die Lagen und Positionen der geordnet zur Verfügung stehenden Werkstücke sind exakt bestimmbar, die Toleranzen vorgebbar, Ausschußteile werden im Vorfeld eliminiert. So können die Werkzeuge der jeweiligen Montagestation alle erforderlichen Positionen genau anfahren und den einzelnen Montagevorgang störungsfrei durchführen. Nach dem Inbetriebnehmen der jeweiligen Montagestation treten in diesem Teilsystem kaum noch nennenswerte Verfügbarkeitsverluste auf.

Auch die Teilsysteme Transfereinrichtung und Anlagensteuerung sind nicht die Orte von Verfügbarkeitsverlusten.

Die Hauptstörungsquelle ist heute im Bereich der Massenteilezuführung zu suchen. Erfahrungsgemäß treten bis zu 80% aller Störungen mit Stillstand von mindestens einer Montagestation im Bereich des Teilsystems Zuführung auf. Die hier bewirkten Störungen gehen unmittelbar negativ in die Verfügbarkeit der Gesamtlinie ein.

3.) DAS ZUFÜHRSYSTEM

3.1 Bunkern im Vorfeld der Montagelinie

Im allgemeinen wird das Fördergut (Massenteile) seitlich der Zufahrtwege in sog. Normteilebehältern im ungeordneten Zustand bereitgehalten. Da diese Behälter stapelbar sind, ist es möglich, ohne großen Platzbedarf einen Teilepuffer für mehrere Schichten bereitzuhalten. Die Normteilebehälter können sehr unterschiedliches Aussehen haben. Es sind 3 Hauptgruppen zu unterscheiden:
  a) allseits geschlossene Behälter mit geraden Wänden
  b) allseits geschlossene Behälter mit einer schrägen Frontwand, geeignet zur Aufnahme in Kippvorrichtungen
  c) frontseitig zu öffnende Behälter

Im Bereich dieser 3 Hauptgruppen gibt es wiederum eine Anzahl von verschiedenartigen Typen, die je nach Gewicht, Material, oder Bunkervolumen den unterschiedlichsten Bedürfnissen gerecht werden.

Es ist anzumerken, daß in Bezug auf eine automatische Entleerbarkeit der Normteilebehälter eine Standardisierung dieser Bunkerelemente noch nicht stattgefunden hat. Die Ursachen sind ohne Zweifel im Fehlen zweckmäßiger, breitflächig einsetzbarer Behälterentladesysteme zu suchen.

3.2 Einleiten des Fördergutes in die Sortiereinrichtung

In den meisten Praxisfällen ist diese Schnittstelle noch nicht, oder nur unzureichend automatisiert. Im Normalfall werden die Teile von Hand oder mit Schaufel in einen Dosierbunker umgebunkert, der dann das nachgeschaltete Sortiergerät automatisch befüllt.

Vereinzelt kommen auch sog. magnetische Behälterentleerungen (auch PILO = pick and load genannt) zum Einsatz. Diese Einrichtungen entnehmen magnetisierbare Werkstücke mit Hilfe einer punkt-, linien-, oder flächenförmigen elektromagnetischen Platte und laden diese in einen Zwischenbunker. Hohe Kosten, Unflexibilität und Probleme mit Restmagnetismus in den Werkstücken, sind als Hauptnachteile dieser Einrichtungen anzuführen.

Darüber hinaus sind verschiedene Behälterkippverfahren bekannt, bei denen die Massenteile durch einfaches Auskippen des Behälters in einen nachgeschalteten Dosierbunker in den Ordnungsprozess weitergegeben werden. Dieses Verfahren ist wegen seiner schlechten Teileschonung und hoher Lärmemission nur bedingt einsetzbar.

Neuerdings werden mit sog. niederfrequenten Schwingverfahren, sowohl im Bereich des Mikrowurfes, als auch im Bereich der Gleitförderung, sehr gute Ergebnisse bei der automatischen Behälterentleerung erzielt. Bei diesem Förderverfahren werden mit Hilfe eines niederfrequenten Feder-Masse-Schwingers Beschleunigungen von 1 bis 1,5g in einen frontseitig zu öffnenden Normteilebehälter eingeleitet. Durch die sehr geringen resultierenden Massenkräfte wird eine äußerst geräuscharme und verschleißfreie, dosierte Entleerung ermöglicht. Durch eine geeignete Regelelektronik wird die große Massendifferenz zwischen gefülltem und entleertem Behälter ausgeglichen.

3.3 Der Ordnungsautomat

3.3.1 Funktionsprinzip

Zum Ordnen des vielfältigen Spektrums an Massenteilen wurde im Laufe von etwa 50 Jahren ein ebenso vielfältiges Spektrum an Ordnungsautomaten entwikkelt. Die wichtigsten Grundtypen seien hier benannt:

a) Drehscheibenförderer

b) Schrägtellerförderer

c) Trommelförderer

d) Bandförderer

e) Bunkerelevator (Steilförderer)

f) Stufenförderer

g) Vibrationswendelförderer (Schwingtopf)

h) Schwingrinnenförderer

Aus diesen Grundtypen sind inzwischen eine fast unüberblickbare Anzahl von Kombinationstypen entstanden, die für bestimmte Teilesorten spezifische Vorzüge haben, für andere wiederum gar nicht einsetzbar sind.

Das Funktionsprinzip, das allen Sortierverfahren zu Grunde liegt, besteht darin, daß das Fördergut aus einem sog. Teilesumpf mit Hilfe von Sor- tierelementen (Schikanen) nach dem Zufallsprinzip derart aussortiert wird, daß die den Kriterien entsprechenden Teile herausgeleitet werden und die übrigen Teile wieder in den Sumpf zurückgelangen. Der Teilesumpf wird so häufig über die Sortierelemente geleitet, bis alle Teile sortiert sind. Die Sortierung unterliegt statistischen Gesetzmäßigkeiten d. h. es wird grundsätzlich davon ausgegangen, daß die Teile im Teilesumpf sich statistisch gleichverteilt durchmischen können. Dieses Prinzip führt dazu, daß die Förderleistung (Förderung der i. O.-Teile) relativ stark schwanken kann. Außerdem wird deutlich, daß dieses Funktionsprinzip sehr anfällig gegenüber Fehlteilen und Verunreinigungen reagieren muß.

Zu diesem Funktionsprinzip ist derzeit keine wirtschaftlich einsetzbare Alternative bekannt, jedoch gibt es Überlegungen dahingehend, schwer sortierbares Fördergut im Vorfeld der Montagelinie vorzumagazinieren. Dadurch kann eine größere Gesamtverfügbarkeit der Montagelinie gewonnen werden (Wirkung des Störungspuffers). Das Grundproblem wird dabei allerdings lediglich an eine andere Stelle verschoben.

Auch der sogenannte sehende Robotergriff in die Kiste scheint auf mittlere Sicht nicht mit der notwendigen Förderleistung und Sortiersicherheit realisierbar zu sein. So kann es derzeit nur sinnvoll sein, die bestehenden Sortierförderer auf ihre spezifischen Schwachstellen zu untersuchen und zu optimieren.

Zu einer weiten Verbreitung hat die Gruppe der Schwingförderer geführt, die sowohl als Rotationsschwinger, als auch als Linearschwinger bekannt sind. Diese Art der Sortierung und Förderung von Massenteilen ist die am universellsten einsetzbare. Die meisten in der Praxis vorkommenden Massenteile sind über diese Geräte mit ausreichender Leistung und Flexibilität verarbeitbar. Da es auch im Bereich der Ordnungsautomaten wichtiger ist zu einer Standardisierung zu gelangen, als für jedes Fördergut einen eigenen Förderer zu entwikkeln, sollen hier die speziellen Schwachstellen der Schwingförderer offengelegt und neue Wege aufgezeigt werden.

3.3.2 Die Schwachstellen heutiger Schwingförderersysteme und ihre Beseitigung

Als Hauptschwachstellen können genannt werden:

a) Mikrowurfprinzip (große Massenkräfte und unberechenbare Flugbahnverläufe führen zu Fehlsortierungen, Fördergut- und Fördermittelverschleiß, große Lärmentwicklung.)

b) Empfindlichkeit gegenüber Fehlteilen, Fremdteilen, Teileverschmutzung etc.

c) Probleme der Teilebeeinflussung untereinander (z.B. Verhaken, Verkeilen)

d) unflexible Erkenn-/Ordnungselemente

Zu a) Seit etwa 50 Jahren ist das Prinzip der Mikrowurfförderung bekannt. Bei diesem Verfahren wird das Fördergut mit Hilfe von Massenkräften zu Wurfbewegungen angeregt. Die erforderlichen Beschleunigungen werden mit Hilfe eines Schwingers mit 50 bzw. 100 Hz in das System eingeleitet. Diese Frequenzen sind bei Verwendung von magneterregten Feder- Masse- Systemen im allgemeinen fest vorgegeben, da sie netzseitig ohne zusätzliche Aufbereitung zur Verfügung stehen. Diese Antriebsfrequenzen führen, um zu nennenswerten Förderleistungen zu gelangen, zu Vertikalbeschleunigungen von ca. 9 bzw. 16 g, die periodisch auf das Fördergut wirken. Die aus diesen Beschleunigungen resultierenden Kräfte sind Ursache für eine vielfältige Problematik in den Bereichen Fördergut- und Fördermittelverschleiß, Lärmentwicklung (bis zu 120 dB(A)) und Sortiergenauigkeit.

Eine Optimierung von Schwingsortiergeräten ist in erster Linie über eine Reduzierung der Antriebsfrequenzen durchführbar, da durch diese Maßnahme die Beschleunigungswerte vermindert werden.

Ausgehend von Forschungsarbeiten des Institutes für Fabrikanlagen (IFA) der TU Hannover, wurde zwischenzeitlich das Verfahren der Gleitförderung zur Serienreife entwickelt. Das Gleitförderprinzip geht von der Fragestellung aus, wie Verschleiß- und Lärmprobleme von vornherin vermieden werden können. In Beantwortung dieser Frage kann gesagt werden, daß ein optimaler Förderzustand in dem Punkt erreicht ist, in dem das Fördergut nicht mehr von der Bahn abhebt (Vertikale Beschleunigung $<= 1g$) und gleichzeitig eine maximale Fördergeschwindigkeit erreicht ist, d. h. kein Rückgleiten stattfindet.
Diese beiden Grundforderungen stellen die Ausgangsbedingungen für die Gleitförderung dar.
Mit Hilfe von neu entwickelten Wendelgleitförderern und Lineargleitförderern werden Bahnbewegungen erzeugt, die o. g. Grundforderungen gerecht werden. Bei Frequenzen zwischen 4 und 10 Hz werden Fördergeschwindigkeiten von bis zu 8 M/Min bei Lärmemissionen < 70 dB(A) erreicht. Es kann von einer annähernd verschleißfreien Förderung gesprochen werden. Auch im Bereich zwischen 1 und 2 g Vertikalbeschleunigung können mit Hilfe von speziellen Niederfrequenzmikrowurfförderern sehr hohe Fördergeschwindigkeiten bei stark reduzierter Lärmemission und Bauteilbelastung erreicht werden. In diesem Bereich ist die Förderung von Fördergütern mit einer Stückmasse von einigen Kg bei Fördertopfdurchmessern von bis zu 2,5 Metern möglich.

Durchführbar wird die Niederfrequenzförderung durch die Entwicklung von magneterregten, niederfrequenten Feder- Masse- Schwingern in Verbindung mit einer entsprechenden sensorgeführten Regelelektronik. Der Feder- Masse Schwinger wird dabei permanent in der Resonanz betrieben. Das Regelsystem führt den Schwinger frequenz- und phasenmäßig nach.

Zu b) Zuführsysteme reagieren in Bezug auf ihre Verfügbarkeit äußerst empfindlich auf Fördergutverunreinigungen. Als Verunreinigung muß angesehen werden:

-- Das Vorhandensein von Fehlteilen:
Fehlteile können auch solche Teile sein, die lediglich toleranzmäßig von dem i.O.- Teil abweichen. Sortierförderer verwenden z. T. kleinste Konturmerkmale als Sortierkriterium- ihre Zuverlässigkeit ist von der Konstanz und dem Vorhanden sein dieser Merkmale abhängig.

-- Das Vorhandensein von Fremdteilen:
Fremdteile können bei einem statistischen Auswahlverfahren zu Klemmern in den Sortierelementen führen und ein manuelles Entstören notwendig machen.

-- Das Vorhandensein von Öl, Fett, Korrosionsschutzmittel, Benetzungsmittel, Zunder, Späne o.ä.:
Da alle Sortierförderverfahren in der Kontaktzone zwischen Fördergut und Förderbahn Kräfte auf das jeweilige Teil ausüben, ist es von wesentlicher Bedeutung hier optimale Übertragungsverhältnisse zu schaffen (konstanter Reibbeiwert).

Die hier aufgeführten Verunreinigungen müssen fördergutseitig verhindert werden. Wie in allen Bereichen der automatischen Fertigung, müssen auch im Bereich der Massenteile, vom Verunreinigungsgrat her, hohe Qualitätsanforderungen gestellt werden, da die Fördersysteme sonst nicht wirtschaftlich arbeiten können.

Zu c) Aus o. g. Gründen können Sortierförderer Teilehaufen, die sich nicht entwirren lassen, nicht sortieren. Es gibt entweder die Möglichkeit das Fördergut so zu konstruieren, daß ein Verhaken und Verkeilen unmöglich ist, oder eine spezielle Einheit zum Entwirren vorzuschalten. Grundsätzlich kann ein Sortierförderer nur dann störungsfrei betrieben werden, wenn er lediglich zum Sortieren, nicht aber für Fremdfunktionen wie Bunkern, Entwirren, Messen etc. verwendet wird.

Zu d) Die jeweilige Sortieraufgabe wird in Sortierförderern häufig reinempirisch gelöst. Eine konstruktive Vorgabe ist vielfach nicht möglich, da die Förderparameter in der Sortierung zu komplex sind und außerdem sehr stark variieren. So entstehen Teilesortierungen durch zielgerichtetes Ausprobieren in der Schlosserei. Diese Methode kann heute in der automatischen Montage nicht mehr befriedigen. Besonders dann, wenn Teilefamilien flexibel sortiert werden müssen, sind rein mechanische Sortierungen häufig am Ende ihrer Möglichkeiten.

Eine flexible Sortierung muß heute aus einer Synthese von sinnvoller mechanischer Vorsortierung und optischer, bzw. sensorgeführter Nachsortierung bestehen. Durch die mechanische Vorsortierung werden die Teile aus dem Haufwerk in einen Teilestrang gebracht. Anschließend kann, z.B. mit einem Kamerasystem, das jeweils richtig liegende Teil erkannt werden. Mit einer geeigneten Auswurfvorrichtung können die falschliegenden Teile wieder in den Teilesumpf zurückgebracht werden.

Eine solche Sortierlösung ist z. B. mit dem oben beschriebenen Gleitförderverfahren durchführbar, da wegen der geringen Beschleunigungskräfte das Kamerasystem problemlos an die schwingende Nutzmasse angekoppelt werden kann. Da das Fördergut nicht mehr von der Förderbahn abhebt, kann die Kamera ein scharfes Teilebild empfangen und auswerten. Der Erkenn- und Auswertevorgang erfolgt quasistatisch, d.h. im Teilefluß.
Ein solches Sortiersystem kann im Teach-In-Verfahren flexibel auf die jeweils gewünschte Teilesorte eingelernt werden. Die Bilddaten werden in einem Speicher abgelegt und können programmäßig im Bedarfsfall abgerufen werden.

Ein solches Verfahren ist flexibel genug, um über einen längeren Zeitraum hinweg an einer automatischen Fertigungslinie eingesetzt werden zu können.

3.4 Die Speicherung des Fördergutes in geordnetem Zustand vor dem Montagevorgang.

Im Abschnitt 3.3.1 wurde erläutert, daß alle derzeit eingesetzten Sortierverfahren statistischen Gesetzmäßigkeiten unterworfen sind. Damit Schwankungen in
der Sortierleistung, bzw. Störungen im Sortierautomaten nicht zum unmittelba-
ren Stillstand der zugehörigen Montagestation führen, ist es wichtig, einen
ausreichend dimensionierten Teilespeicher zwischen Sortier- und Montagevorgang zur Verfügung zu stellen. Häufig erfüllen diese Speicher auch zusätzlich
die Funktion des Teiletransportes von dem Sortierautomaten bis zur Montagestation.
Es werden schwerkraftangetriebene und fremdangetriebene Speicher, sowohl in
linearer als auch in runder Form unterschieden. Die wichtigsten Speicher-
formen sind:

a) Rinnenspeicher (geneigte Schwerkraftrinne)

b) Wendelturmspeicher

c) Linearschwingrinne

d) Förderbandspeicher

e) Drehturmspeicher

f) Drehscheibenspeicher

g) Flexspeicher (linear angetr. Etagenspeicher)

a) und b) sind Schwerkraftspeicher, alle übrigen sind fremdangetriebene
Speicher. Grundsätzlich ist der fremdangetriebene Speicher dem Schwerkraftspeicher vorzuziehen, da er kompaktere Bauabmessungen hat, über eine horizontale Ausbringung verfügt und zuverlässiger funktioniert. Schwerkraftspeicher
müssen förderbahnseitig immer unter Gefälle aufgebaut werden. Da die Förder-
gutbeschaffenheit sehr unterschiedlich sein kann, ist der Gefällewinkel nicht
immer konstruktiv vorherbestimmbar. Nachträgliche Änderungen am Gefällewinkel ziehen oft größere konstruktive Probleme nach sich.

Bei der Neukonzipierung von Montagestationen sollte der Teilespeicherung an
dieser Stelle vorrangige Wichtigkeit eingeräumt werden, da von der Größe und
vom Funktionieren dieses Speichers unmittelbar die Verfügbarkeit der Station
abhängt.

3.5 Die Vereinzelung

Der Vorgang der Vereinzelung von Teilen aus einem Teilestrang besteht grundsätzlich aus mindestens 2 voneinander getrennten Funktionen:

    a) Sperren des Teilestranges

    b) Freigeben, bzw. Abschieben des vordersten Teiles.

Diese beiden Funktionen sollten mechanisch nicht miteinander verkoppelt werden, da sonst die Flexibilität bezüglich der Teilebeschaffenheit und Teilevariants nicht mehr gegeben ist. Eine steuerungsseitige, logikmäßige Verkopplung ist in jedem Fall die funktional sicherere und flexiblere Lösung.

3.6 Grundsätze der Massenteilezuführung

Bei Beachtung einiger grundlegender Regeln für die Gestaltung von Massenteilezuführungen ist es möglich, die Störungsfreiheit von automatischen Montagelinien erheblich zu steigern. Die wichtigsten Gestaltungsregeln seien hier kurz zusammengefaßt.

1. Automatengerechte Ausgestaltung des Fördergutes. (Ausgeprägte Sortierkriterien, kleine Teilefamilien, definierbare Toleranzen in den Sortierkriterien.)

2. Keine Fördergutverschmutzung.

3. Ordnungsautomaten nur zum Ordnen verwenden. (Wird z.B. eine Teilebunkerung gewünscht, sollte ein separater Dosierbunker verwendet werden.)

4. Auf genügend großen Teilepuffer zwischen Ordnungsautomaten und Vereinzelung achten.

5. Die Vereinzelung besteht aus mindestens 2 funktional getrennten Bewegungen.

6. Die Strömungsgeschwindigkeit des Fördergutes muß in Förderrichtung immer größer werden. (Im Falle einer Taktabhängigkeit muß diese Forderung durch Bedarfsabschaltung einzelner Komponenten, konsequent eingehalten werden.)

7. Gute Zugänglichkeit aller Komponenten.

8. Steuerungsschnittstellen so legen, daß noch während der Inbetriebnahme funktionale Anpassungen vorgenommen werden können.

9. Auf modulare und funktional getrennte Bauweise achten.

10. Nur standardisierbare Komponenten einsetzen, möglichst wenig fördergutspezifische Sonderlösungen zulassen.

Zuführsysteme bestimmen den Wert (Wirtschaftlichkeit) roboterunterstützter Montagesysteme

von W. Glaser

1. Definition

Roboterunterstützte Montage bzw. Bestückungssysteme sind in der Regel als Einzelzellen aufgebaut und können durch geeignete Magazine und Transporteinheiten zu einer Montagelinie verkettet werden.

Deshalb soll in der Wirtschaftlichkeitsbetrachtung für das Thema Zuführsysteme nur eine Bestückungsstation bzw. Roboterzelle betrachtet werden. Diese roboterunterstützte Bestückungszelle ist wie folgt aufgebaut:

- Roboter als Zelleneinheit
- Werkstücktransporteinrichtung
- Bauelementezuführung (Feeder)
- Greifer
- Steuerung

Diese Baugruppen bestimmen damit den Wert (Kosten) der Montage- bzw. Bestückungszelle.

Roboterunterstütztes Bestückungssystem Linienkonzept

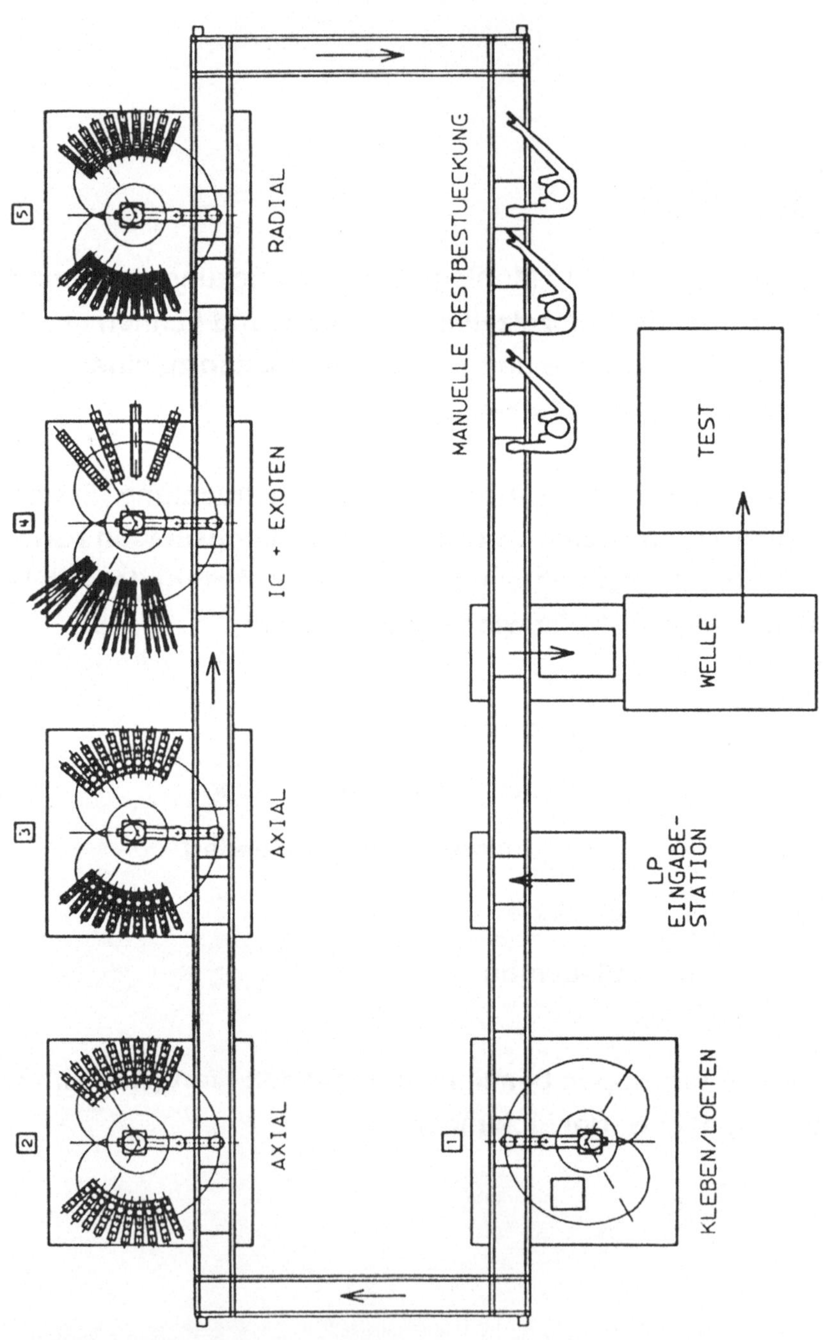

Warum Bestückung mit Robotersystemen

1. Ergänzung von Bestückungsautomaten

z.B. in der Exotenbestückung wie Relais, Spulen, Elkos, Stecker, Hochleistungswiderstände.

2. Geringe Losgrößen - hohe Typenvielfalt

- Schnelle Umrüstbarkeit z.B. durch modulare Feeder, Werkstückträger und Werkzeuge

- CIM-Fähigkeit durch Direktverarbeitung von CAD-Daten (Sensorik)

- einfache Integration in bestehende Fertigungslinien (die Roboterzelle ersetzt einen Handarbeitsplatz)

Roboterzelle für Bestückung von Bauelementen

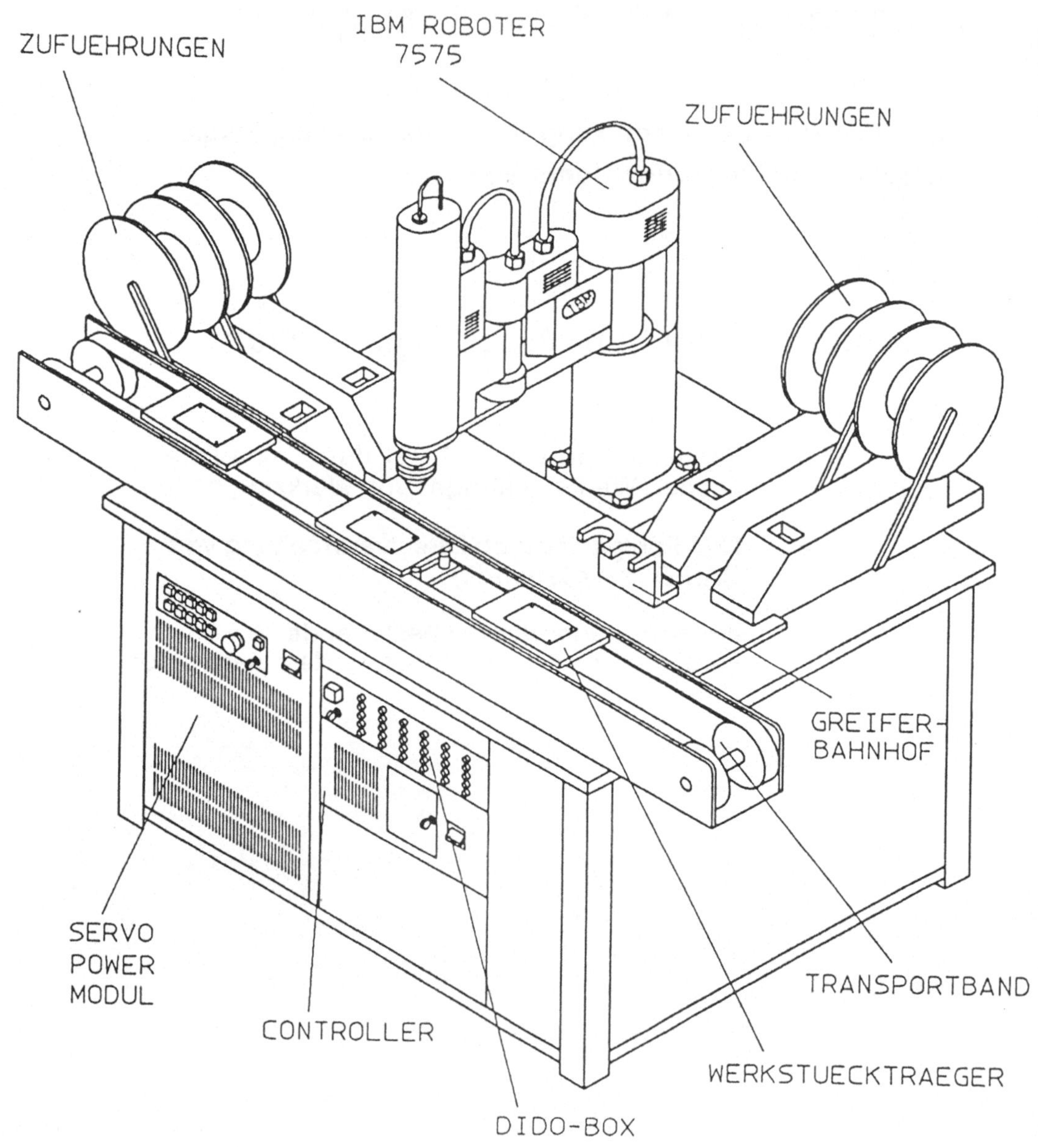

2. Zuführsysteme

sind

Einrichtungen zum geordneten und lagerichtigen Zuführen

und Vereinzeln von Bauelementen

Die Art der Zuführung richtet sich nach der Anlieferform und -art der Bauelemente:

- 2.1 Schüttgut
- 2.2 Stangenmagazin
- 2.3 Paletten
- 2.4 gegurtete Bauelemente

2.1 Schüttgutförderer

z.B. für Kontaktfedern, Klemmen, Taster,

Kondensatoren, Lampen

- Vibrationswendelförderer oft in Verbindung mit
- Linearschwingförderer

Kosten: stark abhängig von der Geometrie der

Bauteile 5 000 - 30 000 DM

Zuverlässigkeit: gering, bei komplizierten Teilen

sehr störanfällig

Verfügbarkeit: unter 50 %

Fassungsvermögen: variabel

Platzbedarf: sehr hoch

Steuerungsaufwand: sehr hoch

(Stauabschaltung

Vereinzelung

Bauteileabfrage)

in der Regel Aufsichtsperson

notwendig

2.2 Stangenmagazine

z.B.   für IC's, Sockel, Stecker

- Linearförderer
- Rutschen

Kosten: mittel ca. 10 - 15 000,-- DM

für 5 Bahnen

Zuverlässigkeit: mittel - gering

(stark bauelementeabhängig)

Fassungsvermögen: sehr gering

(z.B. für IC 30 - 50 Stück)

Abhilfe: gleiche Bauelemente auf

mehreren Stangen

Platzbedarf: gering

(in Relation zum

Fassungsvermögen sehr hoch)

Steuerungsaufwand: mittel

Bauelementevereinzelung meist

notwendig

2.3 Paletten

z.B.   für Exoten (Trafos, Relais, Schalter)

a) feste Palettenaufnahme (Beschickung von Hand)
b) autom. Palettenzuführung (mit Transportsysteme)

Kosten:	bei a)	sehr gering
		ca. 5 000,-- DM
	bei b)	sehr hoch
		ca. 30 000,-- DM
Zuverlässigkeit:		mittel - sehr gut
		stark abhängig von
		Palettengenauigkeit
Fassungsvermögen:	bei a)	gering
		(da Palette voll in Arbeits-
		bereich des Roboters
		liegen muß)
	bei b)	hoch
Platzbedarf:	bei a)	mittel (ev. stapelbar)
	bei b)	hoch
Steueraufwand:	bei a)	gering
	bei b)	sehr hoch (eigene SPS)

2.4 Gurtförderer

z.B.   für Axial- und Radial-teile, SMD,

Widerstände, Dioden, Kondensatoren,

Spulen, LED's

- Axial Feeder
- Radial Feeder

Kosten: gering - mittel

5 000,-- - 15 000,-- DM

Zuverlässigkeit: sehr hoch

Fassungsvermögen: sehr groß

(1/4 W Widerstand

ca. 5 000 Stück)

Platzbedarf: gering (nur die Entnahmestation

ist im Arbeitsbereich)

Steuerungsaufwand: gering

ISGUS Axial Feeder AF 200
Automatisches Zuführgerät für gegurtete axiale Bauelemente

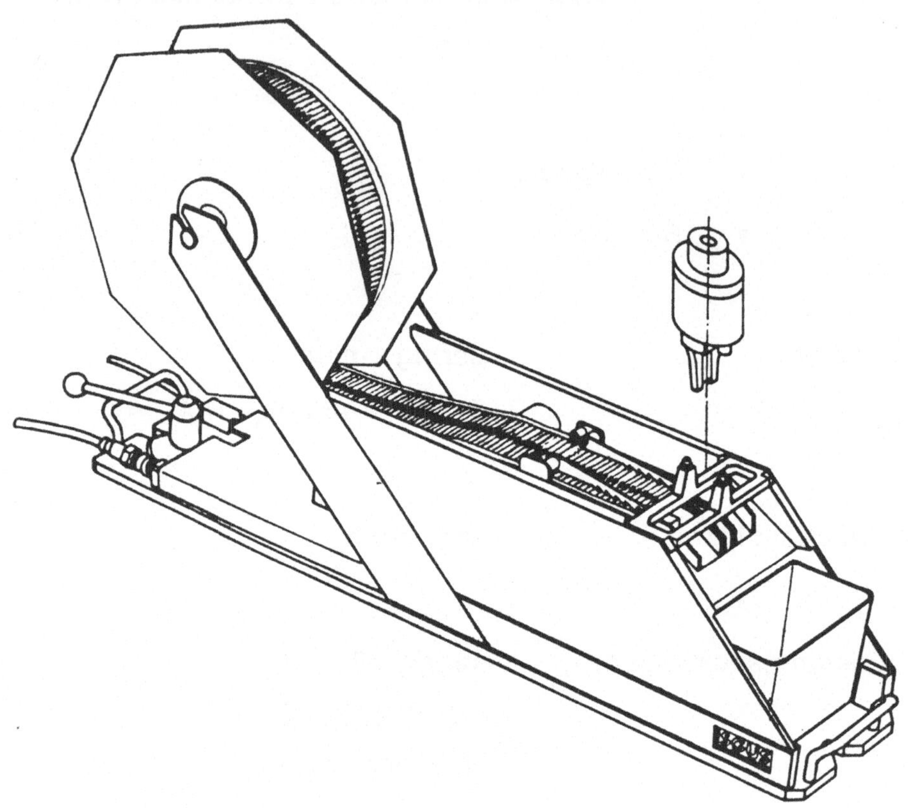

- **5000 Bauelemente pro Stunde**
- **Schnellwechseleinrichtung**
- **Normierter Teachpunkt**
- **Integrierter Abfallzerkleinerer**
- **Kompakte Einheit (L 700 x B 90 x H 173)**

Empfohlener Verkaufspreis 6 500 DM + MWST.

3. Anforderungen

Das Montagesystem bestimmt die Qualität der Zuführsysteme
oder umgekehrt
Typische Anforderung eines robotergestützten
Bestückungssystems ist:

Hohe Typenvielfalt - **geringe** Losgröße

das bedeutet K.O für Automatisierung und Wirtschaftlichkeit

Zum Schlüsselpunkt werden damit die **Zuführsysteme,**

mit denen die Rentabilität eines robotergestützten

Bestückungssystems steht oder fällt.

Die Forderungen an ein gutes Zuführsystem lauten:

- **Flexibilität, leicht umrüstbar oder austauschbar**

- **geringer Platzbedarf, da hohe Typenvielfalt**

- **wirtschaftliche Systeme, d.h. kostengünstige Zuführungen**

- **Zuverlässigkeit, die Qualität der Zuführsysteme bestimmt die Verfügbarkeit der Gesamtanlage**

- **Modularität, (Eigenständigkeit der Teilsysteme) Austauschkompatibilität von axialen und radialen Zuführsystemen ohne Umbau und hoher Rüstzeit**

4. Problemstellung und Lösungssatz

technische Machbarkeit < - > Wirtschaftlichkeit

a)
Zuführsysteme bestimmen den
Anlagen<u>wert</u> (typisch = 40 - 50 %)
durch Investitionsaufwand --- >

- ## Preis

b)
Zuführsysteme bestimmen den
<u>Wert</u> der Anlage im Betrieb durch

- ## Zuverlässigkeit

- ## Umrüstbarkeit (Anpassung an den Produktionsprozeß)

- ## Qualität (Ausschuß)

- ## Beaufsichtigung Geisterschicht)

- ## Nutzungsrad (die Verfügbarkeit der Einzelkomponenten multipliziert sich).

das bedeutet in der Praxis

höchste Sorgfalt in der Auswahl von Zuführsystemen nach Preis, Qualität, Modularität

5. Versuch einer Zusammenfassung

Modellfall: Bestückung eines Elkos

Zuführ-	Vielfalt der Bauelemente	Bauteilekapazität im Roboterbereich	Platzbedarf	Verfügbarkeit	Kosten
Schüttgut	10	unbegrenzt	sehr gross (ausserh. der Zelle)	gering	hoch
Stangen	100	3 000	gross	mittel	mittel
Paletten	5	Handbeladung gering autom. Paletten unbegrenzt	gross (ausserhalb der Zelle)	gut	mittel bis hoch
Feeder	ca. 30	ca. 100 000	gering	sehr gut	gering

Automatisierung der Elektronikfertigung durch Roboter

von W. Rehr

Einleitung

Das Institut für Angewandte Mikroelektronik beschäftigt sich seit längerer Zeit
mit computerunterstütztem Entwurf (CAD) von Leiterplatten, dem Design von
kundenspezifischen Schaltkreisen, aber auch mit der Entwicklung von compu-
ter- und roboterunterstützten Fertigungseinrichtungen(CAM). Diese Aufgabenstellungen erwachsen aus der zunehmenden Bedeutung der elektronischen Fertigung für viele Industriefirmen. Die Elektronikfertigung ist heute nicht nur
eine Domäne der alteingesessenen Elektronikfirmen, sondern viele Betriebe des
Maschinenbaus, des Anlagenbaus und anderer Branchen haben heute eigene
Elektronikentwicklungen und in zunehmendem Maße auch Elektronikfertigungs-
stätten aufgebaut. Diese Tendenz spiegelt die Bedeutung der Elektronik für alle
Bereiche des produzierenden Gewerbes wider. Die in den letzten Jahren stark
zunehmende Miniaturisierung der Elektronik erzwingt darüber hinaus neue Wege
der Elektronikfertigung, weil mit konventionellen, manuellen Fertigungsverfahren die notwendige Produktivität aber insbesondere auch eine gleichbleibende
Qualität nicht erreicht werden kann.

Die zunehmende Vielfalt von Produkten zwingt die Firmen – ähnlich wie im
Maschinenbau – zur flexiblen Gestaltung der Fertigungsabläufe und zur Anschaffung von Fertigungseinrichtungen, die nicht nur auf ein spezielles Produkt
ausgerichtet sind. Die nachfolgnden Ausführungen beziehen sich deshalb auch
vorrangig auf mittelständische Firmen, die eine größere Anzahl unterschiedlicher Leiterplatten fertigen.

Neben der Anzahl wachsender Fertigungsstätten für Elektronikprodukte ist
darüber hinaus die Umstellung von konventionellen Bauelementen – bedrahteten
Bauelementen inaxialer oder radialer Ausführung und konventionellen ICs – hin
zu SMD-Bauelementen bei vielen Firmen in vollem Gange. Erfahrungsgemäß ist
eine derartige Umstellung nicht schlagartig durchzuführen, sondern zieht sich
über mehrere Jahre hin, da vorrangig mit neuentwickelten Produkten die Einführung der SMD-Technik vollzogen wird. Ältere Leiterplatten müssen allein
aus Wartungsgründen über mehrere Jahre noch in konventineller Technik nach-
gebaut werden.

Die in den letzten Monaten stark anwachsende Nachfrage nach kundenspezifischen Schaltkreisen und dort auch zunehmend nach großen integrierten Schaltkreisen mit einer Zahl von über 96 Pins erfordert teilweise neue Fertigungsverfahren, um diese Bauelemente qualitätsgerecht zu bestücken. Geometrische und thermische Probleme sowie Fragen der Handhabung verlangen nach neuen Methoden. Auch der Gesichtspunkt der Beschädigung von Bauelementen bei manueller Handhabung muß angeführt werden.

Der enorme Kostenanstieg bei der Fehlerbeseitigung von bestückten, miniaturisierten Leiterplatten oder der Fehlerbeseitigung im Feld zwingt alle Firmen, ihre Teststrategie zu durchdenken und geeignete Testverfahren aufzubauen. Da Qualität sich nicht in ein Projekt hineintesten läßt, sondern im wesentlichen bereits bei der Konstruktion der Leiterplatte und bei der Auswahl der Bauelemente festgelegt wird, muß eine Betrachtung über rechnerunterstützte Elektronikfertigung den gesamten Bereich von der Leiterplattenentflechtung bis zum Test umschließen. Die nachfolgenden Ausführungen wollen deshalb einen Überblick geben über die derzeitigen Möglichkeiten, wie sie sich für mittelständische Firmen heute ergeben.

Gliederung von Bauelementen und Leiterplatten

Die Vielzahl bzw. Vielfalt der heute in der Elektronik verwendeten Bauelemente stellen sowohl für die Konstrukteure, für die Disponenten, für die Lagerhaltung und insbesondere für die Handhabungstechnik große Probleme dar. Die trotz Normung sehr vielfältigen konstruktiven Formen der Bauelemente behindern im starken Maße eine voll integrierte Fertigung über Automaten, die alle oder ein Großteil von Bauelementen setzen können. Lohnen sich bei Großserien, wie Sie sie bei Firmen der Konsumelektronik, der Automobilelektronik finden, spezielle Automaten, Einlegemaschinen oder Sondereinrichtungen, so ist dies für mittelständische Firmen im allgemeinen aus wirtschaftlichen Gründen nicht praktikabel.

Die folgende Einteilung in Bauelementegruppen soll dazu beitragen, das Verständnis für die weiteren Ausführungen zu verbessern.

A. konventionelle Leiterplatten: Diese Leiterplatten werden mit Bauelementen der Gruppen 1, 3, 4, 5 und 6 bestückt.

B. SMD-Leiterplatten: Hierbei handelt es sich um nur mit oberflächenmontierten Bauelementen bestückte Platinen.

C. Gemischt bestückte Leiterplatten: Diese Art von Leiterplatten wird mit Bauteilen aus allen sechs Gruppen bestückt. Dabei fallen dann zusätzliche Fertigungsschritte (z.B. Kleben der SMD-Bauteile) an.

Bestückungsverfahren

Den verschiedenen Bauelementegruppen und den zu bestückenden Leiterplattentypen stehen mehrere Bestückungsverfahren gegenüber.

1. Handbestückung

Die Handbestückung wird in der Großserie bei Bauteilen wie Steckverbindern, elektromechanischen Bauteilen, Sonderbauteilen nach wie vor eingesetzt; bei kleineren oder mittleren Losgrößen in mittelständischen Firmen auch bei bedrahteten Bauelementen. Die Handbestückung bietet den Vorteil einer sehr hohen Flexibilität, ist jedoch personalkostenintensiv und anfällig für zufällige (nicht systematische) Bestückungsfehler. Durch den Einsatz durchdachter Bestückungsplätze mit Computersteuerung und Hilfsmitteln wie Lichtzeiger wird versucht, diese Fehler möglichst zu vermeiden. Die Daten für die Bestückungsplatzsteuerung können teilweise direkt vom CAD-System übernommen werden. Der Einsatz der Randbestückung wird vorrangig bei konventionellen Leiterplatten genutzt (Bild 1).

2. Automatenbestückung

Für die Bestückung von Bauelementen im Bereich der bedrahteten Bauelemente wird in der Großserie eine Vielzahl von angepaßten Spezialautomaten eingesetzt. Dabei gibt es Automaten für axiale Bauteile (z.B. Widerstände, radiale Bauteile (z.B. Kondensatoren) und ICs. Diese Spezialautomaten werden zu Fertigungslinien zusammengefaßt, wobei die Bestückungsreihenfolge sich aus der steigende Bauteilhöhe ergibt. Dieses Verfahren sichert zwar hohe Stückzahl, der Durchsatz ist aber durch spezielle Automaten sehr unflexibel und fordert zudem hohe Investitionskosten, die nur bei großen Fertigungslosen wirtschaftlich sind. Diese Bestückungsmethode wird überwiegend bei Leiterplatten mit konventionellen Bauelementen angewendet.

3. SMD-Automaten

Mit dem Vormarsch der SMD-Bauelemente wurde eine neue Art von Bestückungsautomaten erforderlich. Da die SMD-Bauelemente jedoch sehr viel weniger verschiedene Bauformen als konventionelle Bauteile aufweisen, reicht ein einziger Bauautomatentyp mit verschiedenen Bauteilezuführungen und Bauteileadaptern aus, um die bei Leiterplatten auftretenden Varianten automatisch bestücken zu können. Dies sind die Investitionskosten und bringt eine hohe Flexibilität trotz des Automateneinsatzes. Aus diesen Gründen ist bei SMD-Bauelementen bei mittleren Losgrößen schon eine Automatenbestückung wirtschaftlich. Außerdem steht die geringe Baugröße der meisten SMD-Bauteile einer fehlersicheren manuellen Bestückung entgegen.

4. Roboterbestückung

Seit etwa zwei Jahren werden zur Leiterplattenbestückung auch Roboter eingesetzt. Roboter bieten bei der Leiterplattenbestückung mit Sonderbauelementen, elektromechanischen Bauelementen, Steckern und Stiften den Vorteil sehr hoher Flexibilität im Vergleich zu angepaßten Automaten. Die Anpassung des Roboters an die jeweilige Bauteilform erfolgt nur über den Greifer. Dadurch liegen die Kosten an dieser Stelle wesentlich niedriger als bei angepaßten Automaten. Allerdings erreicht der Roboter nicht die von diesem System vorgegebenen Arbeitsgeschwindigkeiten, da die mit dem Bauteil zurückzulegenden Wege meistens wesentlich größer sind. Der Einsatz von Robotern bietet sich also vor allem bei Sonderbauteilen und bei kleinen und mittleren Losgrößen an.

Aufgaben von Robotern in der Elektronikfertigung

Aus Anwendungen, in der Literatur und eigenen Arbeiten des IAM sind folgende Anwendungen von Robotern in der Elektronikfertigung bekanntgeworden:

-Leiterplattenhandling

-Leiterplattenbestückung

-Löten von Bauelementen in Leiterplatten

-Leiterplattenprüfung (optisch)

-Leiterplattenprüfung (elektrisch)

-Leiterplattenreparatur

-Kabelbaumfertigung

In Großbetrieben sind teilweise Roboter eingesetzt, um Leiterplatten aus Paletten in Sonderautomaten zur Bestückung einzulegen oder Leiterplatten aus Nutzen zu brechen und zur Weiterverarbeitung vorzubereiten. Derartige Anwendungen sind jedoch nur bei Großserien bekanntgeworden.

Zunehmende Bedeutung erhalten Roboter bei mittelständischen Firmen bei der Leiterplattenbestückung, insbesondere bei gemischt bestückten Leiterkarten. Diese Aufgabenstellung wird nachfolgend ausführlich behandelt.

In kleinerer Anzahl werden Roboter zum Einlöten von Bauelementen in Leiterkarten benutzt. Verschiedene Anbieter haben spezielle Löteinrichtungen im Programm, die als Sonderwerkzeuge für Scara-Roboter Verwendung finden können. Wirtschaftlichkeitsrechnungen und Erfahrung von Anwendern zeigen jedoch, daß derartige Systeme für Serienfertigung kaum geeignet sind. Jedoch können derartige Systeme beim Einlöten von Sonderbauelementen nach vorheriger Bestückung auf Automaten sinnvoll sein. Dies insbesondere dann, wenn die Bestückung dieser Sonderbauelemente durch einen anderen Greifer vorab durch den Roboter vorgenommen wurde.

Bei der Prüfung von Leiterplatten unter Zuhilfenahme von Robotern ist sowohl die Vorprüfung der unbestückten Rohleiterplatte bekannt geworden, als auch die Prüfung der Leiterplatte nach der Bestückung. Hierbei werden vorrangig Bildverarbeitungsverfahren eingesetzt, um bei der Vorprüfung die Bohrungen, Durchkontaktierungen und ggf. die Maßhaltigkeit zu überprüfen. Auch die exakte Positionierung der Leiterplatte im Arbeitsraum des Roboters kann mit derartigen Systemen durchgeführt werden. Bei der Endprüfung wird insbesondere bei der SMD-Technik die geometriegenaue Bestückung der Bauelemente mit hinreichender Flächendeckung der Kontaktpunkte überprüft. Teilweise sind in

Labors und Instituten Versuche bekannt geworden, auch die Qualität der Lötung über die Bildverarbeitung vorzunehmen. Bei der Prüfung sei der Vollständigkeit halber darauf hingewiesen, daß auch Systeme bekannt geworden sind, die bei roboterunterstützter Leiterplattenbestückung eine Überprüfung der Bauelemente mit Bildverarbeitungs-oder anderen optischen Systemen vornehmen. Hierbei wird vorrangig das Bauelement auf Verbiegung oder Zerstörung geprüft. Fehlerhafte Bauelemente werden aussondiert, um den Bestückungsvorgang nicht zu verzögern.

Bei der elektrischen Prüfung von Leiterplatten laufen die Entwicklungen darauf hinaus, den Roboter wiederum mit einer Sondervorrichtung auszustatten, die in Form eines Adapters mit Testspitzen die Möglichkeit bietet, bestückte und gelötete Leiterplatten einem elektrischen Test zu unterziehen. Derartige Adapter können sowohl auf den Stecker als auch auf ausgewählte Prüfstifte oder mit Spitzen auf Leiterbahnen aufgesetzt werden. Derartige Prüfverfahren gewinnen zunehmend an Bedeutung, sobald es gelingt, gekoppelte Fertigungslinien aufzubauen, so daß testfähige Leiterplatten in der Fertigung entstehen.

Am Fraunhoferinstitut für Produktionstechnik und Automatisierung (IPA) in Stuttgart wurde ein Projekt durchgeführt, um einen Roboter für die Kabelbaummontage einzusetzen. Hierbei hat der Roboter sowohl die einzelnen Drähte zu Kabelbäumen zusammengeführt, als auch Stecker und Anschlußbuchsen an den Kabelenden angeschlagen.

Aus den aufgeführten Aufgabengebieten wird ersichtlich, daß im Einzelfall recht unterschiedliche Probleme mit dem Roboter gelöst werden können. Teilweise läßt sich bei Greiferwechselsystemen sehr wohl vorstellen, daß der Roboter in einer Fertigungslinie hintereinander unterschiedliche Aufgaben ausführt. Dies kann die Prüfung der Rohleiterplatte oder die Prüfung der bestückten Leiterplatte oder der Test der Leiterplatte sein. Die größte Bedeutung gewinnt jedoch der Roboter bei der Leiterplattenbestückung, sobald gemischt bestückte Leiterplatten in größerer Anzahl vorliegen. Dies ist häufig bei Firmen der Fall, die im Bereich der Industrieelektronik arbeiten. Untersuchungen von betriebswirtschaftlichen Instituten und auch Einzelbefragungen des IAM bei vielen Firmen haben ergeben, daß bei gemischt bestückten Leiterplatten erhebliche Liegezeiten, Handlingszeiten, Ruhezeiten entstehen, da selbst bei automatisierter Bestückung fast immer eine manuelle Nacharbeit und Nachbestückung für die Exoten notwendig ist. Die Kapitalbindung durch teilfertige Aufträge oder organisatorische Aufwendungen, der manuelle Transport, und das Ein- und Auslagern führen zu nicht unbeträchtlichen Kosten. Viele Firmen müssen bei genauer Analyse zugeben, daß die aufgeführten Gründe vielfach zu erheblich höheren Kosten als den reinen Bestückungskosten führen.

Verfahren der roboterunterstützten Leiterplattenbestückung

In einer Bestückungseinrichtung bildet der Roboter nur einen kleinen Bestandteil der gesamten Anlage. Besondere Aufmerksamkeit ist auf die Gestaltung des Roboterumfeldes zu richten. Die Anordnung der Zuführsysteme und die Art des Greifers bestimmen entscheidend, in wie weit die gestellten Anforderungen an eine Bestückungsanlage erfüllt werden können.

Das Bild 2 zeigt die einfachste Form einer Bestückungszelle mit einer starren Anordnung weniger Zuführsysteme. Derartige Anlagen finden sich in der Groß-serienfertigung und in Einsatzfällen, in denen wenige unterschiedliche Bauelemente eingesetzt werden. Nachfolgend werden Konzepte vorgestellt, die eine höhere Flexibilität in der Leiterplattenbestückung erwarten lassen.

1. Roboter mit Greiferwechselsystem, Zuführwechsel-System und Bauteilelager (Bild 3)
Für axiale Bauelemente und ICs werden Standardzuführeinrichtungen eingesetzt, die die Teile direkt im Arbeitsbereich des Roboters anbieten. Die Sonderbauelemente sind palettiert auf speziellen Trägern angeordnet, die mit einem eigenen Transportsystem befördert werden. Diese Art der Bauteilezuführung läßt sich mit den bei Handbestückungsplätzen üblichen Einrichtungen vergleichen. Der Unterschied besteht darin, daß die Bauteile geordnet auf Trägern und nicht ungeordnet in Behälter abzulegen sind. Bei Sonderbauelementen wie Trafos, Relais, Steckern werden diese Teile vielfach in geeigneten Trägern angeliefert. Die Bestückung der Bauteileträger erfolgt mit Hilfe eines zweiten Roboters oder durch einen Roboter mit Greiferwechselsystem. Vielfach ist ein Greiferwechselsystem notwendig, um die Vielfalt der Bauelemente bei unterschiedlichen Leiterkarten bedienen zu können. Wird das Transportsystem

um ein automatisches Bauteillager ergänzt, so läßt sich die Anzahl unterschiedlicher Bauteile nahezu beliebig erhöhen (Bild 4).

2. Mehrroboter-System (Bild 5)
An einem Transportband für die zu bestückenden Leiterkarten sind mehrere
Roboter hintereinander angeordnet. Die einzelnen Roboter bestücken die in
ihrem jeweiligen Arbeitsbereich zugeführten Bauelemente. Es genügt jeweils
ein Mehrfachgreifer, auf Wechselsysteme für Mehrfachgreifer kann verzichtet
werden. Diese Art des Systems bietet den Vorteil hoher Geschwindigkeit, da
die einzelnen Roboter für ihre Aufgaben spezialisiert sind. Zusätzlich ergibt
sich bei geeigneter Software- und Hardwarekonzeption eine hohe Flexibilität,
da die einzelnen Aufgaben für die Roboter planerisch gut verteilt werden
können. Bei Ausfall einzelner Aggregate können zumindest teilweise Aufgaben
flexibel verlagert werden.

3. Robotersystem mit beweglichen Spendern für gegurte Bauelemente (Bild 6)
Ein großes Problem bei Robotersystemen mit nur einem eingesetzten Roboter
stellt der zur Verfügung stehende Arbeitsraum für Spender- und Zuführsysteme dar. Bei sehr unterschiedlichen Leiterplatten und Bauelementen sind
vielfach mehrere unterschiedliche Bauelemente einzuschleusen. Im Bild ist eine
Lösung des IAM dargestellt, bei der gegurtete Bauelemente simultan zur
Bestückungsphase des Roboters in den Arbeitsbereich des Roboters gefahren
werden, um die unterschiedlichen Bauelemente verfügbar zu halten. Diese
Lösung ist sowohl für konventionelle Bauelemente als auch für SMD-Bauelemente geeignet.

Auswahl eines geeigneten Konzeptes

Die Auswahl des wirtschaftlichen, funktionstüchtigen Konzeptes kann nur
anhand firmenspezifischer Untersuchungen durchgeführt werden. Ein universell
geeignetes Konzept, das gleichzeitig wirtschaftlich ist, kann nicht allgemein
gültig angeboten werden. Die steigende Geschwindigkeit der Roboter in den
letzten Jahren bei gleichzeitiger Verbesserung der Wiederholgenauigkeit und der
Entwicklung von geeigneten Greifern lassen die Roboter jedoch in einen
Leistungsbereich hineinwachsen, der sonst nur von Bestückungsautomaten und

Sondereinrichtungen erreicht wird. Selbst wenn deren Leistungen im Einzelfall nicht erreicht werden können, sind Robotereinrichtungen für mittelständische Firmen aufgrund der hohen Flexibilität geeignet.

Aus Befragungen und Untersuchungen des Instituts für angewandte Mikroelektronik ergibt sich eine Wirtschaftlichkeit immer dann, wenn mindestens anderthalbschichtig oder zweischichtig gearbeitet werden kann. Unter Berücksichtigung der Gesamtwirtschaftlichkeit eines Betriebes mit Übergang auf neue Produkte und Fertigungsverfahren kann dies jedoch schon bei einschichtigem Betrieb erreicht werden, wenn eine Firma sowohl konventionelle Bestückung als auch SMD-Bestückung durchführen muß. Falls für beide Verfahren keine speziellen Bestückungsautomaten vorhanden sind oder kein Nachweis der Wirtschaftlichkeit erbracht werden kann, ergibt sich über den Roboter eine sinnvolle Automatisierung, wenn sowohl SMD-Karten als auch konventionelle Karten über die Anlage gefahren werden. Dieses Konzept ist bei einem Greiferwechselsystem mit einem Greifer für konventionelle Bauelemente und einem zweiten Greifer für SMD-Bauelemente gegeben.

Die Untersuchungen und Kalkulationen zeigen sehr eindeutig, daß der Roboter in einer gesamten Bestückungseinheit oder Fertigungszelle vielfach nur den kleineren Kostenfaktor ausmacht. Die vielen unterschiedlichen Bauelemente mit unterschiedlichen Zuführeinrichtungen erbringen den größten Kostenfaktor. Deshalb arbeitet das IAM mit Partnern an einer Mehrfachnutzung von Zuführeinrichtungen oder Teilen von Zuführsystemen. Der im Bild 6 vorgestellte Koordinatentisch mit Spendern für gegurtete Bauelemente ist ein Beispiel. Eine andere Möglichkeit ergibt sich aus der Bereitstellung von speziellen Trägern, auf denen leiterplattenbezogen oder leiterplattengruppenbezogen die Bauelemente zugeführt werden. Hier werden in einer externen Einheit über Handhabungselemente oder einen zusätzlichen Roboter die Teile spezifisch bereitgestellt. Diese Träger können wie die Paletten für Sonderbauelemente gezielt in den Arbeitsbereich des Roboters gebracht werden. Dieses Verfahren bietet darüber hinaus den großen Vorteil, daß die Bestückungsphase und die Vorbereitungsphase zeitlich entkoppelt werden können. Bei notwendigen Wartungs- oder Servicetätigkeiten kann die eine oder andere Phase unabhängig weiterlaufen. Hierdurch wird eine höhere Gesamtverfügbarkeit des Systems erreicht.

Bei der Konzeption neuer Fertigungseinrichtungen sollten die technischen Möglichkeiten der nahen Zukunft berücksichtigt werden. Hier ist abzusehen, daß eine vollintegrierte Leiterplattenfertigung von der Rohleiterplatte bis hin zur getesteten und automatisch gelagerten Platine nicht nur eine Zukunftsvision ist. Im Bild 7 ist im Blockschaltbild eine Einrichtung skizziert, die eine voll automatisierte Bestückung ermöglicht. Hierbei wird davon ausgegangen, daß über einen Bestückungsautomaten SMD Leiterplatten bestückt und im anschließenden Lötbad gelötet werden. In der nachfolgenden Einheit werden Sonderbauelemente mit einem Roboter nachbestückt, die wiederum anschließend mit einem speziellen Lötverfahren (z.B. Laserlöten) in die Platine eingebaut werden, so daß vollfunktionstüchtige Platinen entstehen, die auf einem nachfolgenden Tester überprüft werden. Dieser Tester kann gegebenenfalls wiederum über einen Roboter bedient werden, oder aber der Roboter selbst beinhaltet mit seinem Greifer einen speziellen Testadapter. Die geprüften Leiterplatten werden getrennt nach Gut- und Ausschußteilen in Paletten abgelegt. Derartige Systeme enthalten eine vollautomatische Betriebsdatenerfassung und sind angekoppelt an übergeordnete Systeme der Produktionsplanung und -steuerung.

Schlußbetrachtung

Die Auslegung von automatisierten Fertigungseinrichtungen der Elektrotechnik hängt stark von der Struktur und dem Teilespektrum der Firma ab. Firmen mit Großserienfertigung werden sich anders verhalten müssen als Firmen mit sehr gemischten Leiterplatten und kleinen Losgrößen. Roboterfertigungszellen bieten den Vorteil hoher Flexibilität und die Möglichkeit der Integration dieser Fertigungszelle in weiterführende, integrierte Systeme. So können z.B. anfänglich für konventionelle und SMD-Bestückung genutzte Roboterzellen später ausschließlich für Nachbestückung von konventionellen Bauelementen und Sonderbauelementen genutzt werden, wenn sich bei steigender Stückzahl die Anschaffung eines Bestückungsautomaten lohnt. Umgekehrt können Roboterfertigungszellen auch sehr gut mit manuellen Arbeitsplätzen kombiniert werden, so daß arbeitsteilig ein Großteil der Bestückung über die Roboterfertigungszelle läuft, während manuell eine Nachbestückung und Prüfung durchgeführt wird. Die Flexibilität des Roboters kommt auch den betrieblichen Bedingungen nahe, die in vielen Fällen nur ein kontinuierliches Wachsen oder eine kontinuierliche

Umstellung von einer völlig manuellen Arbeitsweise auf eine automatisierte Arbeitsweise zuläßt. Die Flexibilität des Roboters kommt darüber hinaus dem Umstand entgegen, daß in der Elektronik in den nächsten Jahren in zunehmendem Maße kundenspezifische Schaltkreise eingesetzt werden und die Anzahl axialer und radialer Bauelemente dadurch abnehmen wird. Gleichzeitig sind bei den vielpinigen Gehäusen manuelle Bestückungen kaum noch möglich. Die speziellen Greiferentwicklungen oder unterschiedliche Greiferfinger in einem Greifer ermöglichen die Bestückung von unterschiedlichen aber standardisierten Bauelementeformen. Der Informationsfluß der Daten bei einer roboterunterstützten Fertigung ist vielfach einfacher zu handhaben als bei manueller Tätigkeit, da alle notwendigen Informationen bei der Leiterplattenentflechtung anfallen. Diese Daten können sowohl bei einfachen Entflechtungssystemen auf PC-Basis als auch aus größeren Programm-Systemen gewonnen werden. Da Roboter heute fast immer als Steuereinheiten Mikrocomputer oder Industriecomputer beinhalten, ist der Anschluß an übergeordnete Rechnersysteme oder ihre Einbindung in ein CIM-Konzept vergleichsweise einfach möglich.

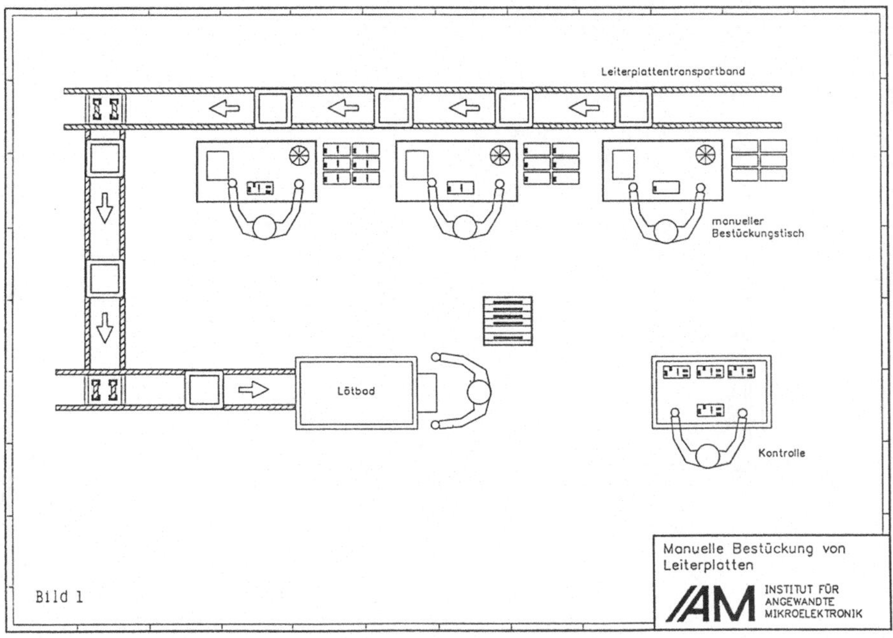

Leiterplattentransportband
manueller
Bestückungstisch
Lötbad
Kontrolle
Manuelle Bestückung von
Leiterplatten
INSTITUT FÜR
ANGEWANDTE
MIKROELEKTRONIK
Bild 1

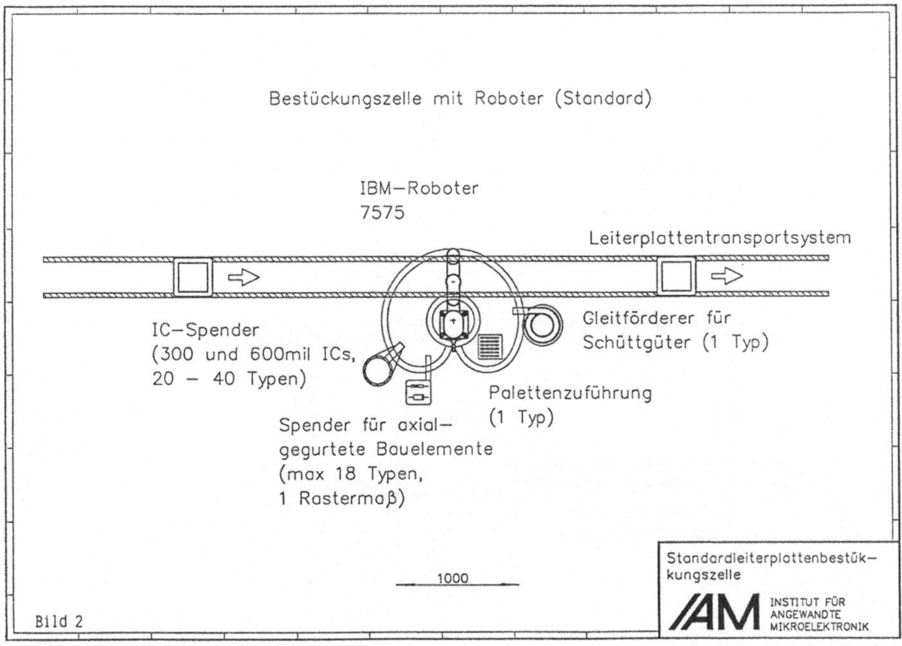

Bestückungszelle mit Roboter (Standard)
IBM—Roboter
7575
Leiterplattentransportsystem
IC—Spender
(300 und 600mil ICs,
20 — 40 Typen)
Gleitförderer für
Schüttgüter (1 Typ)
Palettenzuführung
(1 Typ)
Spender für axial—
gegurtete Bauelemente
(max 18 Typen,
1 Rastermaß)
1000
Standardleiterplattenbestük—
kungszelle
INSTITUT FÜR
ANGEWANDTE
MIKROELEKTRONIK
Bild 2

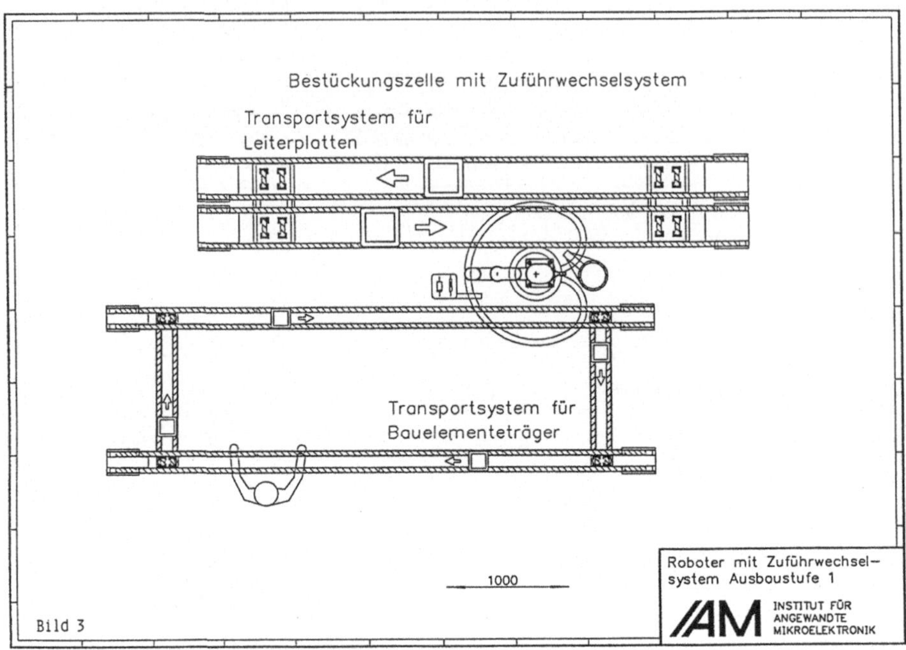

Bestückungszelle mit Zuführwechselsystem
Transportsystem für
Leiterplatten
Transportsystem für
Bauelementeträger
1000
Roboter mit Zuführwechsel-
system Ausbaustufe 1
IAM INSTITUT FÜR ANGEWANDTE MIKROELEKTRONIK
Bild 3

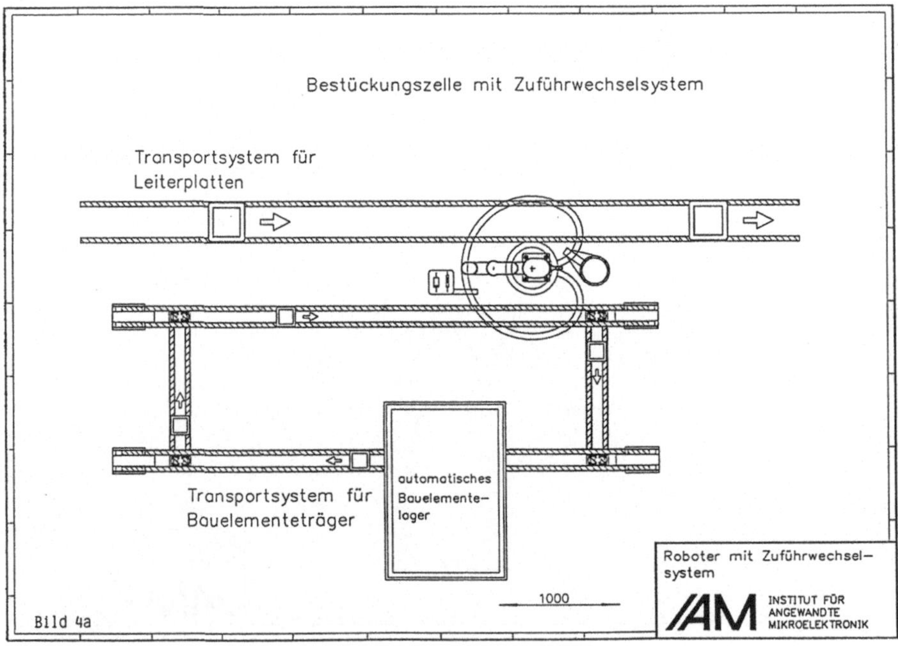

Bestückungszelle mit Zuführwechselsystem
Transportsystem für
Leiterplatten
Transportsystem für
Bauelementeträger
automatisches
Bauelemente-
lager
1000
Roboter mit Zuführwechsel-
system
IAM INSTITUT FÜR ANGEWANDTE MIKROELEKTRONIK
Bild 4a

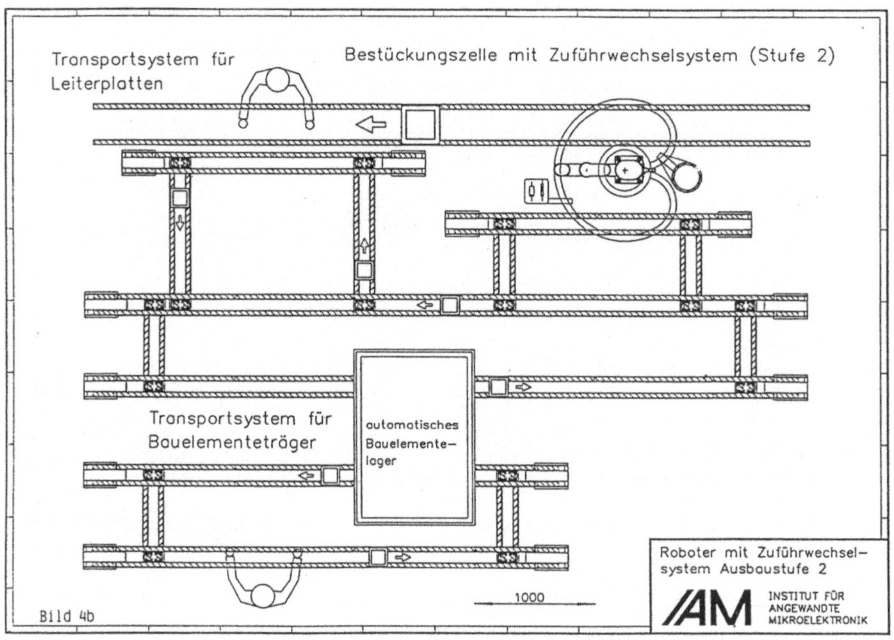

Transportsystem für
Leiterplatten
Bestückungszelle mit Zuführwechselsystem (Stufe 2)
Transportsystem für
Bauelementeträger
automatisches
Bauelemente-
lager
1000
Roboter mit Zuführwechsel-
system Ausbaustufe 2
IAM
INSTITUT FÜR
ANGEWANDTE
MIKROELEKTRONIK
Bild 4b

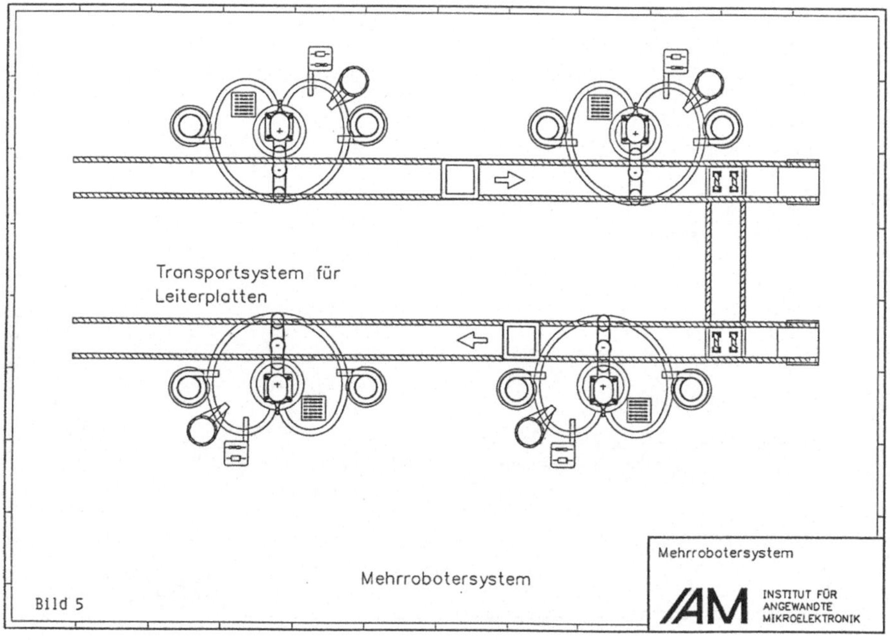

Transportsystem für
Leiterplatten
Mehrrobotersystem
Mehrrobotersystem
IAM
INSTITUT FÜR
ANGEWANDTE
MIKROELEKTRONIK
Bild 5

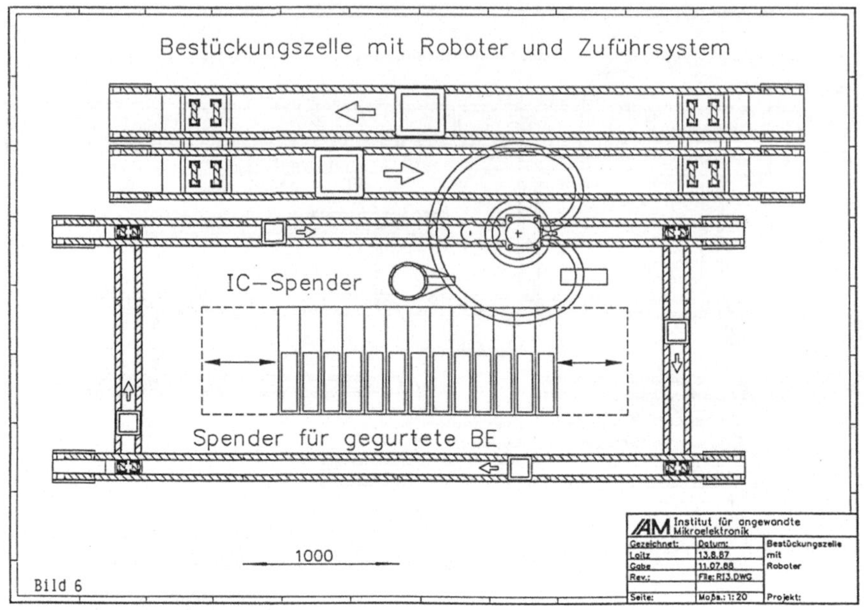

Bestückungszelle mit Roboter und Zuführsystem
IC-Spender
Spender für gegurtete BE
1000
Institut für angewandte Mikroelektronik
Gezeichnet:
Loitz
Gabe
Rev.:
Datum:
13.8.87
11.07.88
File: RI3.DWG
Bestückungszelle
mit
Roboter
Seite:
Maßs.: 1:20
Projekt:
Bild 6

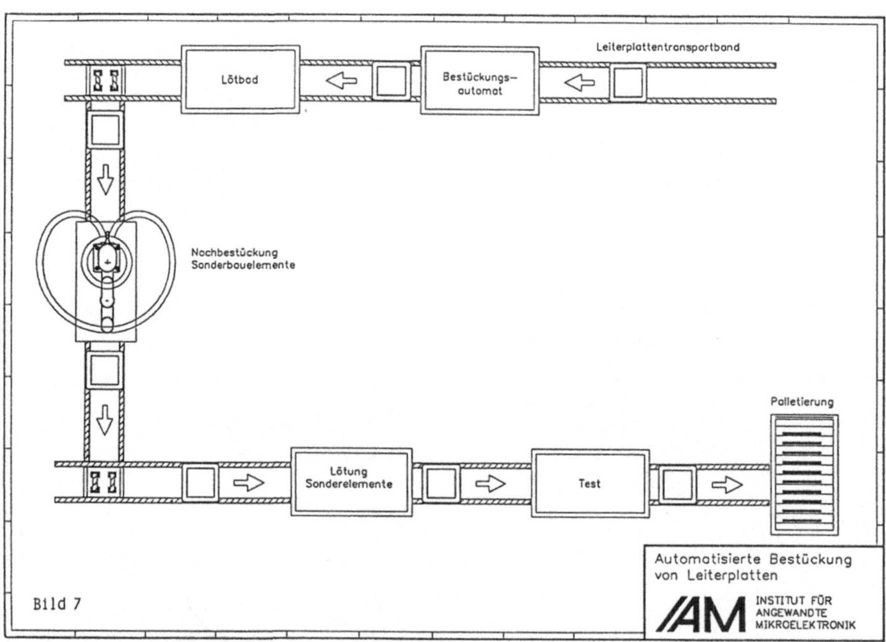

Leiterplattentransportband
Lötbad
Bestückungs-
automat
Nachbestückung
Sonderbauelemente
Palletierung
Lötung
Sonderelemente
Test
Automatisierte Bestückung
von Leiterplatten
INSTITUT FÜR
ANGEWANDTE
MIKROELEKTRONIK
Bild 7

Leiterplattenbestückung mit CAD-Kopplung

von P. Rojek, V. Loitz

1. EINLEITUNG

In der Elektronikfertigung hat sich bei großen Serien gleicher Produkte die automatische Bestückung von Leiterplatten durchgesetzt. Zunehmende Produkt- und Produktvariantenvielfalt erfordern aber eine auftragsbezogene Fertigung und führen heute zu kleineren Stückzahlen gleicher Leiterplatten, bis hin zur Losgröße 1. Um kleine Losgrößen in hoher Qualität und dabei wirtschaftlich zu produzieren, ist eine flexible automatische Fertigung notwendige Voraussetzung.

Der Aufwand für Arbeitsvorbereitung und Rüsten läßt sich durch eine automatische Programmierung des Bestückungsautomaten oder Bestückungsroboters erheblich reduzieren. Das geschieht mit Hilfe der bei einem CAD-unterstützten Leiterplattenentwurf anfallenden Positionsdaten der Bauelemente.

In mittelständischen Unternehmen erweist sich trotz verhältnismäßig niedriger Stückzahlen der Einsatz von Bestückungsautomaten oder Robotern dann als wirtschaftlich, wenn eine CAD-Ankopplung die Standzeiten der teuren Maschinen minimiert und das fehleranfällige und zeitintensive "teachen" der Automaten überflüssig macht. Eine Verbindung von Leiterplattenentflechtung und Bestückungsanlage bedeutet einen großen Schritt in Richtung rechnerintegrierter Fertigung (CIM) und einen Zugang zu neuen Technologien (Bild 1).
Am Beispiel einer Leiterplattenbestückung mit Montageroboter wird gezeigt, wie die Verbindung zwischen CAD-System und der Bestückungseinrichtung zu gestalten ist.

2. CAD-SYSTEME

Für den Entwurf von Leiterplatten ist eine Vielzahl von CAD-Systemen am Markt erhältlich, die auch das Design hochkomplexer Leiterplatten innerhalb kurzer Zeit ermöglichen. Das Spektrum dieser Systeme erstreckt sich von preiswerten CAD-Anlagen auf der Basis eines Personal-Computers bis zum mehrbenutzerfähigen Minirechner. Aufgrund fehlender Normen liefern CAD-Systeme bislang jedoch keine einheitlichen Ausgabe-Dateien, die die Plazierungsinformationen der Bauelemente auf der Leiterplatte enthalten. Allen Programmsystemen ist aber gemeinsam, daß Bauteilbezeichnung sowie Position und Orientierung der Bauelemente einer Leiterplatte in Form lesbarer ASCII-Dateien vorliegen.

3. BAUELEMENTE UND BESTÜCKUNGSVERFAHREN

Um die Verbindung zwischen CAD-System und Bestückungsanlage zu gestalten, muß man sich einen Überblick über die verschiedenen Bauelementetypen und die gebräuchlichen Bestückungsverfahren verschaffen.

Es ist zwischen folgenden Bauelementegruppen zu unterscheiden:

a.   Bedrahtete Bauelemente: elektronische Bauelemente mit Anschlußdrähten oder -beinen, wie z.B. Widerstände, Kondensatoren, Dioden, Transistoren und integrierte Schaltkreise (ICs).

b.   SMD-Bauelemente (SMD: Surface Mounted Devices): oberflächenmontierbare Bauelemente, deren Verbindung mit der Leiterplatte keine Bohrungen erfordert.

c.   elektrische, elektromechanische und mechanische Sonderbauelemente: z.B. Steckverbinder, Transformatoren und Spulen, Kühlkörper und Befestigungsteile.

Den verschiedenen Bauelementegruppen stehen mehrere Bestückungsverfahren gegenüber:

a.   Handbestückung: Bei kleinen und mittleren Losgrößen werden Bauelemente heute noch überwiegend von Hand bestückt. Die Handbestückung bietet den Vorteil einer großen Flexibilität, verursacht aber hohe Personalkosten und ist anfällig für zufällige (nicht systematische)

Bestückungsfehler. Durch Einsatz von rechnergesteuerten Handbestükkungsplätzen mit Lichtzeigern und spezieller Materialzufuhr wird versucht, diese Fehler auszuschalten.

b. Automatenbestückung für konventionelle Bauelemente: Für die Bestükkung bedrahteter Bauelemente werden in der Großserie eine Vielzahl angepaßter Spezialautomaten eingesetzt. Für axiale Bauteile (Widerstände, Dioden), radiale Bauelemente (Kondensatoren, Transistoren) und ICs gibt es jeweils den zugehörigen Spezialautomaten. Die verschiedenen Bestükkungsautomaten können zu Fertigungslinien zusammengestellt werden, wobei sich die Bestückungsreihenfolge im allgemeinen aus der steigenden Bauteilhöhe ergibt.

c. SMD–Automaten: Mit der zunehmenden Verbreitung der SMD–Technik wurde ein weiterer Automatentyp erforderlich. Da sich die Bauformen der SMD–Elemente weit weniger als die konventioneller Bauelemente voneinander unterscheiden, genügt ein Automatentyp, ausgestattet mit geeigneten Bauelemente–Zuführungen und Greifern. Deshalb ist schon bei relativ kleinen Losgrößen eine vollständig automatische Bestückung wirtschaftlich. Außerdem steht die geringe Baugröße der meisten SMD–Bauelemente einer fehlerfreien manuellen Bestückung entgegen.

d. Roboterbestückung: Montageroboter werden wegen ihrer besonders hohen Flexibilität zur automatischen Bestückung von Sonderbauelementen eingesetzt. Auch bei kleinen und mittleren Losgrößen arbeiten Roboter wirtschaftlicher als Bestückungsautomaten. Zwar erreichen sie nicht deren Taktzeiten, sind aber vielseitig verwendbar und nicht nur auf einen Bauelemente–Typ festgelegt. Je nach Bauelement ist lediglich ein passender Greifer einzuwechseln.

4. GRUNDGEDANKEN DER CAD-KOPPLUNG

Allen Bestückungsverfahren – außer der reinen Handbestückung – ist gemeinsam, daß im Bereich der Arbeitsvorbereitung ein erheblicher Aufwand zur Programmierung des jeweiligen Automaten entsteht. Der Aufwand ist um so größer, je häufiger die Produkte wechseln. Zusätzliche Kosten entstehen, wenn die Erprobung der Programme Standzeiten der teuren Bestückungsmaschinen verursachen.

Bei der rechnergestützten Fertigung einer Leiterplatte ist im Idealfall der Mensch nur mit der anspruchsvollsten Teilaufgabe, dem Entwurf der Leiterplatte, beschäftigt. Die dabei anfallenden Daten des CAD-Systems werden automatisch und fehlerfrei in Bestückungsprogramme umgesetzt. Eine Erprobung ist nicht mehr notwendig.

Grundgedanke der Kopplung zwischen einem CAD-System und einer Bestückungseinrichtung ist, trotz unterschiedlicher CAD-Programme und unterschiedlicher Automaten eine möglichst universelle Verwendbarkeit der Koppel-Programme zu erreichen. Die Daten des CAD-Systems werden in ein standardisiertes Format konvertiert. Aus dem Standardformat werden Programme für die verschiedenen Automaten erzeugt. Die Verwendung eines Standarddatenformats eröffnet z.B. auch die Möglichkeit, für die Erstellung von Musterleiterplatten andere Bestückungsautomaten zu verwenden, als für die Serienproduktion.

5. AUSGEFÜHRTES BEISPIEL: CAD-ANKOPPLUNG EINES MONTAGEROBOTERS ZUR LEITERPLATTENBESTÜCKUNG

Am Institut für angewandte Mikroelektronik (IAM) wurde eine Pilotanlage zur Demonstration einer Leiterplattenbestückung in Verbindung mit einem CAD-System entwickelt und aufgebaut.

Die Wahl des Bestückungsgerätes fiel auf einen Roboter, da er wegen seiner hohen Flexibilität für ein besonders großes Bauelementespektrum geeignet ist. Für die Aufgabe der Leiterplattenbestückung werden vorzugsweise Montageroboter mit einem horizontalen Gelenkarm und drei bis fünf Bewegungsachsen eingesetzt. Derartige Roboter bezeichnet man als SCARA-Roboter (Selective Compliance Assembly Robot Arm). Sie besitzen eine hohe Wiederholgenauigkeit (+/- 0,025 mm) und eine große Arbeitsgeschwindigkeit (max. 5 m/s).

Wichtiges Kriterium bei der Auswahl eines Roboters ist, daß die Robotersteuerung eine einfache Verbindung mit anderen Rechnern ermöglicht.

Das CAD-System CADES-G wurde über im IAM erstellte Programme mit einem Roboter (Typ IBM 7575) zur automatischen Leiterplattenbestückung verknüpft (Bild 2). Das sogenannte Design-File ist eine durch CADES-G erzeugte ASCII-Datei, die unter anderem folgende Informationen für jedes zu bestückende Bauelement enthält:

- Lage des Bauteils bezogen auf den Nullpunkt des Leiterplattenkoordinatensystems
- Bauteil-Name (z.B. 74LS00)
- Logischer Bauteil-Name (z.B. IC1)
- Verdrehung des Bauteils gegenüber der in der Bibliothek definierten Nullposition.

Das Postprozessorprogramm CADROB erzeugt mit Hilfe von Zusatzinformationen, die in der CADE-Datenbank abgelegt sind, eine Standardformat-Datei (dabei handelt es sich um bauteilbezogene Daten, wie z.B. die Bauteilhöhe oder ob das Bauteil gesockelt wird). Diese "Schnittstellen-Datei" enthält folgende wesentlichen Informationen:

- Bauteilbezeichnung (bzw. Nummer) und Bauteiltyp
- Lage und Orientierung des Bauteils: eingetragen ist der Flächenschwerpunkt des Bauteils bezogen auf den Nullpunkt des Leiterplatten-Koordinatensystems und der Drehwinkel des Bauteils
- Gehäuse-Klasse: Für die Bestückungseinrichtung ist die Gehäuseform eines Bauteils von größerer Bedeutung als die elektrischen Eigenschaften
- Rastermaß und Anzahl der Anschluß-Pins
- Bauteilhöhe, Bauteillänge und Bauteilbreite
- Angabe, ob ein Clinchen (d.h. ein Umbiegen der Anschlußdrähte unterhalb der Leiterplatte zur Sicherung gegen Herausfallen) möglich ist
- Greifhöhe
- Angabe, ob das Bauteil gesockelt werden kann
- Überstand der Bauteilanschlußdrähte nach unten

Darüberhinaus sind in der Datei Lageinformationen über Justierpunkte (Bohrungen) abgelegt, die einer Vermessung der Leiterplatte im Arbeitsbereich der Bestückungseinrichtung dienen können. Eine Vermessung kann z.B. optisch mit einem Bildverarbeitungssystem erfolgen.

Wichtig ist hier insbesondere die Ergänzung der Bauteilhöhe. Die Bauteilhöhe beeinflußt entscheidend die Bestückungsreihenfolge, da im allgemeinen zunächst die niedrigen Bauelemente bestückt werden, um Kollisionen zu vermeiden.

Der zweite Postprozessor ROBGEN (Bild 2) erzeugt mit Hilfe von anlagenspezifischen Daten (hier auch "Robotergrunddaten") und Informationen, die interaktiv und menügesteuert durch den Benutzer eingegeben werden können, Anweisungslisten für die Robotersteuerung. Diese Anweisungslisten werden seriell vom CAD-Rechner (hier: MicroVAX) an die Robotersteuerung übertragen.

Die anlagenspezifischen Daten enthalten folgende Informationen:

- Zuordnung zwischen Greifer und Gehäuseklasse des Bauteils
- greiferbezogene Korrekturwerte, falls der Flächenschwerpunkt des Bauteils nicht mit dem Greifermittelpunkt übereinstimmt oder die Greifhöhe festzulegen ist.
- Platzbedarf der einzelnen Greifer bei der Bestückung (eine Fehlermeldung erfolgt, sofern beim Bestückungsvorgang eine Kollision zu erwarten ist)
- Zuordnung zwischen Bauelement und Zuführstation

Die Anweisungslisten für die Robotersteuerung enthalten in der Reihenfolge der vorzunehmenden Bestückung:

- Einbaunummer in fortlaufender Nummerierung
- Greifersystem bzw. Greifernummer
- Nummer der Zuführstation
- Fügekoordinaten des Bauteils: X,Y,Z-Koordinaten und Drehwinkel

Die Programme sind auf einer MicroVAX installiert. Der Leitrechner der Robotersteuerung ist über eine serielle Schnittstelle mit der MicroVAX verbunden.

6. ÜBERTRAGBARKEIT AUF ANDERE SYSTEME

Die Einführung eines Standarddatenformats zwischen dem Postprozessor des CAD-Systems und dem Preprozessor der Bestückungseinrichtung ermöglicht eine vereinfachte Anpassung der Koppelprogramme an unterschiedliche CAD-Programme und Bestückungsautomaten. Die Festlegung der Schnittstelle erfolgte zunächst nach eigenen Vorgaben, es ist aber künftig mit einer allgemeinen Normierung zu rechnen.

Sollte die Datenbank des jeweils verwendeten CAD-System nicht die Möglichkeit bieten, bauteilbezogene Zusatzinformationen (z.B. die Bauteilhöhe) aufzunehmen, so ist eine zusätzliche Datei mit den benötigten Informationen zu erstellen.

7. AUSBLICK : LÖTEN UND TESTEN VON LEITERPLATTEN

Die Verwendung von Daten des CAD-Systems sollte nicht nur auf die Bestückung selbst beschränkt bleiben, sondern Ziel ist die rechnerintegrierte Elektronikfertigung, bestehend aus CAD-Anlage, verketteter Fertigung mit Bestücken, Löten und komplettem Baugruppentest (Bild 3). Übliche Lötverfahren sind Schwallbad-Lötung oder bei Verwendung von SMD-Technik häufig die Reflow-Lötung. In Sonderfällen kann es notwendig sein, bestimmte Bauelemente (z.B. Transformatoren) nachträglich, z.B. mit Hilfe eines Roboters, einzulöten, so daß auch in diesem Fall die Steuerung der Lötstation zweckmäßig durch Auswertung von Daten des CAD-Systems erfolgt.

Mit steigender Komplexität und Vielfalt der Leiterplatten tritt der Leiterplattentest immer mehr in den Vordergrund. Das beginnt beim Test der unbestückten Platine und reicht bis zur Endkontrolle komplexer Baugruppen. Als Testverfahren eignen sich Geräte zur elektrischen Prüfung mit Hilfe von Testadaptern und die Methode der Bildverarbeitung, um beispielsweise die Vollständigkeit der Bestückung zu überprüfen. Selbstverständlich sollten auch die Testeinrichtungen mit Hilfe geeigneter Postprozessoren die Daten des CAD-Systems verarbeiten.

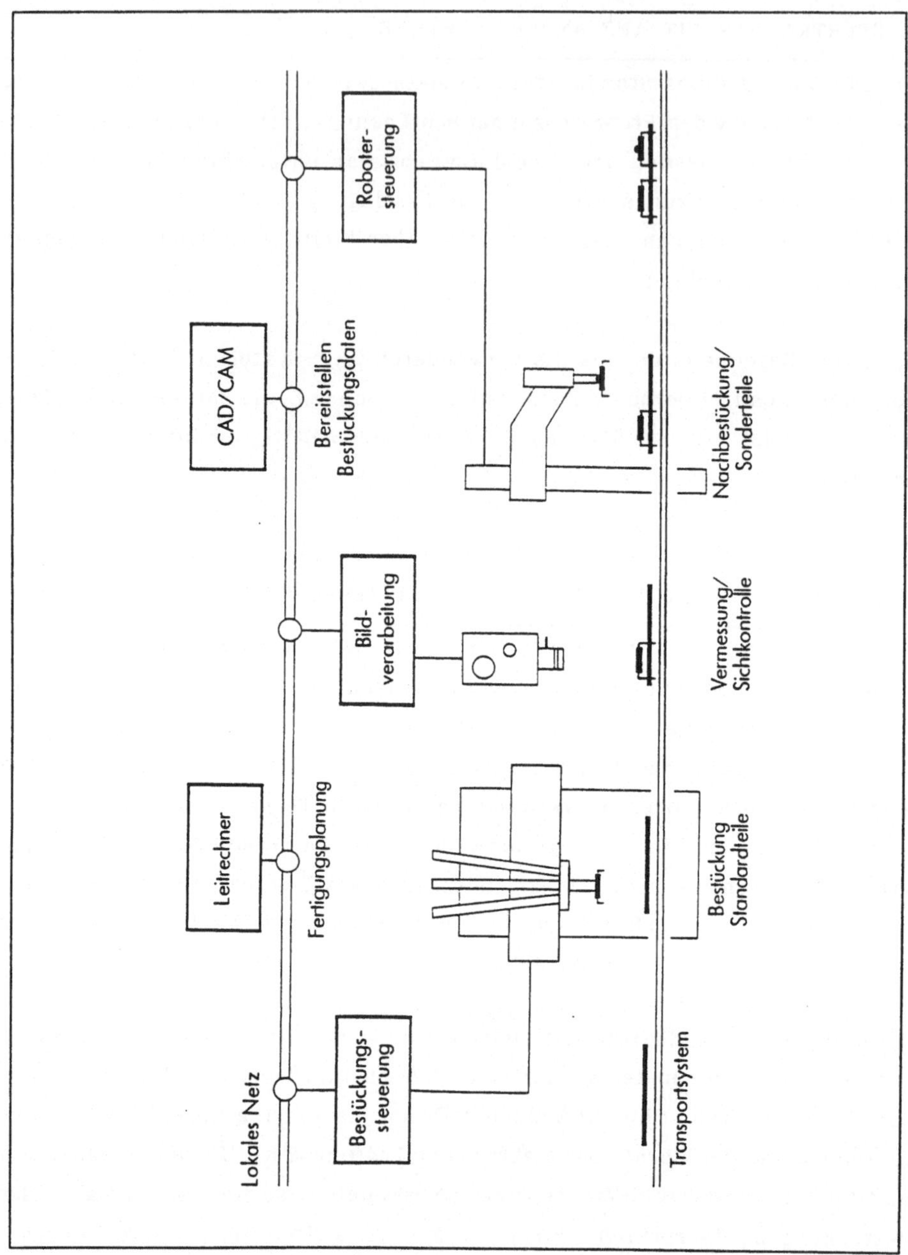

Bild 1 : Beispiel eines CIM-Systems mit Industrieroboter für die Leiterplattenbestückung

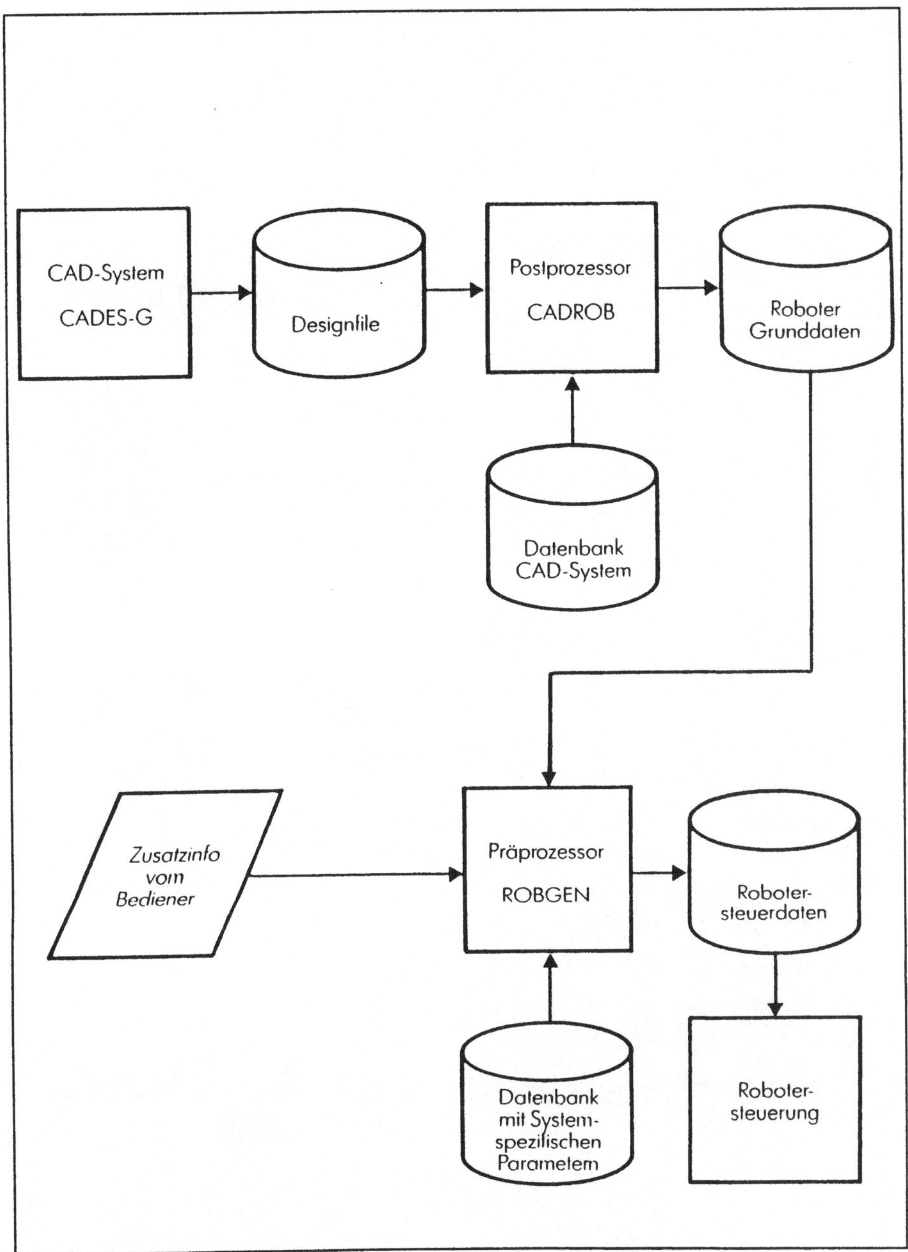

Bild 2 : Automatische Erzeugung der Roboter-Steuerdaten

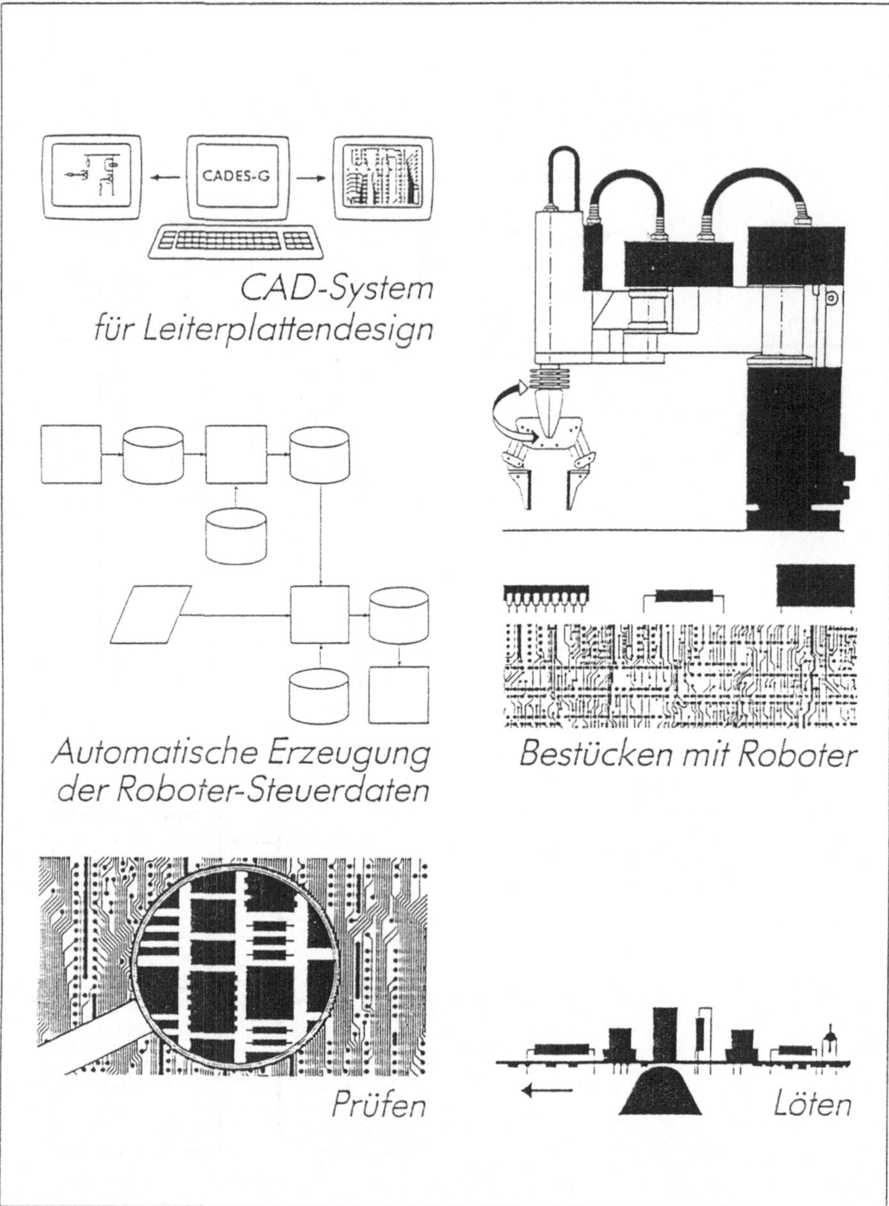

Bild 3 :   Integrierte Elektronikfertigung

Über den Industrierobotereinsatz bei der elektronischen Baugruppenfertigung

von A. R. Hidde

1. Einleitung

Die europäische Elektronikindustrie steht in einem harten Wettbewerb mit der Industrie in Fernost. Das Ziel, gegen diese Konkurrenz erfolgreich zu bestehen, kann nur realisiert werden, wenn die Produkte einen hohen Qualitätsstandard haben und die Kostenkurve eine fallende Tendenz aufweist. Aus diesem Grund muß die Produktion außerordentlich flexibel ausgelegt sein. Es muß diesbezüglich möglich sein, mehrere unterschiedliche Typen einer Produktfamilie zu gleicher Zeit über die gleiche Linie zu fertigen. Weitere wichtige Punkte sind, die Qualität der Produkte zu verbessern und die Wirtschaftlichkeit der Produktionslinien zu steigern. So ist es weiterhin notwendig, während einer Arbeitsperiode Kenntnisse über den Stand der Produktion zu haben. Darüber hinaus muß das zugrunde gelegte Steuerungskonzept auch auf die Fertigung anderer Produktfamilien, unabhängig von ihrem Produktionsprozeß, leicht übertragbar sein. Daraus ergeben sich die folgenden, von den Umfeldbedingungen Markt, Wettbewerb und Technologie abhängigen Leistungskriterien

- Wirtschaftlichkeit
- Qualität
- Flexibilität
- Portabilität.

Zur Erreichung der genannten strategischen Unternehmensziele wurde für die vorzustellende mechanisierte Membrantastatur–Fertigungslinie ein integriertes, rechnerunterstütztes Produktionssteuerungssystem entwickelt und eingesetzt, welches den Empfehlungen des Konzernstandards genügt (1).

Am Beispiel der Membrantastatur-Fertigung wird ein Teil eines integrierten, rechnerunterstützten Fertigungskonzepts gezeigt, das einerseits den heutigen Produktanforderungen nach Wirtschaftlichkeit und Flexibilität sowie den Marktanforderungen nach Ergonomie Qualität und Preis genügt und andererseits über eine hinreichende Portabilität in Hard- und Software verfügt, um gegenüber in naher Zukunft zwingenden Anforderungen bezüglich Computer Integrated Manufacturing, CIM, offen zu sein. Ein derartiges Konzept erfordert bereits während der Produktentstehung eine enge Zusammenarbeit zwischen Entwicklung und Produktion, damit sowohl die Fertigung als auch die Montage der Produktkomponenten automatisiert werden kann; hier sei das Stichwort 'Design for Assembly, DFA' genannt. Eine Minimierung der die Funktion eines Produkts erfüllenden Komponenten sowie deren automatisierte Fertigung und Montage beeinflussen seine Herstellungskosten in wesentlichem Maße. Es ist also wichtig, bereits zu einem frühen Zeitpunkt des Produktentstehungsprozesses einen Einblick in das Design und somit in den Schwierigkeitsgrad des Zuführens, des Handhabens und des Montierens der Produktkomponenten zu haben.

2. Beschreibung des Produkts und dessen Redesign

Bevor auf die Realisierung des Fertigungskonzepts und der Fertigungslinie eingegangen wird, sind einige Bemerkungen zum Produkt und seiner Komponenten erforderlich. Zwecks Reduzierung der Fertigungskosten und der Durchlaufzeiten sowie der Verbesserung der Qualität wurde ein Redesign des Produkts vorgenommen und eine neue Fertigungstechnologie für die Herstellung von Tastaturen entwickelt. Der mechanische Einzeltastschalter auf einer Leiterplatte mit Diodenmatrix einer Vollhubtastatur, mit dessen komplexem Schaltmechanismus bestehend aus Tastenknopf, Stößel, Tastenführung und Federelementen zur Schaltaktivierung und Tastenknopfrückstellung, wurde ersetzt durch einen im Aufbau wesentlich vereinfachten und weniger Elemente beinhaltenden Membranschalter unter exakter Beibehaltung der Eigenschaften einer Vollhubtastatur alter Bauart.

Die Vollhubtastatur mit Membranschalter besteht aus folgenden Komponenten:

- Grundplatte aus Aluminium
- Membransatz, bestehend aus aktiver und
  passiver Schaltfolie sowie einer Abstandfolie
- Tastenelement, bestehend aus Tastenelementgehäuse und Silikongummikalotte
- bedrucktem Tastenknopf
- Gehäuse- und Elektronikteilen für die
  Schnittstellenanpassung.

Die Aluminiumplatte, die im Siebdruckverfahren mit Silberleiterbahnen und Kohlenstoffwiderständen bedruckte aktive und passive Schaltfolie und die Abstandfolie werden in einem Reinraum im Laminierverfahren zu einer Membranplatte verklebt, so daß die elektrischen Kontakte nach außen hermetisch abgeschlossen sind. Zwischen den Arbeitsschritten erfolgt stichprobenartig und rechnergesteuert eine elektrische Durchgangsmessung, um die siebgedruckten Silberleiterbahnen zu überprüfen. Im Gegensatz zur bislang gefertigten mechanischen Vollhubtastatur besitzt eine Membrantastatur lediglich ein aktives Schaltelement. Hieraus ergibt sich eine kostengünstigere Fertigung, da einerseits weniger Bauelemente benötigt werden und andererseits weniger Bestückungsarbeit zu leisten ist, was die Durchlaufzeit des Produkts stark reduziert. Zur Qualitätssicherung sind laufende Prüfvorgänge im Fertigungsablauf vorzusehen, da der Vorteil einer vereinfachten Fertigung mit dem Nachteil einer verringerten Reparaturmöglichkeit erkauft wird.

3. Produktvarianz und Fertigungsflexibilität

Bevor auf die Fertigungslinie der Membrantastatur näher einzugehen ist, sind einige Bemerkungen zu der Bandbreite des Produkts und der damit verbundenen Fertigungsflexibilität notwendig. Die Bandbreite des Produkts ist in der Hauptsache durch die Geometrie der Tastatur und damit der Tastenknöpfe und durch die Bedruckung der Tastenknöpfe gegeben.
In Bild 1 sind drei mögliche Tastaturbauformen dargestellt worden, wobei die gewölbte Bauform hinsichtlich Ergonomie und Bedienkomfort dem heutigen Standard entspricht und derzeit gefertigt wird. Ihnen allen gemein ist der

vorgegebene Neigungswinkel der Tastatur. Die Variabilität der Bauform ist allein durch die Geometrie der Tastenknöpfe gegeben. Angegeben sind stets die Neigungswinkel der Oberflächen der Tastenknöpfe bezogen auf ihre Unterkante und bezogen auf die Stellfläche der Tastatur. Die Neigungswinkel der Oberflächen der Tastenknöpfe bezogen auf ihre Unterkante ist ein Maß für das Handling derselben im Fertigungsprozeß.

Dies wird auch nochmals in Bild 2 unterstrichen. Die Schnitte der Tastenknöpfe der vier grundsätzlichen Winkel sind in ihrer Lage des Bedruckens dargestellt worden; Bezugsfläche ist die Oberfläche der Tastenknöpfe. Eine vorzusehende Knopfentnahme aus einem Bedruckungswerkzeug mittels des Greifersystems eines Industrieroboters hat an der Unterkante des Tastenknopfs zu erfolgen. Im unteren Teil des Bildes ist der Versuch unternommen worden, die Vielzahl der sich ergebenden Knopfgeometrien zu klassifizieren. Es zeigt sich, daß sich einerseits Tastenknopfgeometrien innerhalb eines Rastermasses klassifizieren lassen, wobei innerhalb der vier Winkel und einer Standardhöhe die Tastenknopfbreite variabel ist, und sich andererseits ein Rest des Tastenknopfspektrums ergibt, der weder in Höhe, noch in Breite oder Winkel klassifizierbar ist, sogenannte Exotenknöpfe. Diese Tastenknöpfe können bestenfalls mit einem an einen Roboterarm angebrachten Sauger mechanisch umgesetzt werden.
Die sich hieraus ergebende Produktvarianz, die von der installierten flexiblen Fertigungslinie bewältigt werden muß, ist gegeben durch
- ca. 34 geometrieabhängige Tastaturtypen
- bis zu 73 Varianten je Tastaturtyp
- ca. 50 geometrieabhängige Tastenknopftypen
- bis zu 105 Tastenknöpfe pro Tastaturtyp
- ca. 2000 aufdruckbare Tastenknopflayouts
- 7 Tastenknopf-Körperfarben
- 5 Tastenknopf-Aufdruckfarben
- 2 Tastenknopf-Bedruckungsvarianten
- 16 rechnerische Tastenknopf-Spritzwerkzeuge, teilweise mit Doppelbelegung (insges. 11 Werkzeuge)
- bis zu 16 Nester pro Spritzwerkzeug.

4. Struktur des Fertigungsprozesses

Eine flexible Fertigungslinie muß eine Variantenbildung innerhalb des technisch Machbaren durch eine flexible Mechanik, eine ausgereifte Fertigungsleittechnik sowie eine weitgehende rechnerunterstützte Steuerbarkeit der Fertigungseinrichtungen leicht zulassen. Neben den vorgegebenen Leistungsdaten der Fertigungslinie, wie Stückzahl, Losgröße, Taktzeit und Schichtanzahl, sind ein geringes Puffervolumen, ein minimaler Warenbestand und eine kurze Durchlaufzeit gefordert. In Bild 3 ist der prinzipielle Ablauf des zu automatisierenden Fertigungsprozesses mit seinen Schnittstellen nach außen dargestellt. Aus der Vorproduktion bezogen und zugeführt werden Tastenelementgehäuse, Silikongummikalotten, Membranplatten, Tastenknöpfe, Bausatzteile und Verpackungsmaterialien. Die Fertigungslinie besteht aus fünf Fertigungsinseln

- Fertigungsinsel 1: Vormontage Membranplatte
- Fertigungsinsel 2: Bedrucken der Tastenknöpfe
- Fertigungsinsel 3: Montage der Tastenknöpfe
- Fertigungsinsel 4: Kitting
- Fertigungsinsel 5: Endmontage, Endprüfung, Verpackung.

Für die zu behandelnde Themenstellung ist die Kenntnis der detaillierten Abläufe der Fertigungsinsel 3, Montage der Tastenknöpfe durch Umsetzen der bedruckten Tastenknöpfe von einem Bedruckungswerkzeug auf die zugehörige Membranplatte, mit allen für die Mechanik und die Steuerung wesentlichen Komponenten notwendig.

Basierend auf diesem Material- und Produktflußplan wurden unter Berücksichtigung räumlicher Restriktionen Layoutvarianten erarbeitet und hinsichtlich technischer Realisierbarkeit sowie entstehender Kosten analysiert und bewertet. Das Ergebnis ist die in Bild 4 schematisch dargestellte Variante [2].

5. Einsatz und Umfeld des Industrieroboters

Die für die Fertigung notwendigen, das Produkt mit seiner Typen- und Variantenvielfalt beschreibenden Daten sind im Sinne einer belegarmen Fertigung über die rechentechnische Vernetzung abrufbar. Weiterhin können die produktbeschreibenden Daten für fertigungsvorbereitende Arbeiten, wie die rechnerunterstützte Auslegung des Bedruckungswerkzeugs und seine graphische Darstellung, die rechnerische Ermittlung eines optimierten Produktionsplans für die Kunststoffspritzgießmaschine für Tastenknöpfe oder die Herstellung von Prüfschablonen für das Spacerstanzwerkzeug mit Hilfe der Computergraphik herangezogen werden.

Den Vorgang des Montierens der Tastenknöpfe, Fertigungsinsel 3, das Umsetzen der bedruckten Tastenknöpfe von dem Bedruckungswerkzeug auf die zugehörige Membranplatte, deutet Bild 5 an. Das Bedruckungswerkzeug wird einerseits mit Hilfe einer Ladevorrichtung auf einen Schwenktisch, der um die vier möglichen Tastenknopfwinkel drehbar gelagert und steuerbar ist, geladen und verriegelt. Andererseits wird ein über das Transportsystem gelieferter Träger mit der vormontierten Membranplatte mit Hilfe einer Vorrichtung auf einen Fangplattentisch geladen und ebenfalls verriegelt. Nach der Identifikation von Träger und/oder Produkt, besorgt ein Schwenkarmroboter des Typs Selective Compliance Assembly Robot Arm, SCARA, nach dem Laden entsprechender Geometriedaten aus dem Datenbestand eines überlagerten Rechnersystems den Tastenknopfumsetz- bzw. Beknopfungsvorgang für die zu fertigende Tastatur. Eingetragen sind weiterhin das Bezugskoordinatensystem des Roboters, sein Arbeits- und sein Linearbereich.

Das Roboterfertigungssystem ist vorwiegend für den Einsatz in Montage- und Handhabungstechnik entwickelt worden. Es besteht aus Schwenkarmroboter, Steuerung und Bedienerkonsole. Roboter des Typs SCARA erreichen durch den einfachen und relativ starren Mechanismus hohe Geschwindigkeiten, ohne daß Vibrationen auftreten. Durch die vertikale Anordnung der Gelenke $\delta 1$ und $\delta 2$ an den beiden Hauptachsen des Schwenkarms hat der Roboter eine hohe Steifigkeit senkrecht zur X/Y-Ebene des Bezugskoordinatensystems. Dadurch wird ein Abkippen des Werkzeugs oder -stücks während des Montagevorgangs verhindert. In der Montageebene verfügt der Roboter über eine geplante Nachgiebigkeit, Selective Compliance, so daß Positionierfehler durch laterale Verschiebungen ohne zusätzliche Ausgleichsmechanismen und Sensoren kompensiert werden.

Der Schwenkarmroboter verfügt über vier Freiheitsgrade

- horizontale Rotation der Gelenke $\delta 1$, $\delta 2$
- horizontale Rotation r der Achse z
- vertikale Translation der Achse z.

Die Robotersteuerung verfügt über einen digitalen Speicher mit einer Kapazität von 24 KBytes und kann bis zu fünf verschiedene, voneinander unabhängige Steuerprogramme speichern. Durch die dynamische Speicherverwaltung, die sämtliche Teile des Arbeitsspeichers nutzen kann, ist es möglich, Programme verschiedener Länge zu laden und zu speichern. Über digitale Ein-/Ausgabekanäle ist die Möglichkeit vorhanden, programmsynchron externe Peripheriegeräte zu steuern und externe Sensoren abzufragen.

Die Verfahrwegsteuerung erfolgt grundsätzlich durch eine Point To Point, PTP, -Steuerung. Es wird von einem definierten Anfangs- zu einem definierten Endpunkt verfahren, wobei die Roboterachsen ohne gegenseitigen funktionalen Zusammenhang bewegt werden. Die Orientierung des Arbeitswerkzeugs kann während des Verfahrens beibehalten werden. Es kann auch ein Continuous Path, CP, -Steuerungsverhalten eingestellt werden. Hierbei werden die Roboterachsen so bewegt, daß die Sollposition auf einer mathematisch beschreibbaren, vorgegebenen Bahn, hier eine Gerade, erreicht wird durch Interpolation zwischen den Punkten. Jedoch sinkt die Verfahrgeschwindigkeit so stark ab, daß das CP-Verhalten für viele Applikationen nicht in Betracht kommt.
Die Programmierung einer Handhabeaufgabe umfaßt die Tätigkeiten der Erstellung von Handhabeprogrammen und der Eingabe in die Steuerung. Das Handhabeprogramm enthält alle Informationen, die den Industrieroboter zur Ausführung der Aufgabe befähigen. Als Programmierverfahren ist die Offline-Programmierung in der problemorientierten Sprache A Manufacturing Language/Entry, AML/E, vorgesehen. Diese Programmiersprache setzt sich aus Eingabeinformationen zusammen, die sich in vier Klassen gliedern lassen

- Programmablaufinformationen
- Weginformationen
- Technologieinformationen
- Geometrieinformationen.

Für viele Applikationen ist es weiterhin sinnvoll, Handhabeoperationen in einem gegenüber dem Bezugskoordinatensystem transformierten Koordinatensystem zu beschreiben, um die in einem Preprozess errechneten Koordinatentripel in ein Roboterprogramm laden zu können [3].

6. Optimierung des Zeitverhaltens des Industrieroboters bezüglich des Verfahrweges und der Positionier-/Wiederholgenauigkeit

Für Industrieroboter ist es typisch, daß sie diskontinuierliche Bewegungsvorgänge ausführen, bei denen zu bestimmten Zeitpunkten die Geschwindigkeit des Arbeitswerkzeugs gleich Null ist. Im Interesse kurzer Arbeitstaktzeiten wird man bestrebt sein, zwischen diesen Punkten möglichst große Verfahrgeschwindigkeiten zu erreichen. Für den untersuchten Industrieroboter gelten die folgenden Bedingungen.

- Die Maximalgeschwindigkeit ist für die verschiedenen Achsen unterschiedlich und außerdem abhängig von der Transportmasse, Bild 6.
- Die Anfahrgenauigkeit hat Einfluß auf die Verzögerungszeit, Settletime. Das ist diejenige Zeit, die, nach Ausführung einer Weganweisung durch die Steuerung, dem Roboter zum Erreichen der tatsächlichen Zielposition gegeben wird.

Hieraus wird deutlich, daß Dynamik und Genauigkeit eines Industrieroboters einander widerstreben. Es ist das Ziel einer Optimierung der Verfahrzeiten, diese scheinbare Unvereinbarkeit auf ein solches Maß zu beschränken, daß bei einer hohen Dynamik noch die jeweiligen Anforderungen an Genauigkeit erfüllt werden. Um aussagekräftige Informationen zur Optimierung der Verfahrzeiten zu erhalten, müssen auf Grund der Vielzahl der Parametervariationen mehrere Messungen durchgeführt werden. Aus diesen Aufzeichungen werden folgende grundlegenden Eigenschaften des Roboters deutlich.

- Die Beschleunigungs- und Abbremsphasen einer Bewegung haben in etwa die gleiche zeitliche Länge.
- Der Maximalwert der Beschleunigung ist unabhängig von der gewählten Geschwindigkeitseinstellung. Bei unterschiedlichen Einstellungen variiert nur die Länge der Beschleunigungs- und Abbremsphase.
- Der Maximalwert der Beschleunigung ist abhängig von der Entfernung des Verfahrwegs zur Roboterachse. In der äußeren Zone des Arbeitsbereichs wird eine fast dreimal höhere Beschleunigung erreicht als nahe an der Roboterachse.

- Der Maximalwert der negativen Beschleunigung in der Abbremsphase
  erreicht bei hohen Geschwindigkeitseinstellungen einen Spitzenwert,
  dessen Betrag mehr als doppelt so hoch ist, wie der des Spitzenwerts
  in der Beschleunigungsphase. Dadurch wird eine geringfügig schnelle-
  re Abbremsung erreicht. Dieser Effekt tritt bei niedrigen und
  mittleren Geschwindigkeitseinstellungen nicht auf.

- Abhängig von der Verfahrweglänge sowie von der Entfernung des
  Verfahrwegs zur Roboterachse kann es vorkommen, daß die Maximalgeschwindigkeit nicht erreicht werden kann, da vorher bereits die
  Abbremsphase begonnen hat. In diesem Fall ist die zeitliche Dauer
  des Verfahrens weitgehend unabhängig von der gewählten Geschwindigkeitseinstellung.

Hieraus ergibt sich die Folgerung, daß eine Verringerung der Verfahrzeiten
sowohl durch die Wahl einer hohen Geschwindigkeitseinstellung als auch durch
die Anordnung des Montageaufbaus erreicht werden kann, bei dem sich die
Verfahrwege soweit wie möglich im äußeren Arbeitsbereich befinden.

Die jeweilige Positioniergenauigkeit des Anfahrvorgangs hängt von der Lage der
Abfahrposition im Roboterarbeitsbereich ab. Hierbei ist die Richtung entscheidend, aus welcher der Meßpunkt angefahren wird; jedoch sind die Abweichungen vom Meßpunkt zu uneinheitlich, um sie durch Korrekturfaktoren verbessern
zu können. Die Versuche ergaben folgende Ergebnisse.

- Die Positioniergenauigkeit ist unabhängig von der jeweiligen Geschwindigkeitseinstellung.
- Die Genauigkeitseinstellung hat keinen direkten Einfluß auf die
  Positioniergenauigkeit.
- Bei Meßpunkten nahe der Roboterachse, dem Nullpunkt des Koordinatensystems, ist die Positioniergenauigkeit bis zu zweimal besser als bei Meßpunkten am äußeren Rand des Arbeitsbereichs.

7. Einbindung des Industrieroboters in das produktunabängige Produktions-
steuerungssystem

Die Aufgabe eines Produktionssteuerungssystems ist es, die Produktionsaktivitäten zu planen und die Maschinen und Einrichtungen der Produktionsumgebung

so zu steuern, daß die vom Kunden georderten Produkte gefertigt und ausgeliefert werden können. Zu diesem Zweck beinhaltet das Produktionssteuerungssystem auch die Steuerung des internen Güterflusses, einschließlich des Transports, sowie die Entwicklung, Bereitstellung und Auslieferung des Materials und der Werkzeuge, Bild 7.

Das hier vorgestellte Produktionssteuerungssystem hat eine hierarchische Organisationsstruktur, um eine konzeptionelle Einfachheit sicherzustellen. Darüber hinaus werden die verschiedenen Produktionssteuerungsfunktionnen bestimmten Hard- und Softwarekomponenten zugeordnet, um die notwendige Zuverlässigkeit des Systems sicherzustellen. Aktivitäten, wie Qualitätskontrolle, Rechnungswesen, Reparatur- und Wartungsüberwachung, können ebenfalls in dieses System integriert werden. Aus technischer Sicht werden die Produktionssteuerungsaufgaben von örtlich verteilten, miteinander kommunizierenden Rechnersystemen ausgeführt. Das bedingt, daß zwischen den verschiedenen Produktionssteuerungsebenen werksübergreifende, standardisierte Schnittstellen vereinbart werden, so daß es möglich ist, unterschiedliche, produktbezogene Aktivitäten an geographisch unterschiedlichen Orten auszuführen, Bild 8. Ein Grund, eine solche Konfiguration zu wählen, ist die anzustrebende und notwendige Zuverlässigkeit. Ein weiterer Grund kann in der Möglichkeit der Verteilung von Produktionsaktivitäten bei unterschiedlich ausgelasteten Produktionsbereichen liegen, wobei hier unter 'Produktion' der Produktinformationsfluß von der Idee bis zum fertigen Produkt gemeint ist.

Das hierarchische 7-Ebenen-Modell der Produktionssteuerung dient der Echtzeitsteuerung von Maschinen und Geräten, die Produkte herstellen. Die Struktur enthält Prozesse, welche die Steuerung von untergeordneten Prozessen planen und ausführen. Jeder Prozeß kann verschiedene Befehle enthalten, z. B. das Kommando, ein bestimmtes Produkt zu fertigen. Jeder Prozeß kann wiederum Unterkommandos für untergeordnete Prozesse absetzen. Ein Unterkommando gibt typischerweise die Fertigung und die Bearbeitung von Rohmaterialien oder Bauteilen vor, nachdem der übergeordnete Prozeß die Bereitstellung dieser Teile veranlaßt hat. Auf dem niedrigsten Stand der Steuerungshierarchie werden Befehle an Aktuatoren gegeben. Rückmeldungen von Sensoren, sowie von jeder Ebene der Steuerungshierarchie selbst, helfen, das Verhalten des Systems zu beeinflussen. Die verschiedenen Ebenen der Hierarchie unterscheiden sich durch ihre Zeithorizonte; eine Ebene hat einen längeren Planungshorizont als die ihr untergeordnete Ebene.

8. Zusammenfassung

Am Beispiel des Industrierobotereinsatzes bei der Tastaturenfertigung sollte ein Pfad eines integrierten, rechnerunterstützten Fertigungssystems aufgezeigt werden, welches einerseits den heutigen Markt- und Produktanforderungen nach Wirtschaftlichkeit, Qualität und Flexibilität genügt und andererseits künftigen Anforderungen bezüglich der modernen Begriffe 'Factory of the Future', 'FOF', oder 'Computer Integrated Manufacturing', 'CIM', gegenüber offen ist. Es genügt also keinesfalls im Sinne der modernen Fabrik, eine Betriebsdatenerfassung für den Vorfertigungs- oder Werkstattbereich einzuführen oder einzelne Fertigungsinseln eines Produktionsflusses zu automatisieren, sondern erst die Verknüpfung aller automatisierter Inseln über definierte Schnittstellen in einem hierarchischen Rechnersystem garantiert die Durchgängigkeit des Datenflusses von der Idee bis zu dem Produkt, von dem Fabriklayout bis zur Verpackungsstelle, von der Qualitätsdatenerfassung bis zur Kostenanalyse.

9. Bildverzeichnis

Bild 1: Flache, gestufte und gewölbte Tastaturbauform

Bild 2: Variantenvielfalt bei Tastenknöpfen

Bild 3: Material- und Produktflußplan der Tastaturenmontage

Bild 4: Layout der Fertigungslinie

Bild 5: Umsetzen bedruckter Tastenknöpfe mit Industrieroboter

Bild 6: Verfahrgeschwindigkeit und zulässige Transportmasse

Bild 7: Hierarchisches Modell der Produktionssteuerung

Bild 8: Prinzip der Fabrikautomatisierung

10. Schrifttum

[1] J. Albus, A. Barbara, R. Nagel: Theory and Practice of Hierarchical Control. Washington: National Bureau of Standards, 1981

[2] A. R. Hidde, U. Marx: Realisierung eines modernen Me-
chanisierungs- und Steuerungskonzeptes am Beispiel der
Membrantastatur-Fertigungslinie. Nürnberg: PKI Tech.
Mitt. 1/1988, S. 89-97

[3] A. R. Hidde, H.-J. Buxbaum: Optimierung des Zeitver-
haltens eines Industrieroboters. München: AV 25 (1988)
3, S. 101-104

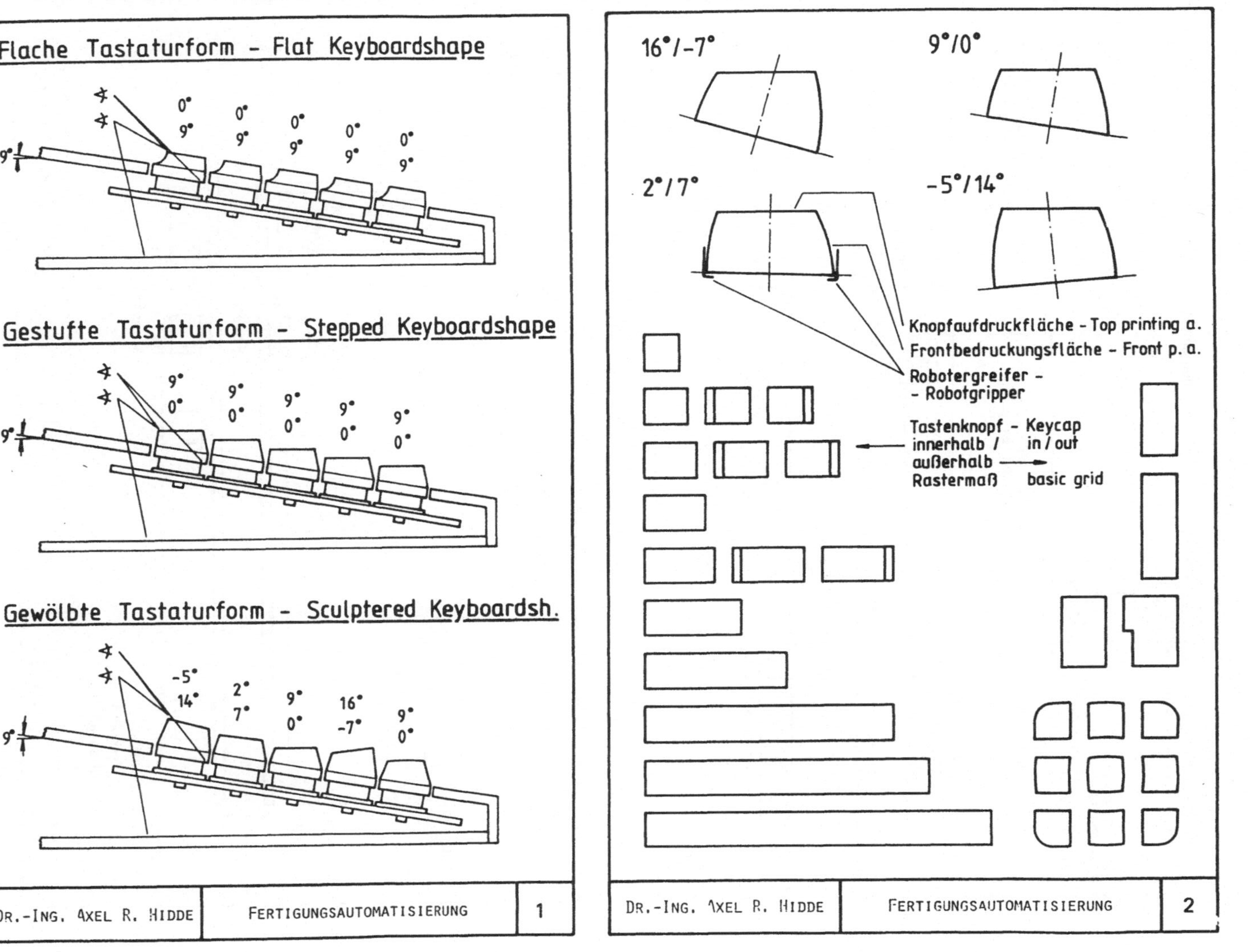
Flache Tastaturform – Flat Keyboardshape
Gestufte Tastaturform – Stepped Keyboardshape
Gewölbte Tastaturform – Sculptered Keyboardsh.
DR.-ING. AXEL R. HIDDE
FERTIGUNGSAUTOMATISIERUNG
1
16°/-7°
9°/0°
2°/7°
-5°/14°
Knopfaufdruckfläche – Top printing a.
Frontbedruckungsfläche – Front p. a.
Robotergreifer –
– Robotgripper
Tastenknopf – Keycap
innerhalb / in / out
außerhalb
Rastermaß   basic grid
DR.-ING. AXEL R. HIDDE
FERTIGUNGSAUTOMATISIERUNG
2

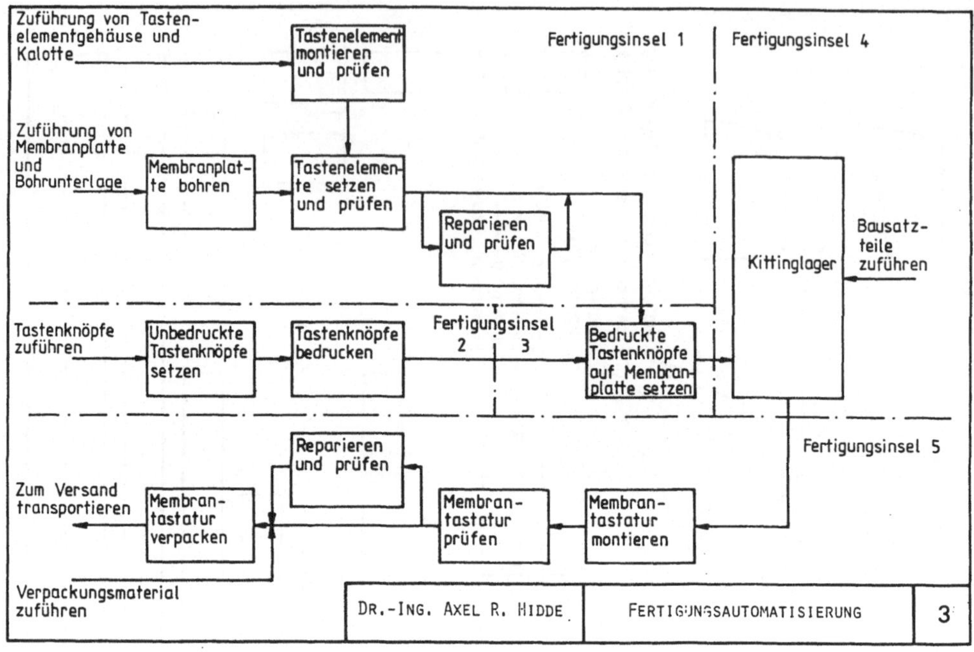
Zuführung von Tasten-elementgehäuse und Kalotte
Fertigungsinsel 1
Fertigungsinsel 4
Tastenelement montieren und prüfen
Zuführung von Membranplatte und Bohrunterlage
Membranplatte bohren
Tastenelemente setzen und prüfen
Reparieren und prüfen
Kittinglager
Bausatzteile zuführen
Tastenknöpfe zuführen
Unbedruckte Tastenknöpfe setzen
Tastenknöpfe bedrucken
Fertigungsinsel 2   3
Bedruckte Tastenknöpfe auf Membranplatte setzen
Fertigungsinsel 5
Reparieren und prüfen
Zum Versand transportieren
Membrantastatur verpacken
Membrantastatur prüfen
Membrantastatur montieren
Verpackungsmaterial zuführen
DR.-ING. AXEL R. HIDDE
FERTIGUNGSAUTOMATISIERUNG
3

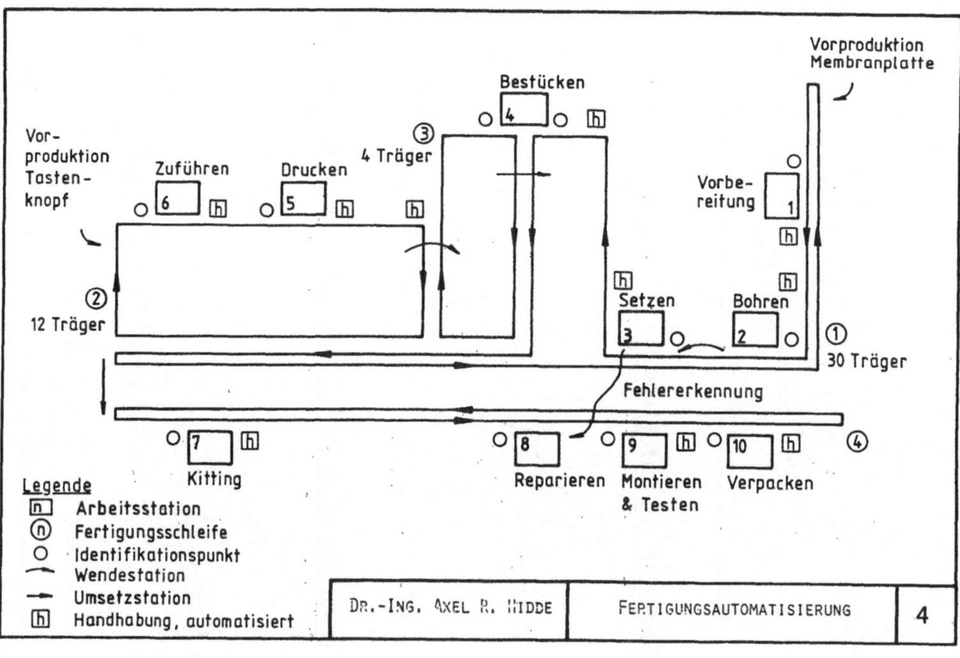
Vorproduktion Membranplatte
Bestücken
4
Vorproduktion Tastenknopf
Zuführen
6
Drucken
5
4 Träger
3
Vorbereitung
1
2
12 Träger
Setzen
3
Bohren
2
1
30 Träger
Fehlererkennung
7
Kitting
8
Reparieren
9
Montieren & Testen
10
Verpacken
4
Legende
Arbeitsstation
Fertigungsschleife
Identifikationspunkt
Wendestation
Umsetzstation
Handhabung, automatisiert
DR.-ING. AXEL R. HIDDE
FERTIGUNGSAUTOMATISIERUNG
4

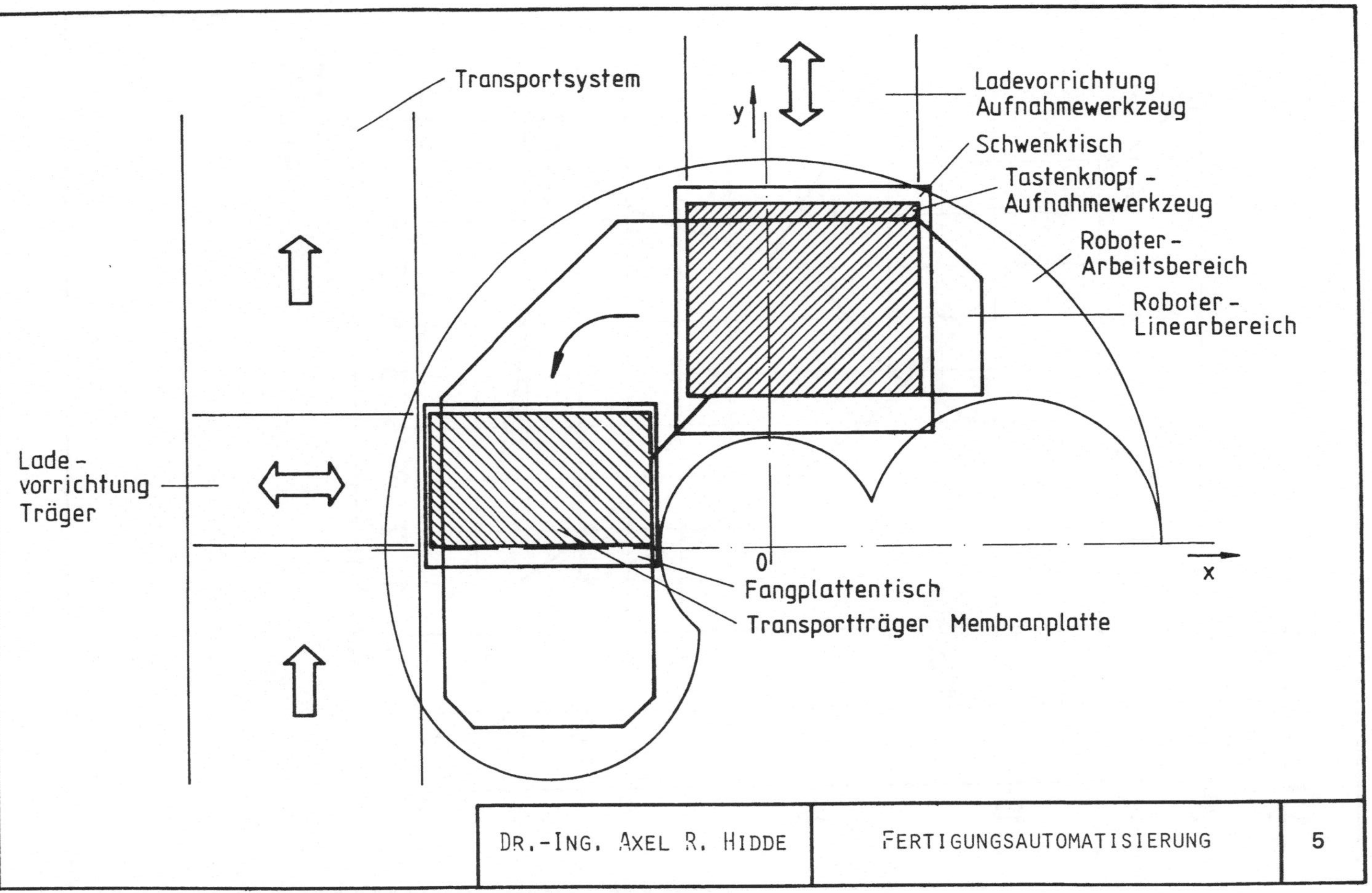

Transportsystem
Ladevorrichtung
Aufnahmewerkzeug
Schwenktisch
Tastenknopf -
Aufnahmewerkzeug
Roboter -
Arbeitsbereich
Roboter -
Linearbereich
Lade -
vorrichtung
Träger
y
x
0
Fangplattentisch
Transportträger Membranplatte
DR.-ING. AXEL R. HIDDE
FERTIGUNGSAUTOMATISIERUNG
5

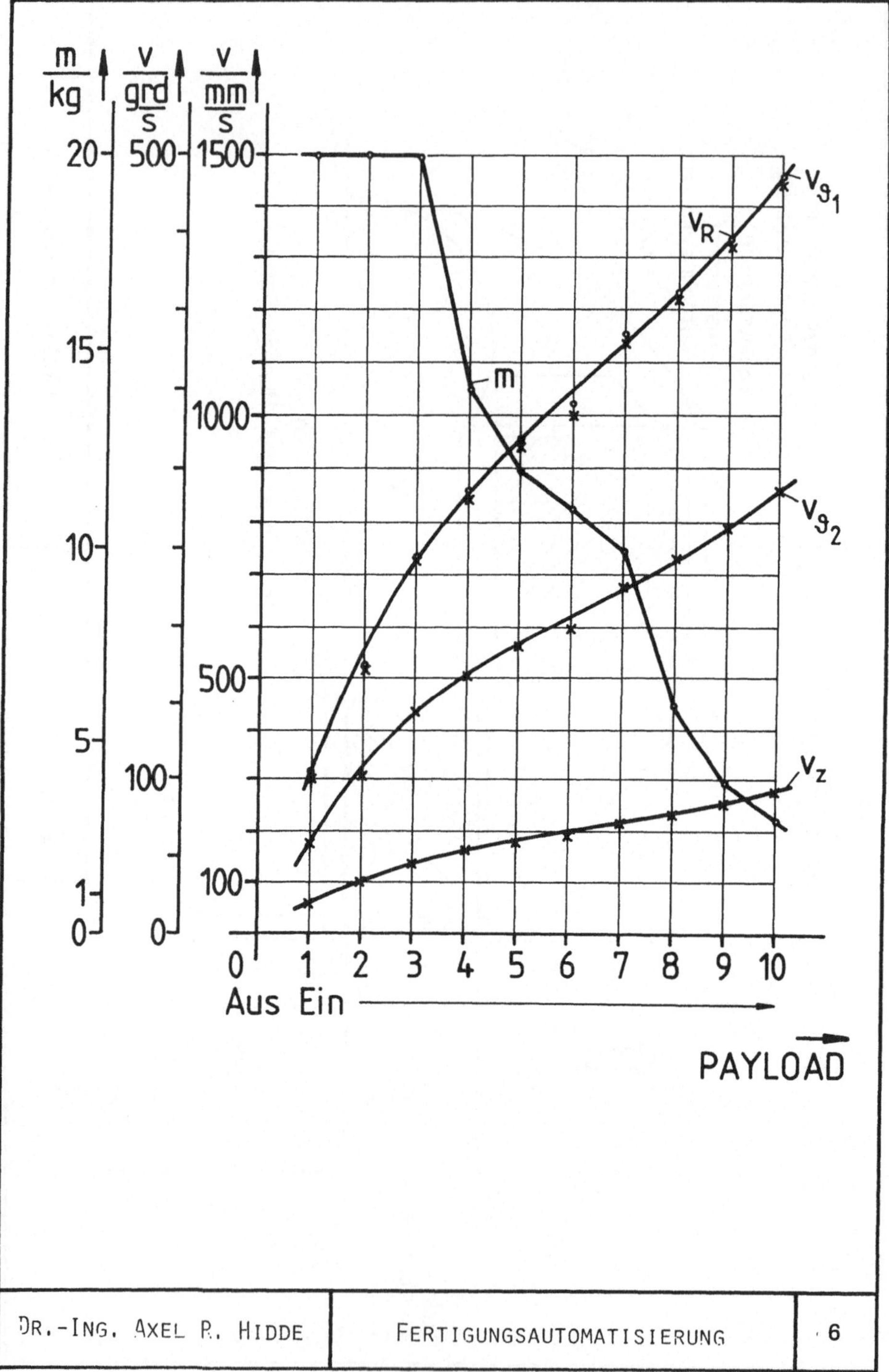
m
kg
v
grd
s
v
mm
s
20
500
1500
15
1000
10
5
500
100
1
100
0
0
m
v_R
v_ϑ1
v_ϑ2
v_z
0 1 2 3 4 5 6 7 8 9 10
Aus Ein
PAYLOAD
DR.-ING. AXEL R. HIDDE
FERTIGUNGSAUTOMATISIERUNG
6

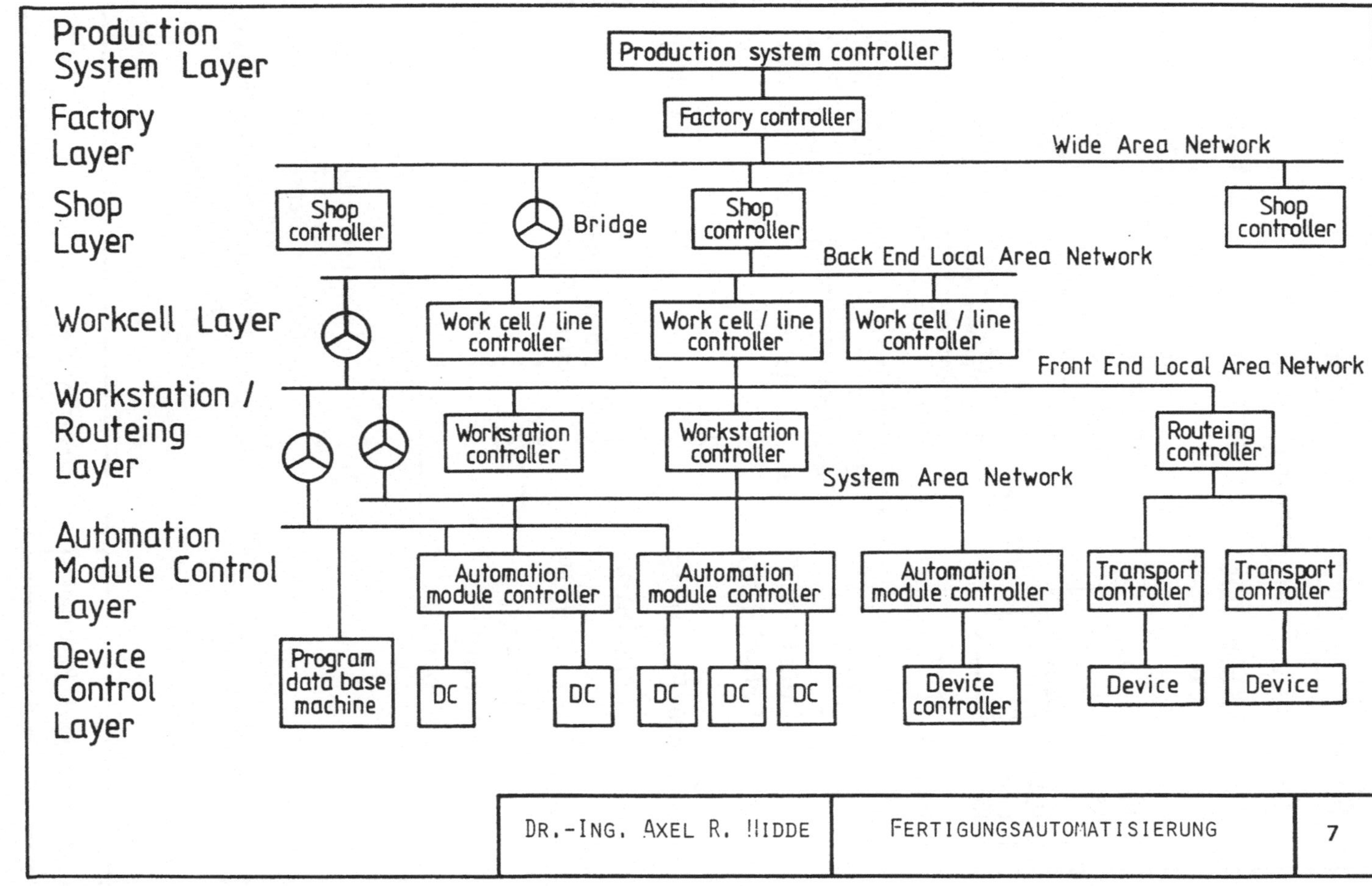

Production System Layer
Factory Layer
Shop Layer
Workcell Layer
Workstation / Routeing Layer
Automation Module Control Layer
Device Control Layer
Production system controller
Factory controller
Wide Area Network
Shop controller
Bridge
Shop controller
Shop controller
Back End Local Area Network
Work cell / line controller
Work cell / line controller
Work cell / line controller
Front End Local Area Network
Workstation controller
Workstation controller
Routeing controller
System Area Network
Automation module controller
Automation module controller
Automation module controller
Transport controller
Transport controller
Program data base machine
DC
DC
DC
DC
DC
Device controller
Device
Device
DR.-ING. AXEL R. HIDDE
FERTIGUNGSAUTOMATISIERUNG
7

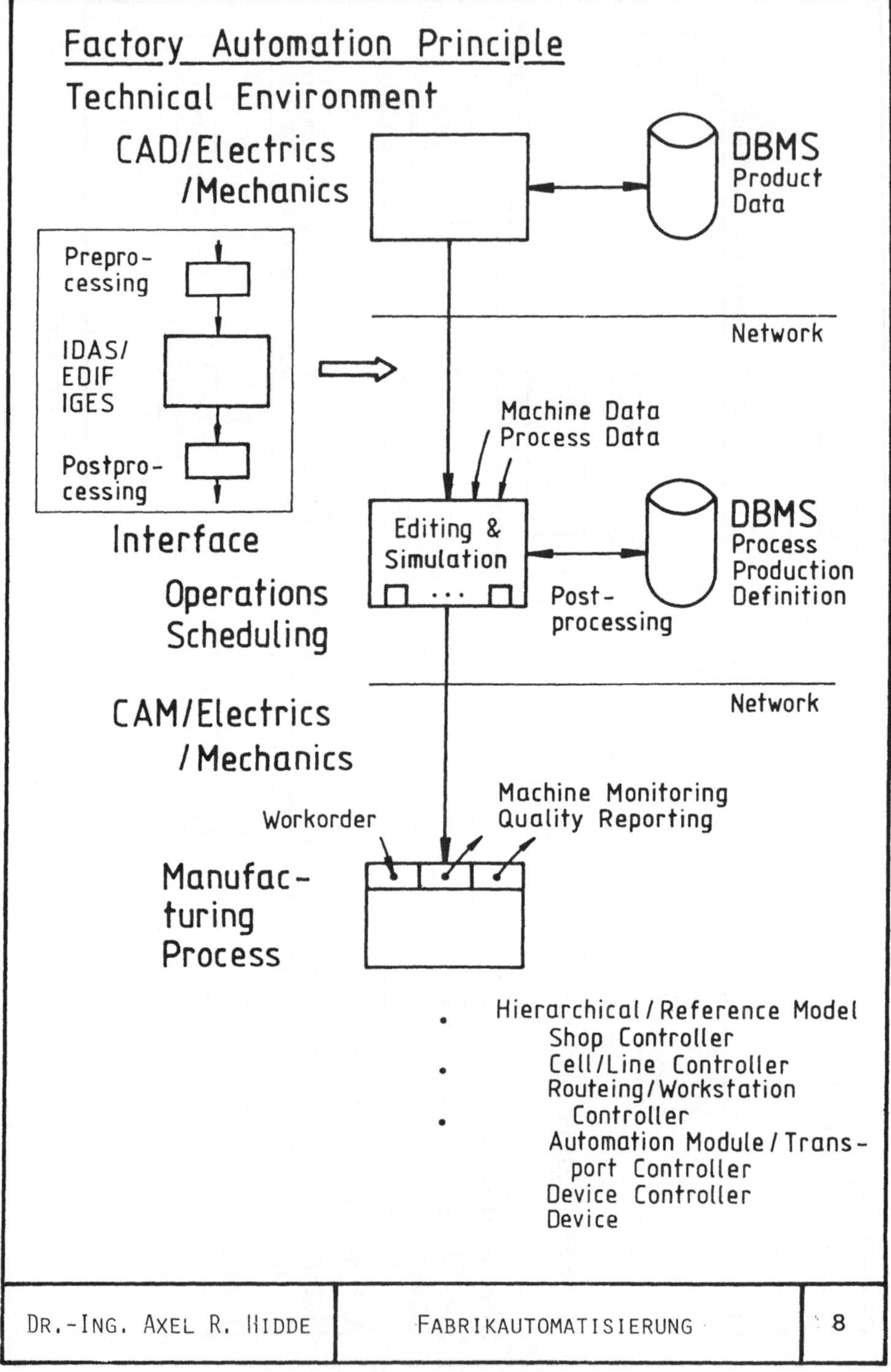

Factory Automation Principle
Technical Environment
CAD/Electrics /Mechanics
DBMS Product Data
Prepro-cessing
IDAS/ EDIF IGES
Postpro-cessing
Interface
Operations Scheduling
Machine Data
Process Data
Editing & Simulation
Post-processing
DBMS Process Production Definition
Network
CAM/Electrics /Mechanics
Network
Machine Monitoring
Quality Reporting
Workorder
Manufac-turing Process
Hierarchical/Reference Model
Shop Controller
Cell/Line Controller
Routeing/Workstation Controller
Automation Module/Trans-port Controller
Device Controller
Device

Bahnführung von Industrierobotern

von J. Olomski

Zusammenfassung

Vorgestellt wird die Bahnplanungs- und Bahngenerierungsebene einer Steuerung, die zur Untersuchung neuerer Verfahren zur hochgenauen Bahnführung von Industrierobotern im Rahmen eines von der Deutschen Forschungsgemeinschaft geförderten Projektes entwickelt wurde.

Die Solltrajektorien können nahezu beliebige geometrische und zeitliche Verläufe besitzen und berücksichtigen eine Begrenzung von Geschwindigkeit und Beschleunigung sowie des Rucks zur Vermeidung von Schwingungsanregung in der elastischen Mechanik. Die geometrische Raumkurve wird durch Geraden-, Kreis- und Spline-Segmente approximiert und kann off-line mit Hilfe eines Bahnplanungssystems auf unterschiedliche Weise programmiert werden. Anschließend ist der zeitliche Verlauf der Bahn vom Anwender zu definieren oder mit einem Optimierungsverfahren unter Berücksichtigung der dynamischen Begrenzungen zu ermitteln. Die On-line-Generierung der Solltrajektorien erfolgt im Abtastraster der Regelung und berücksichtigt alle zur Ruckbegrenzung notwendigen Stetigkeitsbedingungen.

1 Einleitung

Industrieroboter können im Gegensatz zu aufgaben-orientierten Handhabungsautomaten und Werkzeugmaschinen durch ihre Flexibilität für vielfältige Anwendungen in der industriellen Fertigung eingesetzt und schnell umgerüstet werden. Aufgrund ihrer komplexen Kinematik und Dynamik mit ihren zum Teil nicht zu vernachlässigenden Elastizitäten ergeben sich jedoch bei bahngeführten Anwendungen, wie z.B. Bahnschweißen oder Kleberauftrag, dynamische Abweichungen, die bei manchen Anforderungen nicht toleriert werden können.

Durch neuere Verfahren zur Führungsgrößenerzeugung und Regelung läßt sich eine erheblich bessere Genauigkeit erzielen und die Anwendungsbreite von Robotern auf diesen Gebieten erweitern. Die Berücksichtigung der Kinematk und Dynamik schon während der Bahnplanungsphase und die Generierung der Führungsgrößen im Abtastraster der Regelung führen zu Solltrajektorien, die unter optimaler Ausnutzung der verfügbaren Stellgrößen mit minimalem dynamischen Bahnfehler abgefahren werden können.

Stetige Beschleunigungen verhindern die Anregung von Schwingungen und schonen die Mechanik. Zum Folgen der gewünschten Solltrajektorie eignen sich komplexe Regelalgorithmen, die die Verkopplungen in der Dynamik kompensieren und die Reglerparameter adaptieren [6].

Der vorliegende Beitrag beschreibt Konzept und Stand eines im Institut für Regelungstechnik der TU Braunschweig entwickelten Bahnplanungs- und Bahnführungssystems für Industrieroboter [7,8]. Ziel dieses von der Deutschen Forschungsgemeinschaft geförderten Projektes ist die Untersuchung innovativer Verfahren zur Bahnplanung und -optimierung, Bahngenerierung und -regelung. Bild 1 zeigt die Gesamtstruktur der Steuerung, die an einem sechsachsigen Industrieroboter vom Typ VW G60 (Handhabungslast 60 kg, Aktionsradius 2 m) experimentell überprüft wurde.

Die Sollbahn wird in Echtzeit im kartesischen Bezugskoordinatensystem aus Geraden-, Kreis- und Spline-Segmenten gebildet. Das zeitliche Profil kann der gegebenen Dynamik angepaßt werden und berücksichtigt Maximalwerte für Beschleunigung und Geschwindigkeit sowie eine Begrenzung des Beschleunigungsanstiegs, d. h. eine Ruckbegrenzung. Aus Gründen der Rechenzeitersparnis wird nur die kartesische Sollposition in das Gelenkkoordinatensystem transformiert, nicht jedoch Beschleunigung und Geschwindigkeit. Diese Werte werden auf Gelenkebene durch einfache bzw. zweifache numerische Differentiation der Sollwinkel gewonnen, wodurch zu jedem Zeitpunkt von sämtlichen Achsen alle drei Sollzustandsgrößen zur Vorsteuerung der inneren Gelenkregelkreise zur Verfügung stehen.

Zum hochgenauen Folgen der gewünschten Trajektorie dient eine Kaskadenregelung von Drehzahl und Lage. Sie wird zur Verringerung des dynamischen Bahnfehlers mit Hilfe des inversen Modells vorgesteuert und adaptiert. Weitergehende Untersuchungen berücksichtigen ferner die Elastizität in den Getrieben.

2 Führungsgrößenerzeugung

Für viele einfache Aufgaben, wie z.B. Punktschweißen, Bohren oder Montage, soll die Roboterhand sich lediglich schnell und ohne Überschwingen von einem Punkt zum anderen bewegen. Abgesehen davon, daß der Roboter nicht mit festen oder beweglichen Hindernissen kollidieren darf, bestehen keine Anforderungen an die resultierende Bahn. Deshalb benutzen einfache Steuerungen nur unabhängige Lageregelungen der einzelnen Achsen. Wenn sich die Roboterhand jedoch entlang einer gewünschten Solltrajektorie bewegen soll, ist eine Generierung der Sollbahn und eine Koordinatentransformation in Echtzeit notwendig.

Für die Vorgabe der Sollwerte muß die gewünschte Kurve beschrieben sein. Im Idealfall liegt sie als mathematische Funktion vor und kann hier-

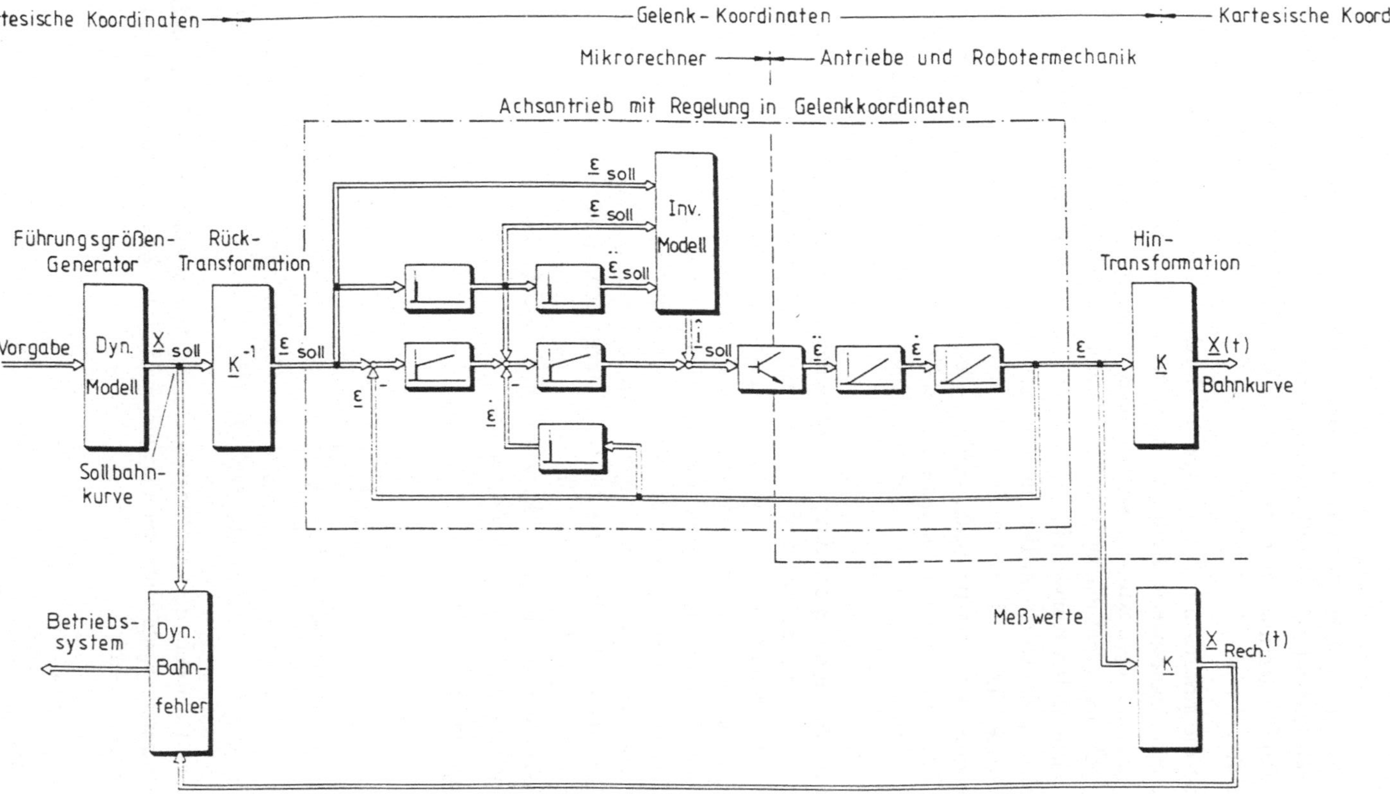

Bild 1: Digitale Bahnregelung eines Roboters

mit auch in Echtzeit berechnet werden. Dies beschränkt sich jedoch auf einfache Kurven, wie Geraden oder Kreisbögen, da komplexe mathematische Funktionen nicht mit vertretbaren Aufwand on-line berechnet werden können.

Ist die gewünschte Trajektorie nur durch eine Anzahl von Stützstellen oder eine komplizierte Funktion beschrieben, so muß sie mit Hilfe einer Interpolation approximiert werden. Das einfachste Verfahren, die lineare Interpolation zwischen zwei aufeinanderfolgenden Stützstellen verursacht bei gekrümmten Kurven einen Knick, d.h. eine Unstetigkeit in der ersten Ableitung, die zu einem Beschleunigungsimpuls führen würde. Angesichts der ausgeprägten Elastizität in der Robotermechanik ist es von Vorteil, nicht nur die Beschleunigung, sondern ebenso den Beschleunigungsanstieg, den Ruck, zu begrenzen [9]. Aus diesem Grund wird ein Interpolationsverfahren benötigt, das bis zur zweiten Ableitung nach dem Bahnparameter stetig ist.

Planung und Generierung der Führungsgrößen beschränken sich jedoch nicht nur auf die geometrischen Zusammenhänge, sondern müssen die Zeit als zusätzliche Dimension berücksichtigen. Die direkte Verwendung der Zeit als Parameter zur Berechnung der Position führt zu starken Einschränkungen bei der Geschwindigkeitsvorgabe. Besonders anschauliche Verhältnisse ergeben sich dagegen, wenn die Strecke s auf der Bahn, eine eindimensionale, positive und monoton steigende Größe, als Bahnparameter eingeführt wird (Bild 4a). Die Aufgabe der Führungsgrößenerzeugung unterteilt sich dann in die Berechnung des Parameters als Funktion der Zeit und die anschließende Ermittlung der kartesischen Position, die aus der Lage und Orientierung der Roboterhand besteht:

Kartesische Position:

$$\underline{X}(t) = \begin{cases} \left.\begin{array}{l} x(t) \\ y(t) \\ z(t) \end{array}\right\} = Lage \\ \left.\begin{array}{l} \theta_1(t) \\ \theta_2(t) \\ \theta_3(t) \end{array}\right\} = Orientierung \end{cases}$$

Aufgrund der geforderten Ruckbegrenzung muß sowohl die Position nach dem Parameter, als auch der Parameter nach der Zeit zweifach stetig differenzierbar sein:

$$\underline{X} = \underline{X}(s)$$
$$\underline{\dot{X}} = \underline{X}' \cdot \dot{s}$$
$$\underline{\ddot{X}} = \underline{X}'' \cdot \dot{s}^2 + \underline{X}' \cdot \ddot{s}$$
$$(\dot{\ }) = \frac{\partial}{\partial t} \text{ und } (\ )' = \frac{\partial}{\partial s}$$

Gewünschte Unstetigkeiten in den Ableitungen der Trajektorie, wie z.B. ein Knick oder der Übergang von einem Kreis auf die Kreistangente, der in der zweiten Ableitung unstetig ist, müssen am Stützpunkt zu einer Reduzierung von Beschleunigung und Geschwindigkeit auf den Wert Null führen.

2.1 Räumliche Interpolation

Eine geeignete Lösung für die Stetigkeitsbedingung der geometrischen Trajektorie stellt die Spline-Interpolation dar. Eine kubische Spline-Interpolation zwischen n Stützpunkten besteht aus n-1 Polynomen dritter Ordnung, die jeweils in einem Intervall gültig sind und deren Koeffizienten so gewählt sind, daß sie an den Übergangsstellen bis zur zweiten Ableitung stetig ineinander übergehen [11]. Für jede Koordinatenrichtung und für jeden Eulerschen Winkel bestimmt jeweils ein kubisches Polynom als Funktion des Bahnparameters s den Kurvenverlauf zwischen den Stützpunkten $\underline{X}_i$ und $\underline{X}_{i+1}$:

$$\underline{X}(s) = \underline{A}_{3i} \cdot (s - s_i)^3 + \underline{A}_{2i} \cdot (s - s_i)^2 + \underline{A}_{1i} \cdot (s - s_i) + \underline{A}_{0i}$$

Die Koeffizienten der Spline-Funktionen

$$\underline{A}_{ji} = (a_{jix}, a_{jiy}, a_{jiz}, a_{ji\theta_1}, a_{ji\theta_2}, a_{ji\theta_3})^T$$

werden aus den Stützpunkten sowie vorgegebenen Randbedingungen über ein lineares Gleichungssystem berechnet.

Will man eine Spline-Funktion einer anderen Kurve anpassen, so kann die Ordnung des Polynoms im entsprechenden Randintervall erhöht und somit zweifach stetig differenzierbare Übergänge von jeder anderen Kurve auf eine Spline-Kurve erzwungen werden. Von besonderem Interesse ist hierbei das Verschleifen von Geraden auf einer definierten Bahn. Soll im Knickpunkt zweier aufeinanderfolgenden Geraden nicht abgebremst werden, so ergibt sich aus physikalischen Gründen immer eine Bahnabweichung, die von der Dynamik der einzelnen Achsregelkreise sowie der Kinematik des Roboters abhängt. Die resultierende Bahn ist aufgrund der äußerst komplexen Zusammenhänge nicht vorhersagbar, sie ist bestenfalls reproduzierbar.

Bei dem definierten Verschleifen der Ecke wird mit Hilfe einer Spline-Funktion die Kurve abgerundet, so daß der Roboter aufgrund der Stetigkeit physikalisch in der Lage ist, diese Kurve ohne abzubremsen zu durchfahren. Dabei kann der Abstand zwischen Knickpunkt und der exakten Gerade vorgegeben werden. Natürlich ist die Geschwindigkeit dem Kurvenradius anzupassen, damit die Mechanik dynamisch nicht überlastet ist, was wiederum zu einer Bahnabweichung führen würde.

Die Berechnung von Linear- und Zirkularinterpolation, die in der vorgestellten Steuerung ebenfalls implementiert sind, wird mit den bekannten Geraden- und Kreisgleichungen unter Verwendung des Bahnparameters durchgeführt [3]. In einem Bahnplanungssystem werden Unstetigkeiten an den Übergängen sofort erkannt bzw. durch Einfügen einer Spline-Funktion vermieden. Die Interpolation der Orientierungsvorgabe wird jeweils mit dem gleichen Verfahren, wie die der Lagevorgabe durchgeführt. Bei der Zirkularinterpolation wird der Handwurzelpunkt auf einem Kreisbogen bewegt, so daß sich konstante Anstellwinkel zu dem Zylinderkoordinatensystem ergeben.

2.2 Dynamisches Modell

Der Parameter s, der der zurückgelegten Strecke auf der Bahnkurve entspricht, wird mit einem dynamischen Modell aus drei aufeinanderfolgenden Integratoren in Echtzeit berechnet (Bild 2) [4]. Beschleunigung a, Geschwindigkeit v und Parameterwert s werden aus dem unstetigen, aber begrenzten Ruck r integriert. Der zeitliche Verlauf ergibt sich aus Polynombögen 3. Ordnung für die Lage, 2. Ordnung für die Geschwindigkeit und aus linearen Funktionen für die Beschleunigung:

$$r(t) = \begin{cases} r_o \\ 0 \\ -r_o \end{cases}$$

$$a(t) = a(t_k) + r(t) \cdot (t - t_k)$$

$$v(t) = v(t_k) + a(t_k) \cdot (t - t_k) + r(t) \cdot \frac{(t-t_k)^2}{2}$$

$$s(t) = s(t_k) + v(t_k) \cdot (t - t_k) + a(t_k) \cdot \frac{(t-t_k)^2}{2} + r(t) \cdot \frac{(t-t_k)^3}{6}$$

Das Modell begrenzt Ruck, Beschleunigung und Geschwindigkeit auf Maximalwerte und berücksichtigt das exakte Anfahren einer Zielposition mit vorzugebender Zielgeschwindigkeit. Die wesentliche Schwierigkeit liegt in der Berechnung der Umschaltpunkte, die als Funktion der momentanen Sollzustandswerte sowie der Maximal- und Zielwerte ebenfalls in Echtzeit zu ermitteln sind. Unter Berücksichtigung der Umschaltpunkte läßt sich das Zeitintervall einer Positionsänderung in bis zu 7 Segmente, in denen jeweils eine Begrenzung wirksam ist, aufteilen (Bild 3).

Eine Gesamtbahn kann aus einer oder mehreren dieser Zeitintervalle bestehen. Bild 4 zeigt beispielhaft eine geometrische Bahn mit 4 Stützpunkten. Die zeitlichen Verläufe lassen erkennen, daß dieser Raumkurve 4 Zeitintervalle zugeordnet sind. Im ersten Intervall wird zum Punkt $\underline{X}_2$ zeitoptimal unter Berücksichtigung des begrenzten Rucks sowie der Maximalwerte für Beschleunigung und Geschwindigkeit verfahren. Ferner ist

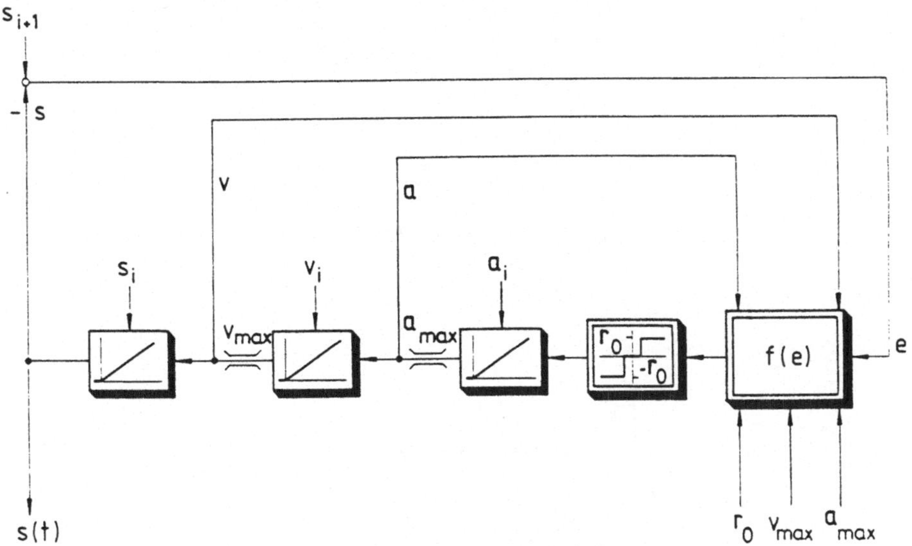

Bild 2: Dynamisches Modell

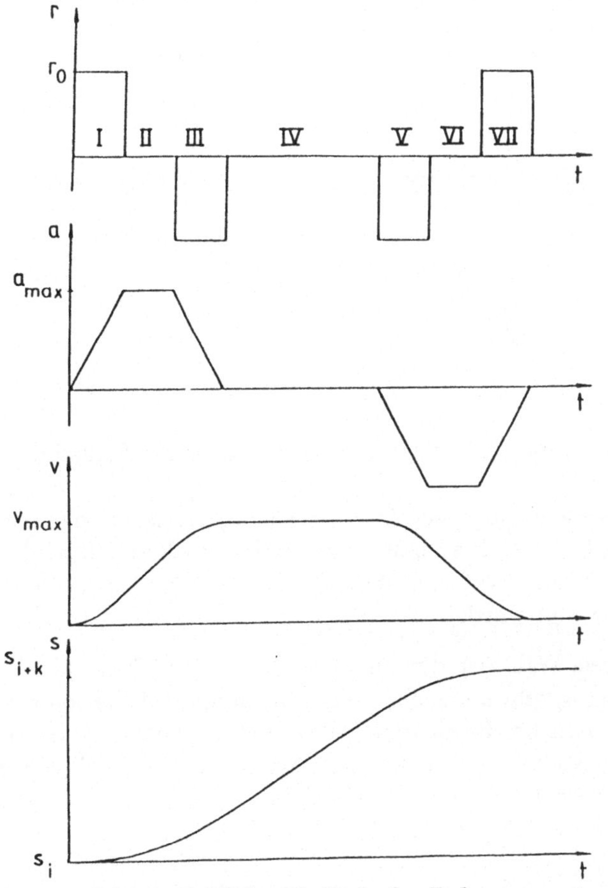

Bild 3: Zeitliche Verläufe des Bahnparameters

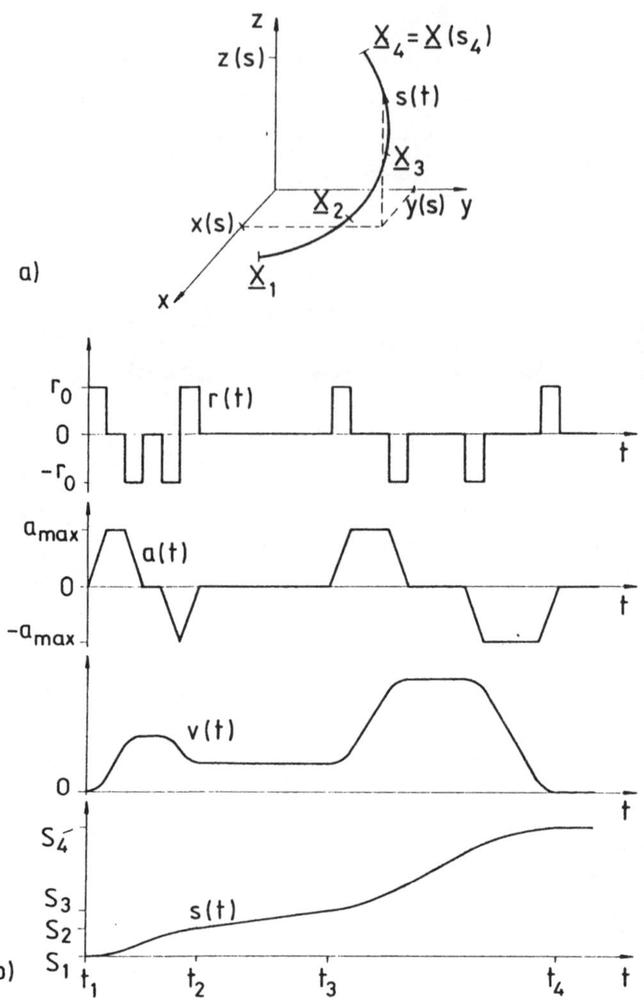

Bild 4: Geometrischer und zeitlicher Verlauf der Sollbahn

am Punkt $\underline{X}_2$ eine vorgegebene Zielgeschwindigkeit zu erlangen, die im nächsten Intervall konstant zu halten ist. Im letzten Intervall wird wieder zeitoptimal abgebremst, wobei in diesem Beispiel eine andere Maximalgeschwindigkeit gewählt wurde.

Durch die freie Wahl der dynamischen Kennwerte (Ruck, Maximalbeschleunigung und -geschwindigkeit, Zielgeschwindigkeit) kann somit ein nahezu beliebiges zeitliches Profil vorgegeben werden. Aufgrund der gewählten Parameterdarstellung ist die mit dem dynamischen Modell gewonnene und begrenzte Beschleunigung und Geschwindigkeit mit der Beschleunigung bzw. Geschwindigkeit der Sollbahn identisch.

3 Bahnoptimierung

Der Einfluß der in kartesischen Koordinaten vorgegebenen Dynamik auf die Belastung der einzelnen Antriebe ist aufgrund der äußerst verwickelten Roboterkinematik und -dynamik sehr schwer zu erkennen. Hier wird ein Verfahren benötigt, welches in der Lage ist, die dynamischen Kennwerte hinsichtlich einer minimalen Durchlaufzeit der Bahn zu optimieren.

Für eine Optimierung ist die Dynamik des Roboters, die sich durch die Bewegungsgleichungen ausdrücken läßt, zu untersuchen:

$$m_i = \sum_j J_{ij} \cdot \ddot{\varepsilon}_j + \sum_j c_{ij} \cdot \dot{\varepsilon}_i \cdot \dot{\varepsilon}_j + \sum_j z_{ij} \cdot \dot{\varepsilon}_j^2 + k_{ri} \cdot \dot{\varepsilon}_i + m_{hi} + g_i$$

$i, j = 1 \ldots 6$

$m = $ Drehmoment des Antriebs

$J = $ Trägheitsmoment

$c = $ Faktor für Coriolismoment

$z = $ Faktor für Zentrifugalmoment

$k_r = $ Reibungskoeffizient

$m_h = $ Haftreibmoment

$g = $ Gravitationsmoment

Für eine gegebene kartesische Bahn lassen sich die Gelenkwinkel und deren zeitliche Ableitungen als eine Funktion des Bahnparameters sowie dessen Ableitungen ausdrücken:

$$\varepsilon_i = \varepsilon_i(s)$$
$$\dot{\varepsilon}_i = \varepsilon_i' \cdot \dot{s}$$
$$\ddot{\varepsilon}_i = \varepsilon_i'' \cdot \dot{s}^2 + \varepsilon_i' \cdot \ddot{s}$$

mit $(\dot{}) = \frac{\partial}{\partial t}$ und $()' = \frac{\partial}{\partial s}$

Nach Einführung der Abkürzungen

$$A_i = \sum_j J_{ij} \cdot \varepsilon_j'$$
$$B_i = \sum_j (J_{ij} \cdot \varepsilon_j'' + c_{ij} \cdot \varepsilon_i' \cdot \varepsilon_j' + z_{ij} \cdot \varepsilon_j'^2)$$
$$C_i = k_{ri} \cdot \varepsilon_i'$$
$$D_i = m_{hi} + g_i$$

sind die Bewegungsgleichungen als eine Funktion des Bahnparameters s sowie dessen zeitliche Ableitungen für die gegebene Trajektorie darzustellen:

$$m_i = A_i \cdot \dddot{s} + B_i \cdot \dot{s}^2 + C_i \cdot \ddot{s} + D_i$$

Hiermit können über der gesamten Raumkurve die Drehmomentbegrenzungen untersucht werden:

$$m_{i,min} \leq m_i \leq m_{i,max}$$

Die Drehzahlbegrenzung der Antriebe ergibt:

$$-\dot{\varepsilon}_{i,max} \leq \dot{s} \cdot \varepsilon_i' \leq \dot{\varepsilon}_{i,max}$$

In [1] und [10] wurden Verfahren zur Optimierung des Geschwindigkeitsprofils vorgeschlagen, die jedoch die Ruckbegrenzung vernachlässigen. Berücksichtigt man einen begrenzten Ruck, so muß für die Suche des totalen Optimums der dreidimensionale Zustandsraum $s - \dot{s} - \ddot{s}$ betrachtet werden. Aufgrund der hohen Komplexität und des zu erwartenden Rechenaufwandes sowie der Tatsache, daß das resultierende optimale Geschwindigkeitsprofil nichtlinear ist und nur abgespeichert werden kann, wird hier ein praktisches suboptimales Näherungsverfahren vorgeschlagen. Durch die Wahl einschränkender Randbedingungen kann das Optimierungsproblem in der Zustandsebene $s - \dot{s}$ betrachtet werden. Ferner werden nur wenige dynamische Kennwerte ermittelt, so daß das Geschwindigkeitsprofil in Echtzeit mit Hilfe des dynamischen Modells gewonnen werden kann.

In einem ersten Schritt wird die kartesische Beschleunigung vernachlässigt, so daß die Drehmomentgleichungen nach einer Maximalgeschwindigkeit aufgelöst werden können. Die Schnittmenge der Begrenzungsgleichungen von Drehmoment und Drehzahl ergibt eine Grenzkurve in der Zustandsebene $s - \dot{s}$ (Bild 5). Der mögliche Geschwindigkeitsbereich unterhalb der Grenzkurve ist aber weiter eingeschränkt durch die kartesische Beschleunigung, die noch nicht bekannt ist, und durch die Zustandsgleichungen, nach denen sich die Zustandsgrößen nur auf bestimmten Kurven in der Ebene verändern können.

Der weitere Weg läßt sich vereinfacht wie folgt ausdrücken: An einigen wenigen prägnanten Stützstellen in dieser Ebene wird die Geschwindigkeit iterativ so optimiert, daß der Roboter in der Lage ist, hierzwischen ruckbegrenzt zu beschleunigen bzw. abzubremsen. Für diese Iteration werden die gesamten Bewegungsgleichungen berücksichtigt. Als prägnante Stützstellen werden die Maxima und Minima dieser Grenzkurve angesehen, da man die Maxima weitgehend ausnutzen will bzw. die Minima umfahren muß und an diesen Umkehrpunkten die kartesische Beschleunigung null ist.

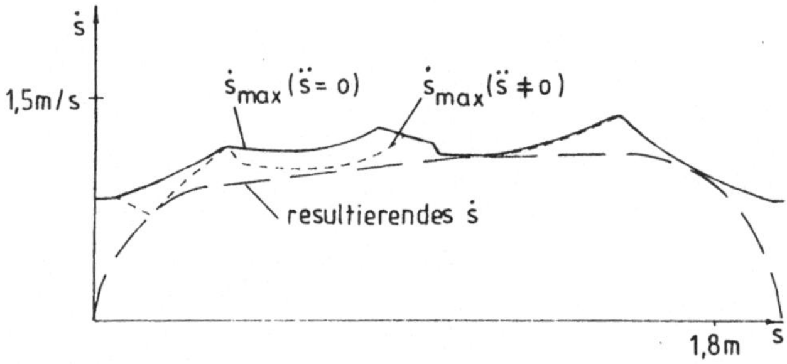

Bild 5: Geschwindigkeitsgrenzkurven in der Zustandsebene

Mit verschiedenen Nachiterationen können zusätzliche Stützstellen gefunden werden, bzw. Stützstellen, die für das Geschwindigkeitsprofil nicht relevant sind, weggelassen werden.

Als Ergebnis ist in Bild 5 ferner das resultierende optimierte Geschwindigkeitsprofil einer gegebenen Trajektorie dargestellt. Man erkennt, daß die Zustandskurve den erlaubten Bereich weitgehend ausnutzt, und mehrmals die Grenzkurve tangiert, wobei die kurzgestrichelte Kurve die Grenzkurve unter Berücksichtigung der kartesischen Beschleunigung darstellt.

In der Darstellung der Zustandswerte über der Zeit (Bild 6) sind nur vier Zeitintervalle ersichtlich. Es müssen dementsprechend nur sehr wenige dynamische Kennwerte abgespeichert werden und das zeitliche Profil kann in Echtzeit mit dem vorgestellten dynamischen Modell generiert werden. Der Einwand, daß dieses ja nur ein suboptimales Näherungsverfahren ist, hat in der Praxis keine Bedeutung, da von den Antrieben ohnehin nicht permanent die volle Leistung zu erwarten ist. Vielmehr treten zusätzlich nichtdeterministische Störungen auf, wie z.B. eine Änderung der Reibkoeffizienten, so daß sichere Stellreserven zu berücksichtigen sind.

4 Bahnplanungssystem

Für die Programmierung und Optimierung der gewünschten Solltrajektorien sowie für Vorausberechnungen wurde ein umfangreiches, PC-basiertes Off-line-Bahnplanungssystem entwickelt. Mit einer benutzerfreundlichen, menügeführten Oberfläche und permanenten Überprüfungen auf Kausalität und Realisierbarkeit wird eine weitgehende Hilfestellung geboten und Fehler werden von vornherein vermieden.

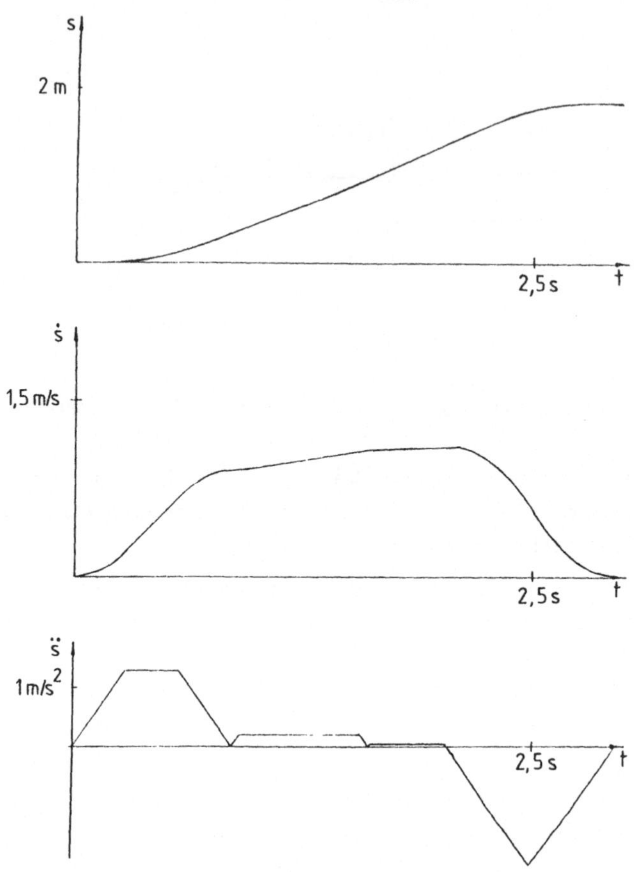

Bild 6: Resultierende Verläufe von s, $\dot{s}$, $\ddot{s}$ nach der Optimierung

Die Programmierung unterteilt sich in die Vorgabe des geometrischen und des zeitlichen Verlaufs. Die geometrische Kurve wird durch die Wahl der Stützpunkte sowie der Verbindungsarten (Punkt-zu-Punkt, Gerade, Kreis, Spline) definiert. Dies kann auf verschiedene Weise geschehen. Vor Ort können die Stützpunkte in herkömmlicher Weise im Teach-In-Verfahren programmiert werden oder die im Raum markierte Bahn wird mit Hilfe eines an der Roboterhand montierten schnellen optischen Sensors abgefahren und erlernt.

Im Gegensatz dazu können die Punkte numerisch über ein spezielles Eingabesystem vom Benutzer vorgegeben werden. Hiermit sind auch im nachhinein von allen Bahnen die Stützpunkte und Verbindungsarten zu verändern bzw. zu löschen oder hinzuzufügen. Ferner können Daten von einem externen Programm, z.B. einem CAD-System, im Bahnplanungssystem aufbereitet werden. Beispielsweise ist es möglich, beliebige mathematische Funktionen, auf deren Raumkurve sich der Roboter bewegen soll, zu berechnen, hieraus Stützpunkte zu gewinnen und diese Bahn mit Hilfe einer Spline-Funktion in Echtzeit zu generieren. Durch die Wahl einer entsprechenden Stützpunktanzahl läßt sich jede gewünschte Approximationsgenauigkeit erzielen.

Vorhandene Bahnen können zusammengefaßt, räumlich verschoben oder verdreht sowie vergrößert bzw. verkleinert werden. Für eine gegebene geometrische Trajektorie kann über ein weiteres Eingabesystem das zeitliche Profil entweder vom Benutzer durch die Wahl der dynamischen Kennwerte vorgegeben oder der beschriebene Optimierungsalgorithmus aufgerufen werden.

5 Ausblick

Weitere Arbeiten dieses Forschungsprojektes sind die Verbesserung der Gelenkregelung zur Reduzierung des dynamischen Bahnfehlers sowie die kartesische Bahnregelung mit Hilfe eines optischen Sensors.

Inbesondere die starke Elastizität in den Getrieben verursacht Abweichungen zur programmierten Bahn, die mit konventionellen Regelungen nicht korrigiert werden können. Hier werden Verfahren zur direkten Gelenkarmregelung entwickelt und am realen Roboter praktisch erprobt. Darüberhinausgehende Abweichungen zwischen gewünschter und programmierter Bahn sind zusätzlich im kartesischen Koordinatensystem zu messen und auszuregeln.

Literaturverzeichnis

[1] Johanni, R.; Pfeiffer,F.: Optimale Bahnplanung für Industrieroboter, Robotersysteme 3, S. 29-36, 1987

[2] Kahn, M.; Roth, B.: The Near-Minimum-Time Control of Open-Loop-Articulated Kinematic Chains, Transactions of ASME, September 1971, S. 164-172

[3] Keppeler, M.: Führungsgrößenerzeugung für numerisch bahngesteuerte Industrieroboter, Springer-Verlag, Berlin, Heidelberg, 1984

[4] Leonhard, W.: Control of Electrical Drives, Springer Verlag, Berlin, Heidelberg, 1985

[5] Lin, C.; Chang, P.; Luh, J.Y.S.: Formulation and Optimization of Cubic Polynomial Joint Trajectories for Industrial Robots, IEEE-Transactions of Automatic Control, Dezember 1983, S. 1066-1074

[6] Olomski, J.; Rathjen, O.; Leonhard, W.: Continuous Path Generation of Reference Trajectories with Limited Jerk and Nonlinear

Feedforward-Feedback Control of Industrial Robots, Proceedings of International Workshop on Robotics, Madrid 1987, S. 63-70

[7] Rojek, P.: Bahnführung eines Industrieroboters mit Multiprozessorsystem, Dissertation TU Braunschweig, 1987

[8] Rojek, P.; Olomski, J.; Leonhard, W.: Schnelle Koordinatentransformation und Führungsgrößenerzeugung für bahngeführte Industrieroboter, Robotersysteme 2, 1986, S. 73-81

[9] Rojek, P.; Olomski, J.; Leonhard, W.: Processing of Command Signals and Reducing Oscillations in Continuous Path Robot Control, Proceedings of EPE, Grenoble 1987

[10] Shin, K.G.; McKay, N.D.: Minimum-Time Control of Robotic Manipulators with Geometric Path Constraints, IEEE-Transactions of Automatic Control, Juni 1985, S. 531-541

[11] Späth, H.: Spline-Algorithmen zur Konstruktion glatter Kurven und Flächen, Oldenbourg-Verlag, München, Wien, 1983

Automatische Bestimmung dynamischer Robotermodelle

von G. Seeger

Kurzfassung

Dieser Beitrag diskutiert Möglichkeiten, unter Einsatz der vorhandenen Robotersteuerung mathematische Modelle für Roboterarme automatisch zu erstellen. Vorausgesetzt wird, daß Testsignale direkt auf die Antriebe gegeben und die Reaktion des Arms in Gestalt der Antriebslagen über ein kurzes Zeitintervall aufgezeichnet werden können. Anhand der Testbewegungen werden die wichtigsten Modellparameter, wie Trägheitsmomente, Koppelträgheitsmomente und Reibung off-line bestimmt. Die vorgestellten Verfahren wurden an einem Roboterarm vom Typ manutec r3 erfolgreich erprobt.

Einleitung

Herkömmliche Roboterregelungen behandeln einem Roboterarm als eine Ansammlung voneinander unabhängiger Antriebe, deren Bewegungen sich nur unwesentlich gegenseitig beeinflussen (Bild 1). Man nimmt an, daß die einzelnen

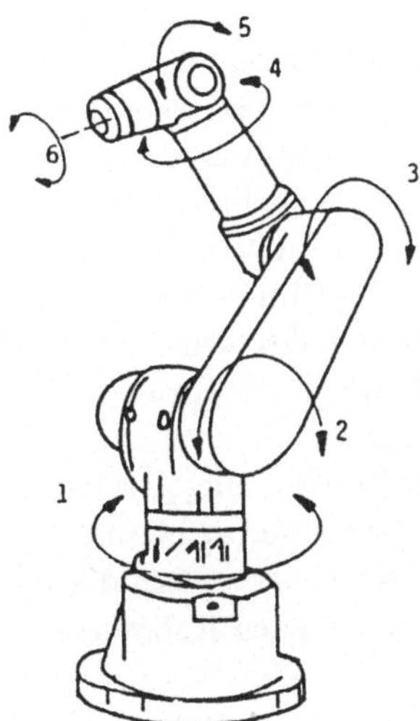

Bild 1: Der Roboterarm manutec r3 mit seinen Bewegungsachsen [9]

Achsregelkreise unter allen Arbeitsbedingungen ausreichend genau arbeiten, um die von den Sollwerten im Raum vorgegebene Bahn einzuhalten.

Bei hohen Anforderungen an die Bahngenauigkeit, vor allem bei schnellen Bewegungen, reicht ein solcher pauschaler Ansatz nicht mehr aus. Variable Trägheitsmomente (durch wechselnde Armstellungen und Handhabungslasten), Kopplungen zwischen den Achsen, Elastizitäten der Getriebe und des Arms, Reibung und Lose müssen bei der Auslegung der Regelung berücksichtigt werden, es wird ein *dynamisches Modell* des Arms benötigt.

Bild 2 zeigt einige der genannten Effekte am Beispiel der ersten Bewegungsachse des manutec r3. Bei nahezu gleichen Stellgrößenverläufen (aufgetragen ist der auf den Abtrieb umgerechnete Antriebsstrom, hier etwa 20% des Nennwertes) kommt es bei senkrecht gestrecktem Arm zu einem wesentlich schnelleren Drehzahlanstieg als bei horizontaler Streckung, verursacht durch das um mehr als den Faktor drei kleinere Trägheitsmoment um Achse 1. In der horizontalen Stellung sind deutliche Schwingungen zu erkennen. Ferner weisen die Nulldurchgänge der Drehzahlen Knicke auf, Auswirkung einer nennenswerten Haftreibung.

Bild 3 zeigt ein Beispiel für die Kopplung zwischen verschiedenen Bewegungsachsen. Bei einem von der Robotersteuerung vorgegebenen, ruckbegrenzten Schwenkvorgang der Achse 3 um 180° wird die darunterliegende Achse 2 durch starke Reaktionsmomente gestört. Der Lageregler kann die Achse 2 nicht exakt in Position halten, wie an der mittleren Kurve (auf den Abtrieb umgerechnete Antriebslage) erkennbar. Die vorhandenen Elastizitäten verstärken die Auslenkung noch, so daß sie in der Praxis sogar mit dem bloßen Auge sichtbar wird.

Das angestrebte dynamische Modell des Roboterarms beschreibt den meßbaren Zusammenhang zwischen den von den Reglern ausgegebenen Stellgrößen (Anregungen) und den daraus resultierenden Bewegungen des Arms (Antworten) möglichst genau (Bild 4). Dabei soll das Modell jedoch so einfach bleiben, daß es nur aus den mit geringem Aufwand verfügbaren Meßgrößen, wie Antriebsströmen und Antriebslagen, bestimmt werden kann. Insbesondere muß man ohne die aufwendige Demontage des Arms zur Vermessung einzelner Teile auskommen. Diese Beschränkungen erlauben es, den Vorgang der Modellierung automatisch ablaufen zu lassen.

Bei einer automatischen Bestimmung des Modells muß der Vorteil einer genaueren, modellgestützten Regelung nicht mit zusätzlichem Abgleichaufwand bei der Installation bezahlt werden, sondern die Regelung kann sich selbsttätig an die Kennwerte des angeschlossenen Roboterarms anpassen.

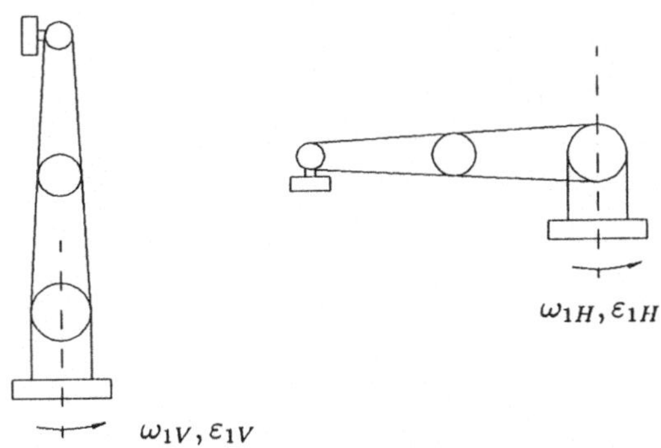

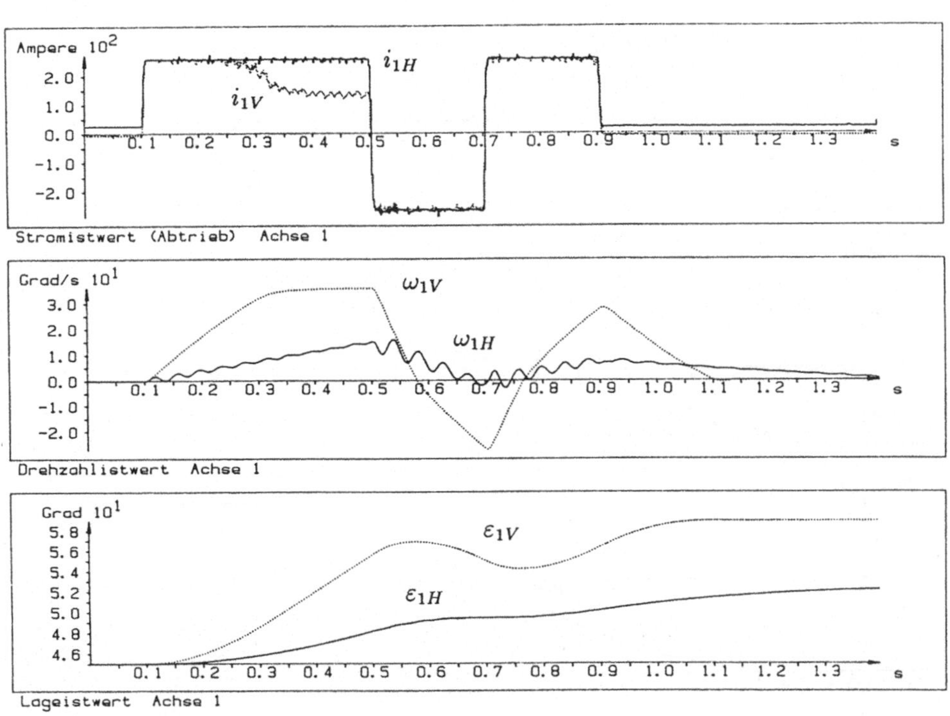

Bild 2: Dynamisches Verhalten von Achse 1

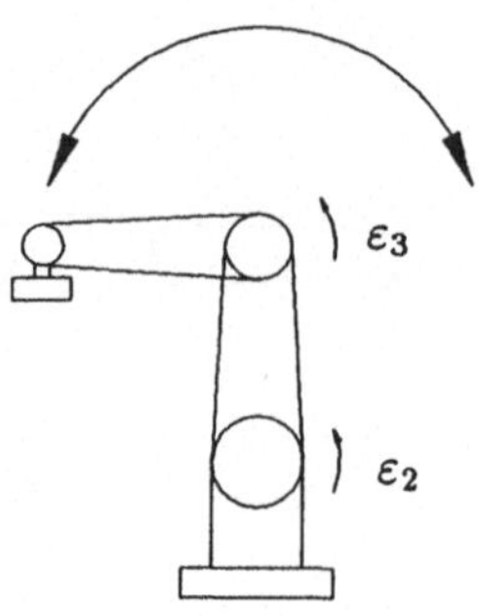

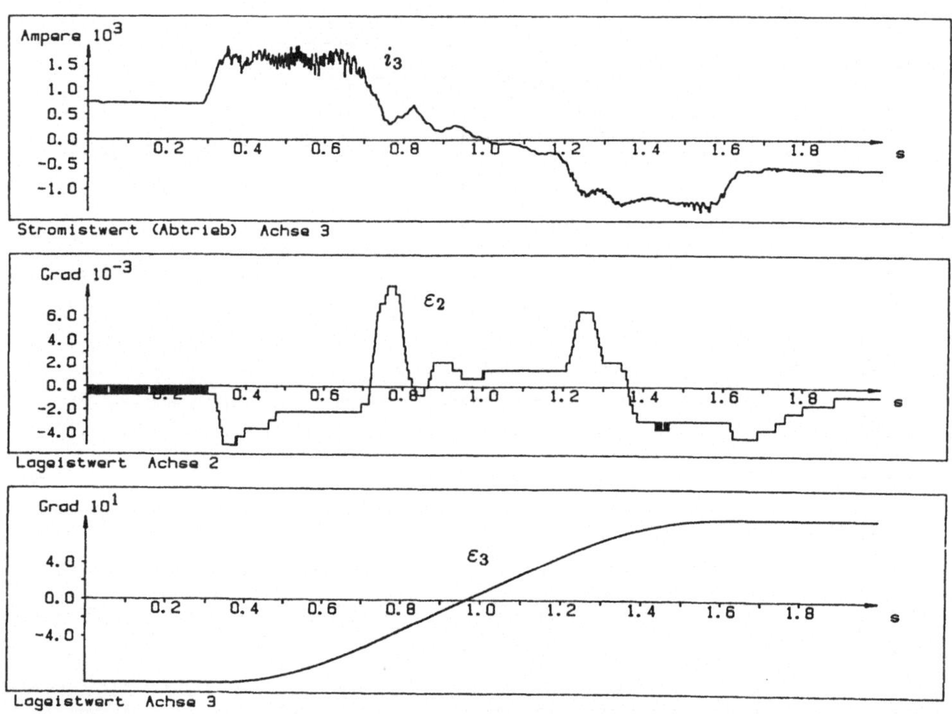

Bild 3: Kopplung der Achsen 2 und 3

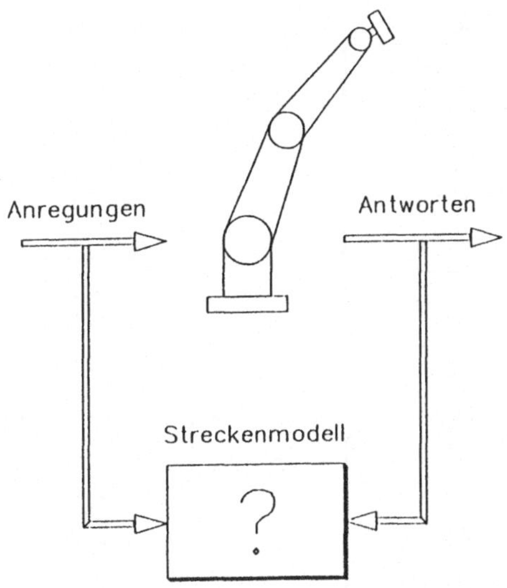

Bild 4: Randbedingungen für die Modellierung

Struktur der Modelle

Alle nachfolgend vorgestellten Ansätze basieren auf einem „Starrkörpermodell", d.h. es wird angenommen, daß der Arm aus starren Körpern besteht, eine Bewegung also nur in den durch die Antriebsachsen vorgegebenen Richtungen möglich ist. Die meist vorhandenen Getriebe können ggf. als konzentrierte Elastizitäten modelliert werden.

Da der Roboterarm mit den Mitteln der analytischen Mechanik recht einfach zu beschreiben ist, bieten sich parametrische Modelle an. Besonders einfache und übersichtliche Modelle lassen sich aus dem Lagrangeschen Energieansatz ableiten, man erhält für jede Achse i eine Bewegungsgleichung der Form

$$
m_i = \sum_{j=1}^{n} J_{ij}(\varepsilon)\ddot{\varepsilon}_j + \sum_{j=1}^{n}\sum_{k=1}^{n} c_{ijk}(\varepsilon)\dot{\varepsilon}_j\dot{\varepsilon}_k + g_i(\varepsilon)
$$
$$
+ \quad k_{ri}(\varepsilon)\dot{\varepsilon}_i + m_{hi}(\varepsilon,\dot{\varepsilon}) \tag{1}
$$

Bei einem rotatorischen Gelenk i steht m_i für das aufzubringende Moment, ε_i für den Winkel, J_{ii} für das in diesem Gelenk wirksame Trägheitsmoment, J_{ij} für das Koppelträgheitsmoment, das bei Beschleunigung des Gelenks j im Gelenk i ein Reaktionsmoment bewirkt, $c_{ijj}\dot{\varepsilon}_j\dot{\varepsilon}_j$ für Zentrifugalmomente, $c_{ijk}\dot{\varepsilon}_j\dot{\varepsilon}_k$ für Coriolismomente, g_i für die Belastungsmomente durch Gravitation, $k_{ri}\dot{\varepsilon}_i$ für geschwindigkeitsabhängige Reibung und m_{hi} für Haftreibung. Die Summen laufen bis n, der Anzahl der berücksichtigten Achsen.

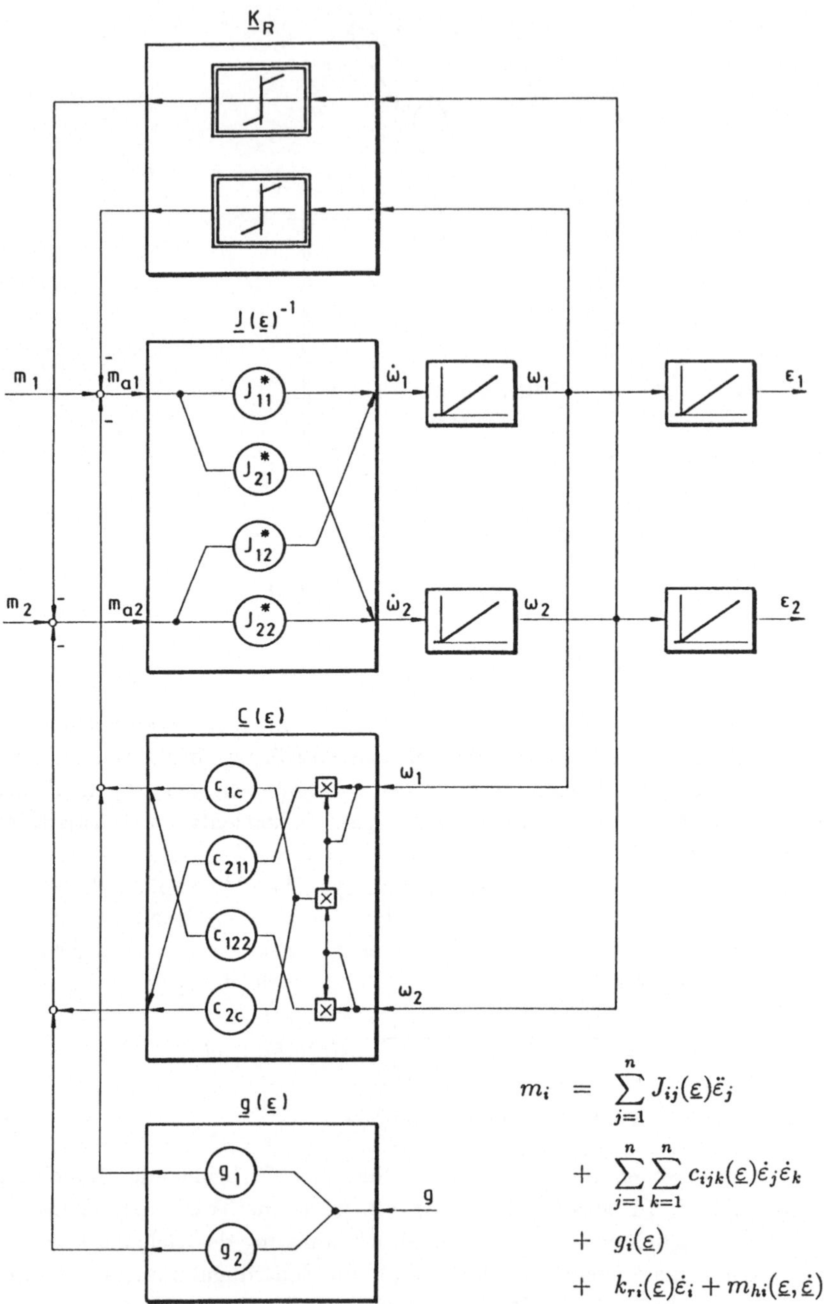

$$m_i = \sum_{j=1}^{n} J_{ij}(\underline{\varepsilon})\ddot{\varepsilon}_j$$
$$+ \sum_{j=1}^{n}\sum_{k=1}^{n} c_{ijk}(\underline{\varepsilon})\dot{\varepsilon}_j\dot{\varepsilon}_k$$
$$+ g_i(\underline{\varepsilon})$$
$$+ k_{ri}(\underline{\varepsilon})\dot{\varepsilon}_i + m_{hi}(\varepsilon,\dot{\varepsilon})$$

Bild 5: Dynamisches Modell des Arms

Ein vollständiges sechsachsigen Modell dieser Art enthält sehr viele Parameter, von denen sich je nach Robotertyp und Art der Testbewegung allerdings nur einige nennenswert auf die Streckenantworten auswirken [5]. Die anderen sind anhand der Messung der Ein- und Ausgangsgrößen nicht oder nur sehr schlecht identifizierbar. Das Modell muß daher beträchtlich vereinfacht werden.

Bild 5 zeigt ein Modell nach Gl. (1) bei Beschränkung auf zwei bewegte Achsen. Die eingekreisten Koeffizienten sind im allgemeinen von der Stellung des Arms (ε) abhängig, bei nur kleinen Auslenkungen aus einem Arbeitspunkt jedoch näherungsweise konstant. Weitere Vereinfachungen können je nach der aktuellen Testbewegung getroffen werden, wie im nächsten Abschnitt gezeigt.

Ein brauchbares Modell kann auch aus den Bewegungsgleichungen der einzelnen Armteile nach Newton und Euler abgeleitet werden, allerdings empfiehlt sich dann eine rekursive Darstellung, und auch hier müssen einige Parameter eliminiert werden, da sie sich nicht oder nur schlecht experimentell schätzen lassen [6,8]. Dieser Ansatz hat einige Vorteile, da er sich schneller an eine neue Kinematik anpassen läßt. Experimentelle Ergebnisse liegen jedoch noch nicht vor.

Automatische Bestimmung der Parameter

Das einfachste Verfahren dient der Ermittlung der Reibkoeffizienten und der Gravitationsmomente und stützt sich auf quasistationäre Messungen, bei denen stets nur eine Achse mit möglichst konstanter Drehzahl verfahren wird, so daß sich die Bewegungsgleichungen (1) vereinfachen zu

$$m_i = g_i(\varepsilon) + k_{ri}(\varepsilon)\dot{\varepsilon}_i + m_{hi}(\varepsilon, \dot{\varepsilon}) \tag{2}$$

Kennlinien wie in Bild 6 für die Summe aus Antriebs- und Abtriebsreibung können so Punkt für Punkt gewonnen werden. Da dies recht langwierig ist, empfiehlt es sich in jedem Fall, Messung und Auswertung zu automatisieren. Die gewonnenen Kennwerte sollten nur zur Orientierung dienen, da bei Reibwerten mit schlechter Reproduzierbarkeit gerechnet werden muß.

Wesentlich interessanter für das dynamische Verhalten des Arms sind die Trägheitsmomente, die bei geschickter Auswahl der Anfangsstellungen durch recht einfache Auswertung von Sprunganworten bestimmt werden können [3]. Auch hier werden einzelne Achsen angeregt, die anderen sind festgebremst oder kurzzeitig gelöst (Antriebsstrom Null). Bild 7 zeigt einen solchen Versuch. Es ist gut zu erkennen, daß nicht nur die angetriebene Achse, sondern auch alle anderen nicht festgebremsten Achsen mit einem von Null verschiedenen Koppelträgheitsmoment beschleunigen. Zur Auswertung kann man im Bereich kleiner Drehzahlen die geschwindigkeitsabhängigen Terme vernachlässigen und erhält somit

$$m_i = \sum_{j=1}^{n} J_{ij}(\varepsilon)\ddot{\varepsilon}_j + g_i(\varepsilon) + m_{hi}(\varepsilon, \dot{\varepsilon}) \tag{3}$$

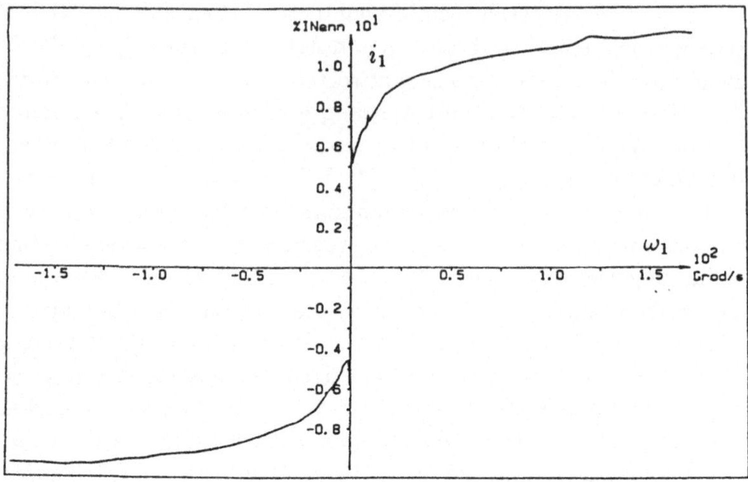

Bild 6: Typische Reibkennlinie

Bei Durchführung mehrerer gleichartiger Versuche mit verschiedenen Amplituden der Anregung erhält man genug Gleichungen, um die Unbekannten zu bestimmen. Das Problem der zweifachen numerischen Differentiation zur Berechnung der $\ddot{\varepsilon}$ umgeht man durch Tiefpaßfilterung oder Berechnung von Ausgleichsgeraden. Dabei wird gleichzeitig die in Gl. (3) nicht modellierte Schwingung beseitigt.

Die einfache und relativ robuste Auswertung bei der Aufnahme von Sprunganworten hat allerdings auch eine Kehrseite: Zur Messung muß der geschlossene Regelkreis kurzzeitig aufgetrennt werden, das Risiko eines Beschädigung des Gerätes oder gar einer Verletzung des Bedieners ist dadurch erhöht.

Der allgemeinste bisher betrachtete Ansatz funktioniert dagegen auch im geschlossenen Kreis. Die zugrundeliegenden Gleichungen entstehen aus Gl. (1) nach folgenden Vereinfachungen:

- Beschränkung auf 2 Achsen

- Vernachlässigung der Coriolis- und Zentrifugalmomente

- einfaches, entkoppeltes Modell der Reibung

- Vernachlässigung der Antriebsdynamik

- Linearisierung an einem Arbeitspunkt

- Ausschluß einer Richtungsumkehr bei der Messung

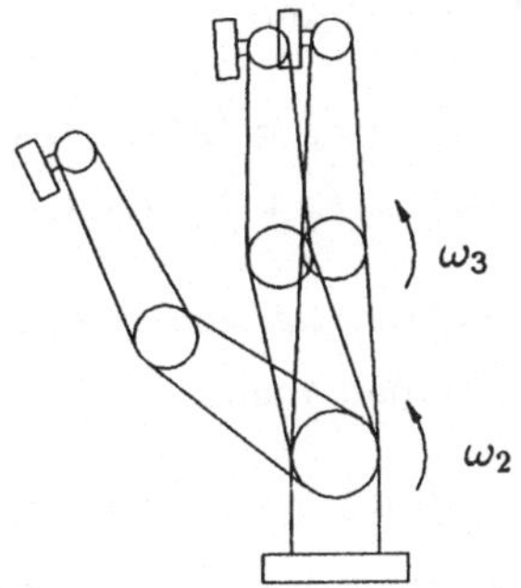

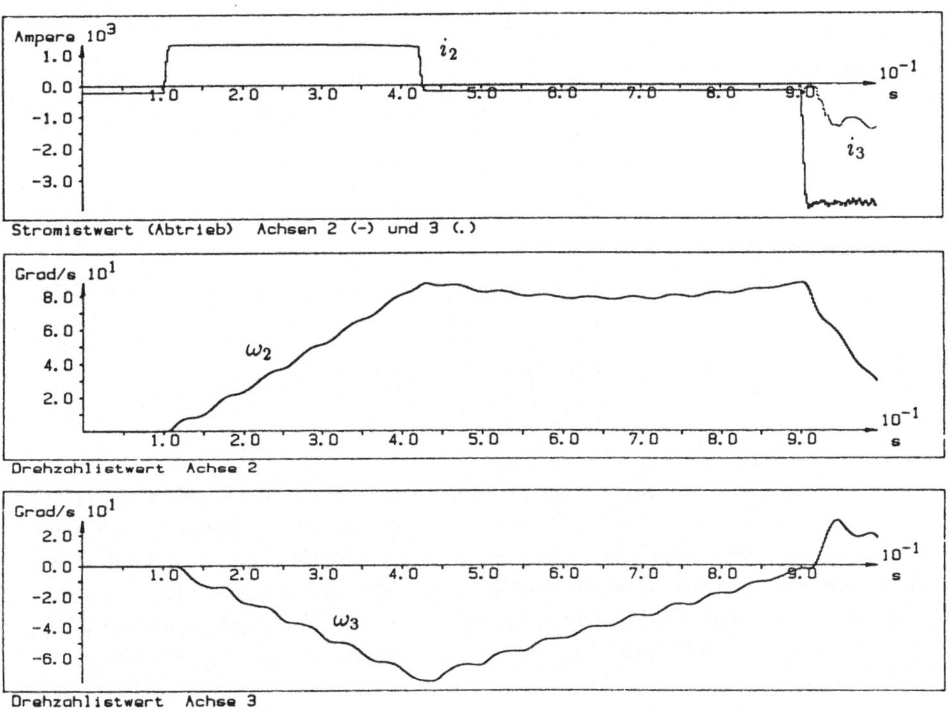

Bild 7: Testbewegung: Achse 2 mit Sprung angeregt, Achse 3 gelöst

Damit gilt z.B. für die Achsen 2 und 3:

$$k_{m2}\, i_2 \;=\; J_{22}\ddot{\varepsilon}_2 + J_{23}\ddot{\varepsilon}_3 + k_{r2}\dot{\varepsilon}_2 + g_2 + m_{h2}$$

$$k_{m3}\, i_3 \;=\; J_{32}\ddot{\varepsilon}_2 + J_{33}\ddot{\varepsilon}_3 + k_{r3}\dot{\varepsilon}_3 + g_3 + m_{h3} \tag{4}$$

mit k_{mi} als der Drehmomentkonstanten des Antriebs i.

Nach weiterer Umformung erhält man

$$i_2 \;=\; k_{21}\ddot{\varepsilon}_2 + k_{22}\ddot{\varepsilon}_3 + k_{23}\dot{\varepsilon}_2 + k_{25} \tag{5}$$

$$i_3 \;=\; k_{31}\ddot{\varepsilon}_2 + k_{32}\ddot{\varepsilon}_3 + k_{34}\dot{\varepsilon}_3 + k_{35} \tag{6}$$

und bei Berücksichtigung gestörter Meßwerte

$$e_2 \;=\; -i_2 + \underline{k_2}^T \underline{x} \tag{7}$$

$$e_3 \;=\; -i_3 + \underline{k_3}^T \underline{x} \tag{8}$$

mit den Parametervektoren

$$\underline{k_2}^T \;=\; \frac{1}{k_{m2}}\left(J_{22}, J_{23}, k_{r2}, 0, (g_2 + m_{h2})\right) \tag{9}$$

$$\underline{k_3}^T \;=\; \frac{1}{k_{m3}}\left(J_{32}, J_{33}, 0, k_{r3}, (g_3 + m_{h3})\right), \tag{10}$$

dem Meßwertvektor

$$\underline{x} \;=\; \begin{pmatrix} \ddot{\varepsilon}_2 \\ \ddot{\varepsilon}_3 \\ \dot{\varepsilon}_2 \\ \dot{\varepsilon}_3 \\ 1 \end{pmatrix} \tag{11}$$

und den Gleichungsfehlern e_2 und e_3.

Man regt nun beide Achsen an und zeichnet die resultierende Bewegung auf. Mit Hilfe des Verfahrens der kleinsten Quadrate werden die Parametervektoren $\underline{k_2}$ und $\underline{k_3}$ so bestimmt, daß die Summe der Quadrate der Gleichungsfehler über N Abtastschritte minimal wird. Steilflankige Tiefpaßfilterung der Ein- und Ausgangsgrößen ermöglicht die zweimalige numerische Differentiation und beseitigt die in den Gln. (7–11) nicht berücksichtigten Schwingungen. In Bild 8 ist der gesamte Vorgang graphisch dargestellt.

Wichtig ist, daß bei dieser Prozedur ein *inverses Modell* geschätzt wird, mit dem in sehr einfacher Weise aus einem einem Satz von Winkelverläufen die Stromverläufe berechnet werden können. Damit hat das Modell die günstigste Form für die Vorsteuerung oder nichtlineare Entkopplung. Die Umkehrung des Modells ist aufwendig, wird aber nur selten benötigt.

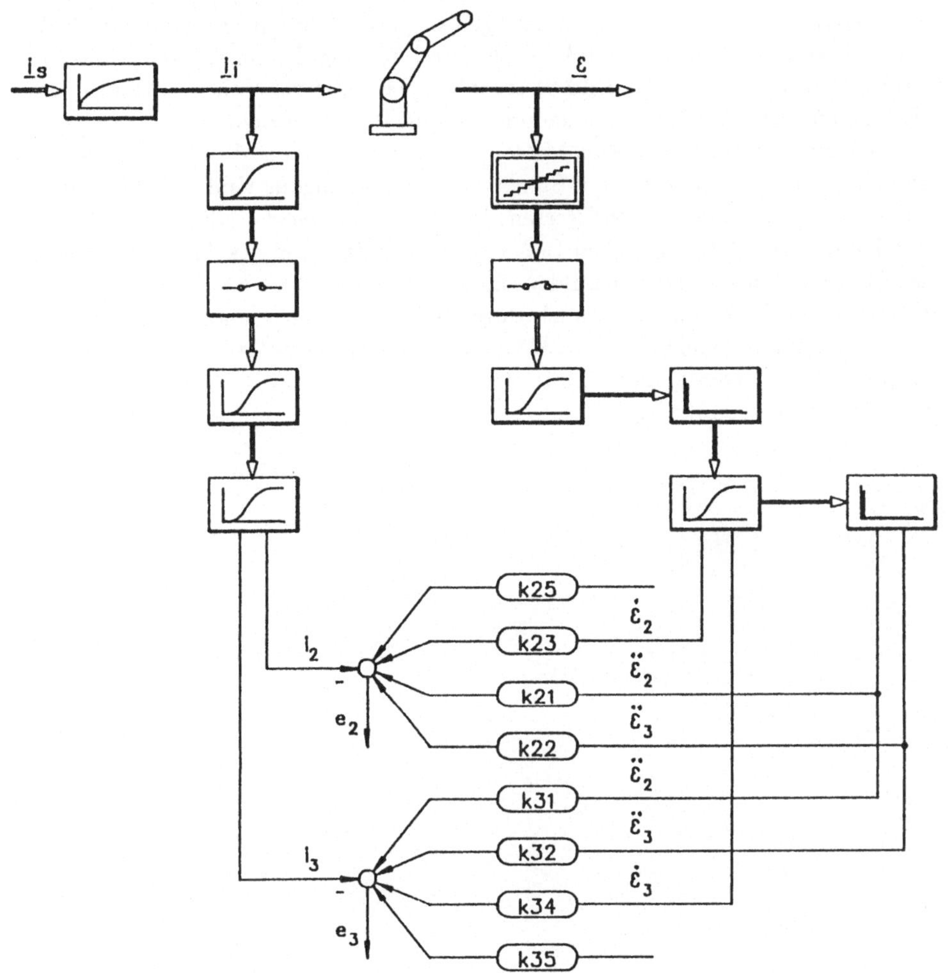

Bild 8: Schätzung eines linearisierten, zweiachsigen Modells

Praktische Ergebnisse

Aus Platzgründen soll hier nur die Schätzung eines zweiachsigen, linearisierten Modells nach Bild 5 diskutiert werden, und zwar im geschlossenen Kreis, d.h. bei Betrieb mit Drehzahlregler. Das Testsignal bestand aus je einer Folge von Drehzahlsollwert-Sprüngen für die Achsen 2 und 3 (Bild 9). Die Istwerte der Antriebsströme wurden gemessen und gefiltert (Bild 9 unten), gleiches gilt für die Antriebswinkel (Bild 10 rechts). Nach Durchführung der im vorigen Abschnitt umrissenen Prozedur (vgl. Bild 8) ergab sich ein Satz von Schätzwerten für die Trägheitsmomente, Gravitationsmomente und Reibkoeffizienten.

Zur Kontrolle wurde dieses Modell mit den gemessenen Winkelverläufen simuliert, die damit berechneten Stromverläufe am Eingang sind in Bild 10 links über die gemessenen und gefilterten Stromverläufe gelegt. Offenbar kann das Modell die Beziehung zwischen Ein- und Ausgangsgrößen des Arms nicht in allen Einzelheiten korrekt nachbilden, im großen arbeitet es jedoch sehr gut. Die Qualität der Schätzung wird auch durch andere Versuche und durch eine Abschätzung anhand von bekannten Körperdaten des r3 bestätigt. Bild 11 stellt exemplarisch die experimentell ermittelten und die erwarteten Trägheitsmomente in einem Arbeitspunkt gegenüber.

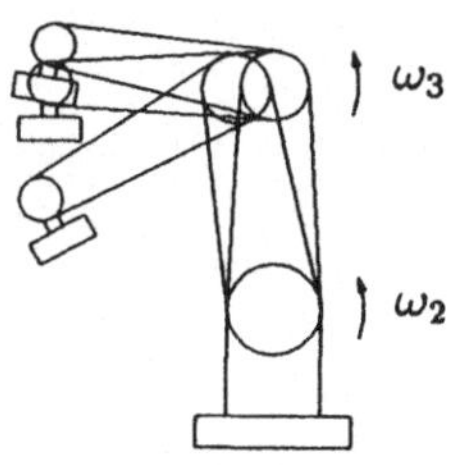

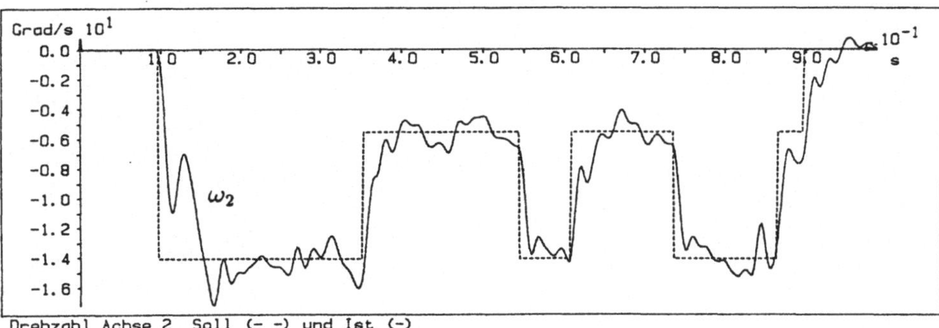

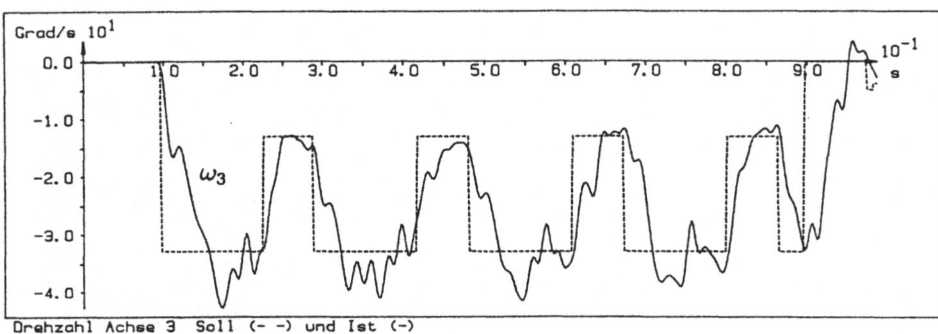

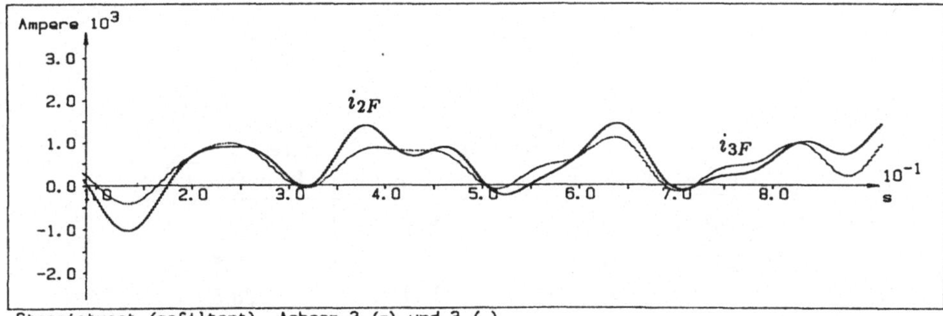

Bild 9: Identifikation einen zweiachsigen Modells im geschlossenen Kreis

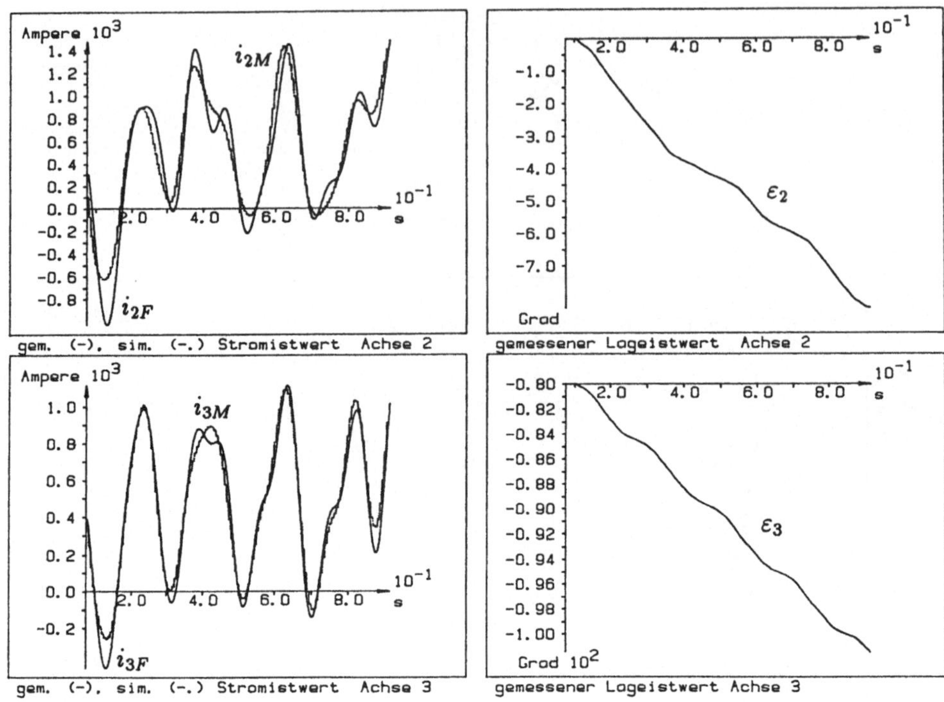

Bild 10: Vergleich des identifizierten Modells mit den gefilterten Meßwerten

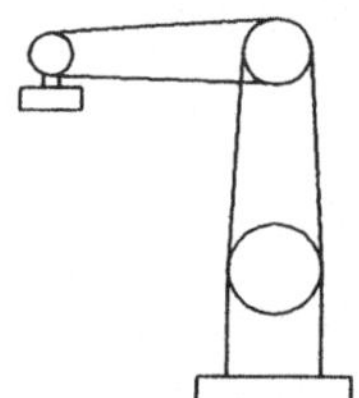

Größe	Messung		Berechnung aus
	offener Kreis	geschl. Kreis	Konstr.daten
J_{22} (kgm^2)	97.5	96.9	108
J_{23} (kgm^2)	27.3	27.9	23.5
J_{32} (kgm^2)	26.5	25.1	23.5
J_{33} (kgm^2)	34	33.6	34.8

Bild 11: Ermittelte Trägheitsmomente in der „Kran"-Stellung

Literaturverzeichnis

[1] G. Seeger: *Ermittlung und Identifikation linearer und nichtlinearer System-parameter von Roboterarmen.* Interner Bericht 1986, TU Braunschweig

[2] S. Simons: *Identifikation dynamischer Parameter eines Roboterarms an-hand gemessener Einschwingvorgänge.* Diplomarbeit, TU Braunschweig, Aug. 1988

[3] H.J. Klusemann: *Identifikation der Parameter eines starren, nichtlinearen Robotermodells.* Diplomarbeit, TU Braunschweig, Nov. 1987

[4] M. Otter, S. Türk: *The DFVLR Models 1 and 2 of the Manutec r3 Robot.* DFVLR-Mitteilg. 88-13, Oberpfaffenhofen, 1988

[5] B. Armstrong, O. Khatib, J. Burdick: *The explicit dynamic model and inertial parameters of the PUMA 560 arm.* Proc. IEEE Int. Conf. Robotics and Automation, San Francisco, April 1986, S. 510–518

[6] C.G. Atkeson, C.H. An, J.M. Hollerbach: *Estimation of Inertial Parame-ters of Manipulator Loads and Links.* Robotics Research 3, MIT Press, Cambridge, Mass., 1986, S. 221–228

[7] M. Brady, u.a. (Hrsg): *Robot Motion: Planning and Control.* MIT Press, Cambridge, Mass., 1983

[8] W. Khalil, M. Gautier, J.F. Kleinfinger: *Automatic Generation of Identi-fication Models of Robots.* International Journal of Robotics and Automa-tion, 1986, No. 1, S. 2–6

[9] Manutec GmbH: *Bedienungsanleitung Gelenkroboter r3.* November 1984

Off-Line Programmierung und kinematische Simulation von Industrierobotern

von U. Schlorff

EINLEITUNG

Die Programmierung von Industrierobotern für komplexere Anwendungen erfolgt zunehmend nicht mehr per Teach–in Verfahren, sondern off–line in einer Roboterprogrammiersprache. Vor der Übertragung an die Steuereinheit des Roboters werden die Programme mit Hilfe von Robotersimulationssystemen verifiziert, die ein Modell der Fertigungszelle enthalten, das auf einem graphischen Ausgabegerät angezeigt wird und dem Benutzer einen Eindruck von der Wirkung der programmierten Roboteroperationen vermitteln. Die zur Zeit verwendeten expliziten Roboterprogrammiersprachen verlangen vom Programmierer, daß er sämtliche Roboteraktionen und -bewegungsziele spezifiziert, was selbst für kleinere Anwendungen sehr aufwendig sein kann. Ziel gegenwärtiger Forschung ist daher die Entwicklung aufgabenorientierter Robotersprachen, bei denen der Programmierer letztlich nur noch das Ziel der Aufgabe angibt und die Planung der Aktionsfolge dem Programmiersystem überläßt. Neben den gegenwärtigen Verfahren zur Roboterprogrammierung und den Methoden zur Robotersimulation werden in diesem Beitrag die Anforderungen an zukünftige Off–line Programmiersysteme vorgestellt.

ROBOTERPROGRAMMIERMETHODEN

Teach–in Programmierung

Die gegenwärtig in der industriellen Praxis vorherrschende Methode zur Programmierung von Robotern ist das sogenannte Teach–in Verfahren [z.B. ENGE80, DEIS85, RAAB86]. Da der Roboter zur Programmierung benötigt wird, bringt dieses Verfahren eine Reihe von Nachteilen mit sich [YONG85, POLL86, KLEI86]:

- Der Roboter fällt während der Programmierung für die Produktion aus. Die Fertigung kleiner und mittlerer Stückzahlen ist wirtschaftlich nur möglich, wenn geringe Umrüst- und Programmierzeiten erreichbar sind. Die Programmierung komplexerer Aufgaben mit dem Teach–in Verfahren erfordert jedoch einen überproportionalen Zeitaufwand. Diese Methode ist also inflexibel und unwirtschaftlich, falls das Verhältnis von Programmierzeitdauer zu Produktionszeitdauer groß ist.

- Die Programmierung wird durch die Umgebungsbedingungen im Fertigungsbereich (Lärm, Geruch, etc.) oft zusätzlich erschwert. Es werden daher hohe Anforderungen an den Programmierer gestellt.

- Da sich Menschen während der Programmierung im Arbeitsraum des Manipulators aufhalten, können aus Sicherheitsgründen (Kollisionsgefahr, Arbeitsschutzmaßnahmen) die Bewegungen nur mit reduzierter Geschwindigkeit während der Lernphase ausgeführt werden.

- Als eine Folge davon können echte Zykluszeiten nur schwer abgeschätzt werden. Die notwendige Optimierung erhöht den Programmieraufwand und damit die Ausfallzeit zusätzlich. Außerdem erfolgt eine Optimierung nur aufgrund der Erfahrungen des Programmierers und nicht aufgrund präziser Berechnungen.

Die Teach-in Methode ist also nur dann befriedigend, wenn das Verhältnis von Programmierzeit zu Produktionszeit klein (Massenproduktion, wie in der Automobilindustrie) und die Komplexität der Aufgabe nicht zu anspruchsvoll ist.

Off–line Programmierung

Durch Off–line Programmierung von Industrierobotern versucht man die Nachteile der Teach–in Methode zu vermeiden. Das Roboterprogramm wird hierbei ganz oder teilweise ohne Verwendung des Roboters an einem Rechner erstellt und anschließend an die Steuereinheit des Roboters übertragen. Diese Vorgehensweise bietet folgende Vorteile [YONG85, POLL86, KLEI86, REMB86, SCHL87]:

- Während der Programmerstellung bleibt der Roboter in der Produktion und kann damit effizienter genutzt werden. Die Verwendung höherer Roboterprogrammiersprachen vereinfacht die Programmierung komplexer Aufgaben und verbessert die Lesbarkeit, Änderbarkeit und Dokumentation der Programme.

- Der Programmierer befindet sich geringere Zeit in gefährlichen Roboterumgebungen.

- Mit Hilfe von Postprozessoren kann ein Off–line System zur Programmierung verschiedener Robotertypen benutzt werden, wodurch der Aufwand zur Ausbildung der Programmierer reduziert wird.

- Die mögliche Integration mit CAD/CAM–Systemen durch standardisierte Schnittstellen (IGES, VDAFS, o.a.) begrenzt den Aufwand der Datenhaltung des Off–line Systems und erlaubt umgekehrt, die Zentralisierung der Roboterprogramme für den Zugriff durch andere Fertigungsfunktionen wie z.B. die Produktionsplanung und Produktionssteuerung.

- Durch den Einsatz von Simulatoren wird die Verifikation der Programme (z.B. Test auf Kollisionsfreiheit) möglich.

- Schließlich können die Programme vor dem praktischen Einsatz optimiert werden, was zu einer Kostensenkung bei gleichzeitiger Qualitätssteigerung führt. Ein Beispiel stellt die Ermittlung der optimalen Bahn zum Auftrag einer gleichmässigen Farbschicht für eine Lackieraufgabe dar [KLEI86].

Offensichtliche Schwachstelle der Off–line Programmiermethode ist die Definition von Raumpunkten und Bewegungstrajektorien, da der Programmierer eine zu ungenaue räumliche Vorstellung besitzt [BLUM83]. Daher ermöglichen viele Off–line Programmiersysteme die Definition von Bewegungspunkten per Teach–in. Mögliche Abhilfe können hier nur ein Zugriff auf zuverlässige CAD-Daten und die Nutzung von Robotersimulationssystemen schaffen (graphisches Teach–in).

Aufbau eines Off–line Programmiersystems

Um Roboterprogramme off–line zu erstellen, müssen Informationen über die zu programmierende Aufgabe vorliegen. Es wird daher ein 3-dimensionales Weltmodell benötigt, das die Beschreibung der beteiligten Komponenten und ihrer Beziehungen untereinander umfaßt. Die Möglichkeit, über standardisierte Schnittstellen (IGES, VDAFS, o.a.) Daten von CAD-Datenbanken zu übernehmen, verringert den Modellierungsaufwand erheblich und ist aus Sicht einer Integration (beispielsweise zur Erhaltung der Datenkonsistenz) anstrebenswert. Kommerzielle Off–line Systeme, wie z.B. ROBCAD des Herstellers Tecnomatix [TECN87] und das CATIA-Robotics System von Dassault [IBM87], verfügen deshalb über solche Schnittstellen. Die Modellierung von Robotern (Kinematik, Gliedgeometrien, Gelenkstellbereiche, Geschwindigkeitsprofile, u.s.w.) als Bestandteile einer Fertigungszelle ist zur Programmverifikation ebenfalls nötig (Bild 1). Ein Vorschlag zur objektorientierten Datenhaltung in einem technischen Datenbanksystem für Robotikanwendungen wird in [DADA87] vorgestellt.

Unter Verwendung des Modells der Fertigungszelle (Layout) formuliert der Programmierer anschließend das Roboterprogramm. Dies kann in einer Roboterpro-

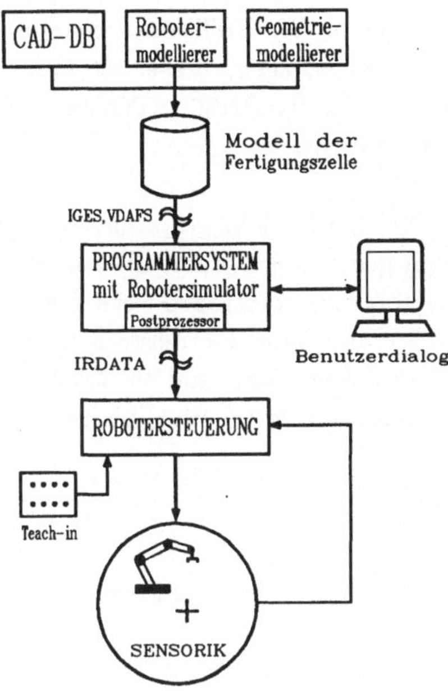

Bild 1 Aufbau eines allgemeinen Off-line Roboterprogrammiersystems

grammiersprache (textuell) und/oder durch graphisch-interaktive Methoden erfolgen bzw. unterstützt werden. So können im ROBCAD-System Roboterprogramme sowohl textuell durch Verwendung der sogenannten Task Description Language (TDL) als auch per graphischem Teach-in Verfahren erzeugt werden. Die Spanne heutiger Roboterprogrammiersprachen reicht von maschinennahen, assemblerähnlichen Sprachen (z.B. SIGLA von Olivetti) bis zu höheren Programmiersprachen (wie AL, PasRo, u.a.), die neben den bekannten Kontrollmechanismen, die Manipulation geometrischer Datentypen, die Verarbeitung von Sensordaten sowie eine Reihe von Bewegungsanweisungen vorsehen. An der TU Braunschweig wird gegenwärtig die höhere, auf C basierende Roboterprogrammiersprache ZERO entwickelt [ERNE88]. Diese Sprache ist vor allem durch ein Konzept zur Spezifikation sensorgeführter Roboterbewegungen, wie sie z.B. beim Bahnschweißen und Fügen von Teilen nötig sind, gegenüber anderen Robotersprachen ausgezeichnet.

Roboterprogramme müßen nach der Erstellung verifiziert werden. Neben der Überprüfung der Programmlogik und einem Erreichbarkeitstest, d.h. Überprüfung der Bewegungen auf Einhaltung der erlaubten Gelenkstellbereiche, schließt die Verifikation auch die Detektion etwaiger Kollisionen des Manipulators mit Komponenten der Fertigungszelle ein. Die Kollisionserkennung kann visuell an einem graphischen Simulationssystem erfolgen, besser ist eine automatische, dynamische Kollisionsüberwachung [z.B. WARN86, STOB86], wie sie beispielsweise im ROBCAD-System implementiert ist.

Schließlich muß das im Off–line System gespeicherte Programm in ein für die jeweilige Robotersteuerung geeignetes Format übersetzt werden, bevor es an die Steuereinheit des Industrieroboters übertragen werden kann. Die Einführung eines Standardformats zur Beschreibung von Roboterprogrammen, wie es beispielsweise der IRDATA-Entwurf [VDI86] vorschlägt, und die Verwendung einer Robotersteuerung, die dieses Programmformat verarbeitet, könnte dieses Schnittstellenproblem wesentlich vereinfachen.

KINEMATISCHE ROBOTERSIMULATION

Neben dem oben beschriebenen allgemeinen Aufbau eines Off–line Programmiersystems für Industrieroboter, existieren rein textuelle Systeme, die über keine graphischen Simulationsmöglichkeiten verfügen. Hierzu zählen beispielsweise das VAL-II System von Unimation [UNIM86, YONG85] oder das an der Universität Hannover entwickelte Off–line Programmiersystem DROPSYS zur Erstellung von SRCL-Programmen für die RCM3-Robotersteuerung von Siemens [POPP87]. Ein Off–line Programmiersystem kann aber nur dann effizient eingesetzt werden, falls die Roboterprogramme zu einem großen Teil auch off–line verifiziert werden können. Daher stellen Robotersimulatoren ein wichtiges Werkzeug für die Off–line Programmierung von Industrierobotern dar.

Robotermodellierung

Zur Simulation von Industrierobotern wird ein rechnerinternes Modell des Manipulators benötigt. Der Genauigkeitsgrad der Modellierung wird durch den Zweck der Simulation bestimmt. Für die Bewegungssimulation zur Verfikation von Roboterprogrammen ist eine Berücksichtigung der Roboterdynamik zu komplex und in vielen Fällen auch nicht nötig. Kommerzielle Robotersimulationssysteme wie ROB-CAD oder CATIA-Robotics beschränken sich daher auf die kinematische Robotermodellierung. Die Modellierung eines Roboters erfolgt im wesentlichen in zwei Schritten:

- Modellierung der Kinematik
- Modellierung des Roboterkörpers

Die *Kinematikmodellierung* eines Roboters umfaßt die Beschreibung der kinematischen Struktur und die Festlegung der Stellbereiche sowie Geschwindigkeitsprofile seiner Gelenke. Zur mathematischen Definition einer Roboterkinematik [z.B. PAUL83] werden den Gliedern des Armes körperfeste Koordinatensysteme zugeordnet. Die Lage eines Koordinatensystems, d.h. die Position und Orientierung bezüglich eines Referenzsystems, ist durch eine homogene Transformationsmatrix darstellbar. Mit Hilfe der Denavit-Hartenberg-Notation [DENA55] kann der Übergang von einem Gliedkoordinatensystem T_{i-1} zu einem nachfolgenden Gliedkoordinatensystem T_i beschrieben werden (vgl. Bild 2). Die homogene Transformationsmatrix A_i, die diesen Übergang beschreibt, wird durch vier Parameter folgendermaßen definiert:

$$A_i = Rot(z_{i-1}, \theta_i) \; Trans(z_{i-1}, d_i) \; Trans(x_i, a_i) \; Rot(x_i, \alpha_i)$$

$$= \begin{pmatrix} cos\theta_i & -sin\theta_i & 0 & 0 \\ sin\theta_i & cos\theta_i & 0 & 0 \\ 0 & 0 & 1 & 0 \\ 0 & 0 & 0 & 1 \end{pmatrix} \begin{pmatrix} 1 & 0 & 0 & a_i \\ 0 & 1 & 0 & 0 \\ 0 & 0 & 1 & d_i \\ 0 & 0 & 0 & 1 \end{pmatrix} \begin{pmatrix} 1 & 0 & 0 & 0 \\ 0 & cos\alpha_i & -sin\alpha_i & 0 \\ 0 & sin\alpha_i & cos\alpha_i & 0 \\ 0 & 0 & 0 & 1 \end{pmatrix}$$

$$= \begin{pmatrix} cos\theta_i & -sin\theta_i cos\alpha_i & sin\theta_i sin\alpha_i & a_i cos\theta_i \\ sin\theta_i & cos\theta_i cos\alpha_i & -cos\theta_i sin\alpha_i & a_i sin\theta_i \\ 0 & sin\alpha_i & cos\alpha_i & d_i \\ 0 & 0 & 0 & 1 \end{pmatrix}$$

Durch Angabe der vier Parameter für sämtliche Gelenke des Roboters und anschließender Aufmultiplikation der Transformationsmatrizen ist die Stellung des Manipulatorarms definiert. Durch eine einfache Erweiterung dieser Notation (Bild 3) lassen sich auch Greiferkinematiken modellieren [SCHL87]. Nach zusätzlicher Angabe der Stellbereiche und -geschwindigkeiten für sämtliche Gelenke ist die Kinematik des Roboters vollständig beschrieben.

Im zweiten Teil erfolgt die *Modellierung des Roboterkörpers*. Dazu ist in vielen Simulationssystemen ein Geometriemodellierer integriert (z.B. in ROBCAD) bzw. die Simulatoren selbst sind spezieller Teil eines allgemeinen CAD-Systems (wie im Falle des CATIA-Systems). Für eine komplette dreidimensionale Beschrei-

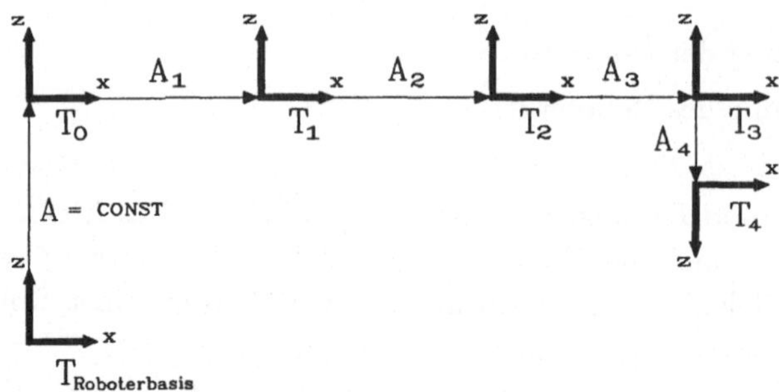

Bild 2 Skelettstruktur eines vierachsigen Manipulators. Die Lage eines Gliedkoordinatensysteme T_i wird durch Aufmultiplikation der davorliegenden A–Matrizen bestimmt.

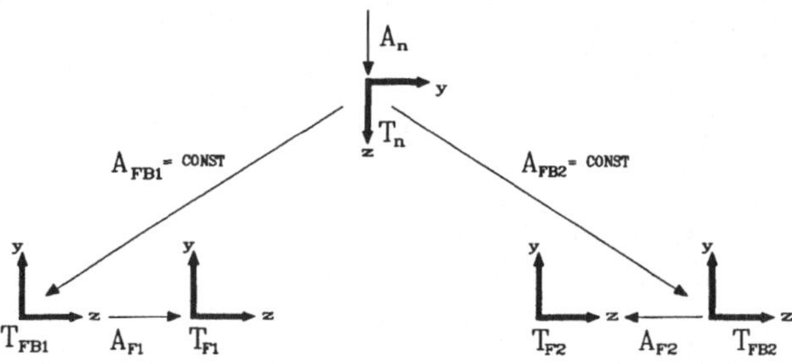

Bild 3 Kinematische Modellierung eines Zweifinger–Greifers. Die Matrix T_n definiert die Lage des Manipulatorarmendpunktes. Zwei konstante Transformationen führen zu den Greifbackenbezugssystemen T_{FB1} bzw. T_{FB2}. Die variablen Transformationen A_{F1} und A_{F2} definieren die Übergänge zu den beiden Greifbacken.

bung der Objekte ist eine solide Körpermodellierung erforderlich, um die Erkennung von Kollisionen zu ermöglichen. Zudem können in der graphischen Ausgabe verdeckte Objektkanten bzw. -flächen nur dann eliminiert werden, wenn ein solides Körpermodell vorliegt. Der Geometriemodellierer eines Robotersimulationssystems sollte zusätzlich erlauben, Koordinatensysteme an Objektflächen zu definieren, um so Greif- oder Montagebezugspositionen festzulegen [LALO88]. In den meisten Simulationssystemen, werden Polyeder zur Darstellung körperhafter Objekte verwendet, da zu dieser Datenstruktur im Gegensatz zu anderen Darstellungsmöglichkeiten eine Vielzahl von effizienten Algorithmen existieren. Rotationskörper können auf diese Weise aber nur approximiert werden, wodurch bestimmte Operationen (z.B. das Fügen eines Stifts in eine Bohrung) nur beschränkt darstellbar sind.

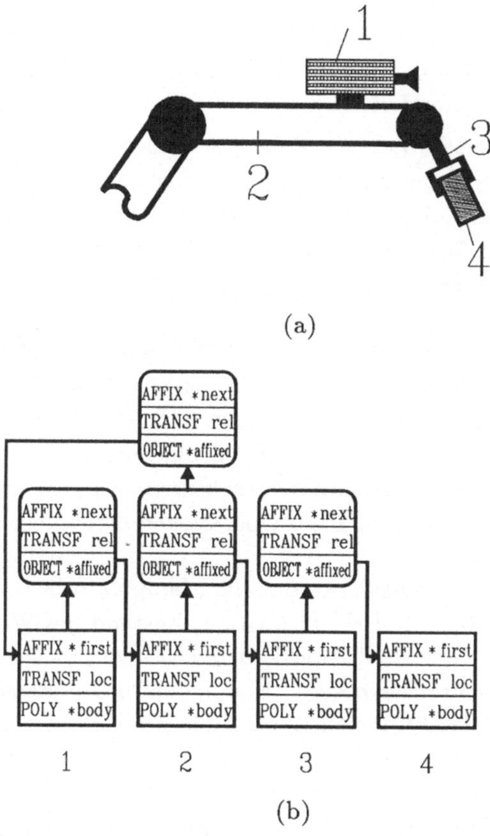

Bild 4 (a): Beispiel für eine einfache Szene. Das Bild zeigt den Teil eines Manipulatorarmes. Am Glied (2) ist eine Kamera (1) befestigt. Ein Objekt (4) wird vom Greifer (3) gehalten, der wiederum über ein Gelenk mit dem Glied (2) gekoppelt ist.
(b): Modellierung der Szene (a) mit Hilfe von Objekt- und Affixment-Datenstrukturen. Der Greifer (3) ist über ein Affixment mit dem Glied (2) verbunden. Die Transformationsmatrix *TRANSF rel* im zugehörigen Affixmentelement ist variabel und modelliert das Gelenk zwischen Armglied und Greifer. Die Befestigung der Kamera am Glied (2) wird durch eine kreuzweise Verkettung der beiden Objekte über Affixments repräsentiert.

Sind die Roboterkomponenten modelliert, so muß schließlich ihre Plazierung und Gelenkzuordnung vorgenommen werden. Die Plazierung der Körper erfolgt wiederum durch Angabe homogener Transformationsmatrizen, die die Lage der Objektkoordinatensysteme definieren. Die Zuordnung der Körperelemente zu den Robotergelenken erfolgt mit Hilfe sogenannter *Affixments* (Bild 4). Ein Affixment definiert

- eine Befestigung zwischen zwei Objekten. Ein Objekt B, das über ein Affixment mit einem Objekt A verbunden ist, ist mitzubewegen, wenn sich die Lage von Objekt A verändert.

- die relative Lage zweier Objektkoordinatensysteme zueinander, die durch eine homogene Transformationsmatrix beschrieben wird. Die relative Lage zweier aufeinanderfolgender Roboterglieder ist durch das dazwischenliegende Gelenk variabel. Die Transformationsmatrix im entsprechenden Affixmentelement stellt die oben beschriebene A-Matrix dar.

An einem Objekt können mehrere Objekte befestigt sein. Ein Affixment verweist daher auf weitere Affixmentelemente. Dieses Konzept ermöglicht so eine automatische Verwaltung komplexer Objekthierarchien (z.B. von Baugruppen), wie sie für eine Roboterfertigungszelle typisch sind. Schließlich sind mit dem dynamischen Auf- und Abbau von Affixmentdatenstrukturen zwischen einem Werkstück und einem Robotergreifer Pick-and-Place Operationen darstellbar.

Zur *Animation der Robotermodelle* werden die Manipulatorbewegungen in Teilschritte zerlegt. Nach jedem Teilschritt wird der Zustand des Weltmodells, d.h. die momentane Lage der Objekte der Fertigungszelle, berechnet und anschließend auf einem Graphikbildschirm angezeigt. Kommerzielle Robotersimulatoren wie CATIA-Robotics und ROBCAD greifen dabei auf leistungsfähige Graphik-Arbeitsplatzrechner zurück. Sie erlauben die schnelle Darstellung der Fertigungszelle aus variablen Blickwinkeln und veränderbaren Teilausschnitten. Aber auch weitaus preiswertere Systeme, wie z.B. der PC-basierte, universelle Robotersimulator URSI der TU Braunschweig [SCHL87], ermöglichen eine leistungsfähige Animation ohne teure Graphikhardware zu verwenden.

ZUKÜNFTIGE ENTWICKLUNGEN

Eine steigende Zahl von Anwendungen, die auf Sensorik zurückgreifen, z.B. die sensorgeführten Bewegungen beim Bahnschweißen oder der Einsatz von Kraftsensoren oder Bildverarbeitungssystemen in der Teilemontage, erfordern von zukünftigen off–line programmierbaren IR-Systemen die Fähigkeit Sensordaten zu verarbeiten [WARN86]. Um die Funktionalität eines solchen Robotersystems abzudecken, müssen zukünftige Robotersimulatoren im stärkeren Maße die Fähigkeit besitzen,

Sensormodelle zu berücksichtigen. Nur so können sensorabhängige Operationen eines Roboterprogramms off–line erstellt und verifiziert werden.

An verschiedenen Stellen sind bereits Untersuchungen zur Simulation von Kraftsensoren [MERL86] und Kamerasystemen [SAKA87, RIVE86] angestellt worden. Im Institut für Robotik und Prozeßinformatik der TU Braunschweig ist die Implementierung eines virtuellen Kameramodells im Robotersimulator URSI in der Entwicklung. Eine virtuelle Kamera liefert synthetische Bilder von Objekten des Weltmodells, die zur Auswertung durch Bildverarbeitungsalgorithmen verwendet werden können. Das *Konzept der virtuellen Kamera* liefert jederzeit reproduzierbare Bilder, erlaubt die genaue Ermittlung von Einflußparametern (Beleuchtung, Brennweite, u.ä.) und ist ein preiswertes, da schnell rekonfigurierbares Werkzeug. Erste Versuche mit einem ”Kamera–im–Greifer”–System zeigen zudem die Eignung des Konzepts als Hilfsmittel zur visuellen Kontrolle von Greifvorgängen, was insbesondere für graphische Teach–in Verfahren am Simulator von Bedeutung ist.

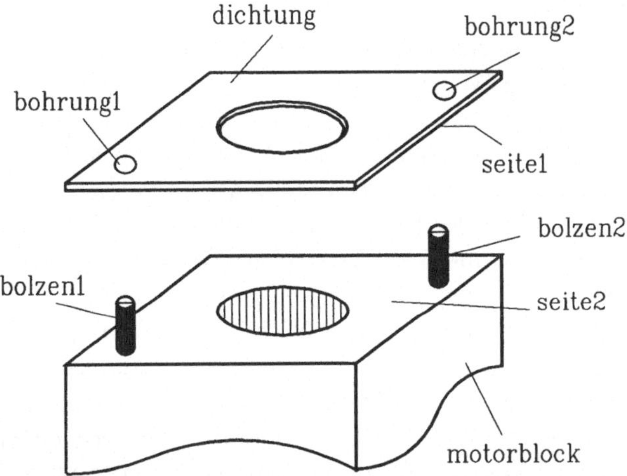

Bild 5   Es soll eine Dichtung auf einem Motorblock abgelegt werden. Aus der PLACE-Anweisung und den vorgebenen Körpermerkmalen (beispielsweise den Achsen der Bolzen und Bohrungen) werden Transformationsgleichungen aufgestellt, die auf ein zu lösendes Gleichungssystem für Objektkoordinatensysteme führen. Die Lösung schränkt die Zahl der möglichen Freiheitsgrade der Dichtung ein, wodurch explizite Bewegungsanweisungen abgeleitet werden können.

Um die Programmierung von IR-Anwendungen zu vereinfachen, werden zukünftige Programmiersysteme nicht mehr die Spezifikation sämtlicher Roboteraktionen und

-bewegungsziele ("Wie wird das Aufgabenziel erreicht ?") erfordern, sondern aus der Angabe des Aufgabenziels ("Was ist das Aufgabenziel ?") und den Informationen einer Modelldatenbank automatisch Aktionsfolgen planen und generieren, um die gestellte Aufgabe zu erreichen. Eine typische Anweisung [z.B. POPP80] eines aufgabenorientierten Programmiersystems könnte folgendermaßen aussehen (s. Bild 5):

```
PLACE dichtung ON motorblock SO (seite1   AGAINST   seite2)
                              AND (bolzen1 FITS bohrung1)
                              AND (bolzen2 FITS bohrung2)
```

Ein aufgabenorientiertes Programmiersystem umfaßt neben der Aktionsplanung typischerweise:

- Ein Bahnplanungsmodul, das automatisch kollisionsfreie Bewegungsbahnen generiert.

- Ein Greifplanungsmodul zur automatischen Ermittlung von Greifpositionen an Werkstücken.

- die Integration von Sensorik zur Überprüfung und Aktualisierung des Zustands des internen Weltmodells.

Gegenwärtige Systeme (beispielsweise das frühe AUTOPASS–System [LIEB77]) befinden sich in einem experimentellen Stadium. Im Bereich der Aktionsplanung wird dabei auf Methoden der künstlichen Intelligenz zurückgegriffen. Frühe automatische Planungssysteme wie STRIPS oder BUILD operieren noch auf einfachen, abstrakten Modellen (*blocks world problems*, [z.B. FIKE71, FAHL74]). Die Planung von Aktionen unter Berücksichtigung realistischer Einflußfaktoren, wie sie Reibungskräfte, Toleranzen, Ungenauigkeiten u.a. darstellen, ist das Ziel heutiger Arbeiten [z.B. FROM86, LOZA81]. Effiziente Verfahren zur Generierung kollisionsfreier Bahnen für mehrachsige Roboter in realistischen Umgebungen sind ebenfalls Gegenstand der aktuellen Forschung [z.B. LOZA87]; auch an der TU Braunschweig wird auf diesem Gebiet gearbeitet. Nicht zuletzt stellt die dreidimensionale Objekterkennung einen wichtigen Teilbereich aufgabenorientierter Roboterprogrammiersysteme dar. Die Entwicklung leistungsfähiger Algorithmen zur Erkennung von Objekten mit Bildverarbeitungssystemen ist deshalb ebenfalls ein Forschungsschwerpunkt des Instituts für Robotik und Prozeßinformatik.

ZUSAMMENFASSUNG

Off–line Programmiersysteme mit graphischen Robotersimulatoren stellen bereits heute ein wichtiges Werkzeug zur effizienten und wirtschaftlichen Planung, Verifikation und Optimierung von Roboterprogrammen dar. Zukünftige Systeme werden in zunehmenden Maße auch Sensorsysteme in der Simulation berücksichtigen müssen, um die Programme auch off-line verifizieren zu können, die auf Sensorik zurückgreifen. Bis zur Einführung aufgabenorientierter Programmiersysteme, die die teilweise komplexe Programmierung von Industrierobotern wesentlich vereinfachen werden, sind noch eine Reihe von Problemen u.a. aus den Bereichen der automatischen Aktions- und Bahnplanung sowie der Objekterkennung zu lösen.

Literatur

CHRI87   M.L.Christensen : CAD/CAM – Bis zur Robotersimulation und Off-line Programmierung, Vortragsband zum Kolloquium "Schweißen mit Robotern" in Aachen, J. Mainz Verlag, 1987

DADA87   P.Dadam, R.Dillmann, A.Kemper, P.C. Lockemann: Objektorientierte Datenhaltung für die Roboterprogrammierung, Informatik Forschung und Entwicklung 2, S.151-170, 1987

DEIS85   M.P.Deisenroth: Robot Teaching, Handbook of industrial robotics, Wiley & Sons, 1985

DENA55   J.Denavit, R.Hartenberg: A Kinematic Notation for Lower Pair Mechanisms Based on Matrices, Journal of Applied Mechanics Vol. 22, S. 215-221, 1955

ENGE80   J.F.Engelberger: Robotics in Practice, Kogan Page Ltd., London, 1980

ERNE88   B.Ernesti, U.Schlorff: ZERO – Entwurf einer C-basierten, höheren Roboterprogrammiersprache, interner Bericht (in Vorbereitung) d. Instituts für Robotik und Prozeßinformatik, TU Braunschweig, 1988

FAHL74   S.E.Fahlman: A Planning System for Robot Construction Tasks, Artificial Intelligence, Vol.5, S.1-49, 1974

FIKE71   R.E.Fikes, N.J.Nilsson: STRIPS: A new Approach to the Application of Theorem Proving to Problem Solving, Artificial Intelligence, Vol.2, S.189-208, 1971

FROM86   B.Frommherz, K.Hoermann: A Concept for a Robot Action Planning System, Proceedings of the NATO Advanced Research Workshop on Languages for Sensor-Based Control in Robotics, Italy, September 1–5, 1986, Springer-Verlag, 1987

IBM87   IBM Deutschland GmbH: CATIA – Produktbeschreibung, 1987

KLEI86   A.Klein: Off-line Programming of Painting Pobots Using Colour Graphics Technique, Proceedings of the IFIP WG 5.3/IFAC Working Conference on Off-line Programming of Industrial Robots, Stuttgart, 2–3 June 1986, North-Holland, 1987

LALO88   C.Laloni: Graphisch-interaktiver Polyedermodellierer, Studienarbeit, Institut für Robotik und Prozeßinformatik der TU Braunschweig, 1988

LIEB77   Liebermann/Wesley: AUTOPASS - An Automatic Programming System for Computer Controlled Mechanical Assembly, IBM Journ. Res. Develop., Vol 21, No.4, 1977

LOZA81   T.Lozano-Pérez: Automatic Planning of Manipulator Transfer Movements, IEEE Trans. Sys., Man, Cyb. SMC11, Vol.10, s.681-689, Oct. 1981

LOZA87   T.Lozano-Pérez: A Simple Motion-Planning Algorithm for General Robot Manipulators, IEEE Journ. of Robotics and Automation, Vol.3, No. 3, June 1987

MERL86   J.P.Merlet: Programming Tools for Force-Feedback Command of Robots, Proceedings of the NATO Advanced Research Workshop on Languages for Sensor-Based Control in Robotics, Italy, September 1–5, 1986, Springer-Verlag, 1987

PAUL83   R.P.Paul: Robot manipulators, 5.Auflage, The MIT press, 1983

POLL86   W.Pollmann, H.Dzembritzki: Off–line Programming of Industrial Robots, Proceedings of the IFIP WG 5.3/IFAC Working Conference on Off–line Programming of Industrial Robots, Stuttgart, 2–3 June 1986, North–Holland, 1987

POPP80   R.J.Popplestone, A.P.Ambler, I.Bellos: An Interpreter for a Language for describing Assemblies, Artificial Intelligence, Vol.14, No.1, S.79-107, 1980

POPP87   C.Popp: Effektive Offline–Programmierung für Industrieroboter mit PCs, Institut für Fertigungstechnik und Spanende Werkzeugmaschinen der Universität Hannover, 1987

RAAB86   H.H.Raab: Handbuch Industrieroboter, 2.Aufl., Vieweg-Verlag, 1986

REMB86   U.Rembold, R.Dillmann (Hrsg.): Computer–Aided Design and Manufacturing — Methods and Tools, 2.Auflage, Springer–Verlag, 1986

RIVE86   P.Rives, G.Hegron: Design of a Simulation Tool for Robots Using Moving Vision Sensors, Proceedings of the NATO Advanced Research Workshop on Languages for Sensor-Based Control in Robotics, Italy, September 1–5, 1986, Springer–Verlag, 1987

SAKA87   S.Sakane, M.Ishii, M.Kakikura: Occlusion avoidance of visual sensors based on a hand–eye action simulator system: HEAVEN, Advanced Robotics, Vol. 2, No. 2, S. 146-165, 1987

SCHL87   U.Schlorff: Erstellung eines interaktiven Robotersimulatorkerns mit Sprachinterpreter, Diplomarbeit, Institut für Robotik und Prozeßinformatik der TU Braunschweig, 1987

STOB86   R.K.Stobart: Collision Detection for Off–line Programming of Robots, Proceedings of the IFIP WG 5.3/IFAC Working Conference on Off–line Programming of Industrial Robots, Stuttgart, 2–3 June 1986, North–Holland, 1987

TECN87   Tecnomatix Automatisierungssyteme GmbH: ROBCAD – Systembeschreibung, Offenbach, 1987

UNIM86   Unimation Incorporated: User's Guide to VAL II, Version 2.0, 1986

VDI86   VDI-Entwurf 2863: IRDATA – Allgemeiner Aufbau, Satztypen und Übertragung, Beuth–Verlag, 1986

WARN86   H.J.Warnecke, A.Altenhein: Zwei Verfahren zur Kollisionserkennung bei der Off–line Programmierung von Industrierobotern, Robotersysteme 2, Bd.3, Springer–Verlag, 1986

YONG85   Y.F.Yong, J.Gleave, J.L.Green, M.C.Bonney: Off–line programming of Robots, Handbook of industrial robotics, Wiley & Sons, 1985

3-D Sensorsysteme in der Robotik

von T. Stahs

1. EINLEITUNG

Die meisten der heute im industriellen Einsatz befindlichen Roboter agieren noch
"blind". Ihr Betrieb setzt daher die Bereitstellung einer vollkommen determinier-
ten und damit teuren Arbeitsumgebung voraus. Aufgrund derselben Tatsache
kann ihre prinzipiell vorhandene mechanische Flexibilität nur beschränkt für ihre
jeweilige Aufgabe im Produktionsprozeß genutzt werden. Um diesen Hemmnissen
für den Robotereinsatz zu begegnen, bieten die meisten Hersteller heute bereits
2-D Sensorsysteme für ihre Produkte an. Die meisten der potentiellen Einsatzgebiete von Robotern sind jedoch dreidimensionaler Natur, so daß die Entwicklung
von Sensorsystemen, die die Ermittlung von Tiefeninformation aus einer Szene
ermöglichen, zunehmend an Bedeutung gewinnt.
Vor diesem Hintergrund soll im vorliegenden Beitrag zunächst versucht werden,
die wichtigsten Verfahren zur Tiefendatengewinnung kurz zu skizzieren und aus
der Sicht der Robotik einzuordnen, bevor dann mit dem sogenannten 'Codierten-
Lichtansatz' eine besonders praxisnah erscheinende Vorgehensweise detailliert vorgestellt wird.

2. VERFAHREN ZUR TIEFENDATENGEWINNUNG

In der Literatur wird eine große Zahl von Verfahren zur Tiefendatengewinnung
vorgeschlagen, die sich sowohl in den zugrundeliegenden Meßprinzipien wie auch
deren verschiedenen Realisierungen stark voneinander unterscheiden. Viele dieser
Verfahren werden heute jedoch wegen mangelnder Genauigkeit, Störanfälligkeit
oder hohen technischen und rechnerischen Aufwands noch nicht im industriellen
Rahmen eingesetzt. Auf dem noch recht jungen Gebiet der Tiefendatengewinnung
erscheint aber für einige dieser Ansätze eine Weiterentwicklung bis hin zur Anwen-
dungsreife durchaus möglich. In einem kurzen Überblick sollen daher zunächst die
Hauptstoßrichtungen auf diesem Gebiet kurz vorgestellt werden.

2.1 Problemspezifische Ansätze

Viele Veröffentlichungen, die sich mit der Erfassung räumlicher Information aus einer Szene befassen, haben nicht zum Ziel, einen möglichst universell einsetzbaren 3-D Sensor zu entwickeln, sondern lösen das Problem für ein mehr oder weniger spezielles Anwendungsgebiet. Die gezielte Einbeziehung von a priori Wissen über die zu analysierende Szene führt dabei oft zu sehr effizienten Lösungen. Stellvertretend für viele seien an dieser Stelle nur zwei derartige Ansätze erwähnt.

Zum einen die 'Shape-from-Texture'-Verfahren, die die Gewinnung von Tiefeninformation mit Hilfe einer als bekannt vorausgesetzten Oberflächentextur realisieren [IKEU84]. Orientierung und Abstand der Oberflächen werden dabei aus dem sogenannten Texturgradienten, also der Änderung von Dichte und Größe der Texturelemente, bestimmt.

Zum zweiten sei hier ein Ansatz zur Rekonstruktion des dreidimensionalen Verlaufs linienhafter Objekte aus ihren Schatten auf einer bekannten Projektionswand genannt; ein Verfahren, daß beispielsweise für die Handhabung von Kabeln bei der automatischen Montage elektrischer Geräte von großem Interesse ist [HACK88]. Hierbei werden zunächst aus drei in unterschiedlichen Beleuchtungssituationen aufgenommenen Bildern die Schattenlinien extrahiert. Mit Hilfe eines effizienten Algorithmus können dann korrespondierende Schattenpunkte in diesen Bildern gefunden werden, die die Berechnung des räumlichen Verlaufs der linienhaften Objekte durch Triangulation möglich machen (siehe hierzu auch 2.4).

2.2 'Shape-from-Shading'

Einen allgemeineren Ansatz zur Gewinnung von Tiefeninformation stellen die sogenannten 'Shape-from-Shading'-Verfahren dar, bei denen die dreidimensionale Struktur einer beobachteten Szene aus den mit einer konventionellen Kamera gewonnenen Lichtreflexionswerten rekonstruiert wird [HORN86]. Die Beleuchtungssituation und die Reflexionseigenschaften des zu beobachtenden Materials werden dabei als bekannt vorausgesetzt. Mit Hilfe dieser a priori Information können sogenannte Reflexionskarten erstellt werden, in denen für jede mögliche Oberflächenneigung der zu erwartende Reflexionswert angegeben ist. Drei derartige Reflexionskarten (für drei verschiedene Beleuchtungssituationen) oder eine Glattheitsbedingung für die zu rekonstruierende Oberfläche ermöglichen dann für eine gegebenes Bild einer Szene die Bestimmung der Oberflächennormalen für jeden beobachteten Punkt. Die Oberfläche selbst kann daraus schließlich durch numerische Integration oder Relaxationsverfahren berechnet werden.

Zwar erfordert dieser Ansatz nur einen minimalen technischen Aufwand, seine Stabilität hängt jedoch wesentlich davon ab, wie genau die in einer Szene beobachteten Elemente den angenommenen Reflexionseigenschaften entsprechen. Dies macht z.B. die Behandlung komplexer Szenen mit unterschiedlichen Materialien problematisch. Darüberhinaus ist die Rekonstruktion der Oberfläche aus den Oberflächennormalen ein rechenintensiver Prozeß.

2.3 'Time-of-Flight'-Verfahren

Ein völlig anderes Meßprinzip liegt den sogenannten "Time-of-Flight"-Verfahren zugrunde. Die zugehörigen Meßvorrichtungen bestehen typischerweise aus einem Sender, der einen Laserstrahl emittiert, einer Ablenkvorrichtung (z.B. rotierende Spiegel) und einem Empfänger, der das an den Oberflächen der Szene reflektierte Licht registriert. Die Tiefeninformation wird dabei aus der Signallaufzeit ermittelt.

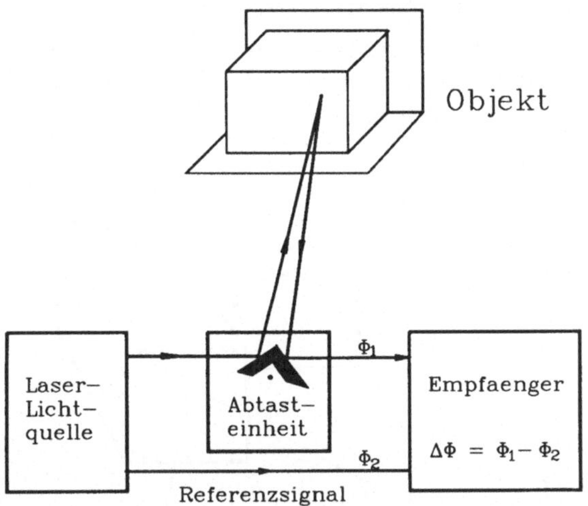

Abb. 1 Schematische Meßvorrichtung zur Tiefendatengewinnung nach dem 'Time-of-Flight'-Verfahren

Man unterscheidet dabei im wesentlichen zwei Techniken. Eine erste verwendet einen gepulsten Laser und mißt die Laufzeit des Signals direkt. Neben der Notwendigkeit einer hochgenauen Zeitmessung ist die eindeutige Registrierung des Signals

im Empfänger problematisch. Eine zweite verwendet einen amplitudenmodulierten Laserstrahl und mißt die Phasenverschiebung des in der Szene reflektierten Lichts gegenüber einem Referenzsignal, woraus sich die Laufzeit und schließlich die Tiefeninformation ergibt [NITZ77] (Abb. 1).
Im Prinzip kann ein 'Time-of-Flight'-Verfahren auch unter Verwendung von Ultraschall realisiert werden. Die Ablenkvorrichtung, die Abhängigkeit der Laufzeit von Temperatur und Luftdruck sowie die schlechte laterale Auflösung bereiten jedoch erhebliche Probleme, so daß Ultraschall in der Regel nur zur Hindernisdetektion eingesetzt wird.

2.4 Triangulationsverfahren

Die meisten und aus der Sicht der Robotik interessantesten Verfahren zur Tiefendatengewinnung beruhen auf dem Prinzip der Triangulation (Abb. 2). Sie basiert auf der Berechnung eines Dreiecks, das ein unbekannter Oberflächenpunkt P mit zwei bekannten Punkten B_1 und B_2 bildet, bei denen es sich in der Regel um die Brennpunkte zweier optischer Systeme handelt [MOPH80]. Die bekannte Lage dieser beiden Punkte sowie die mit Hilfe der optischen Systeme bestimmbaren Richtungen $\vec{r}_1$ und $\vec{r}_2$ ermöglichen dann die Berechnung der Raumkoordinaten von P.

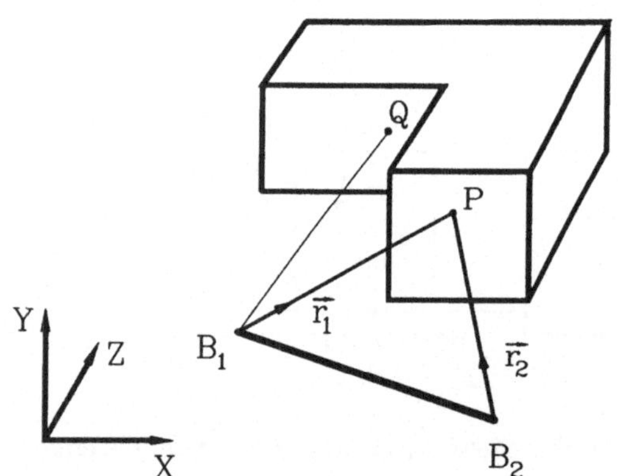

Abb. 2   Das Prinzip der Zweistrahltriangulation

Die auf diesem Prinzip basierenden Ansätze werden abhängig davon, ob von einem der beteiligten optischen Systeme Licht in die Szene projiziert wird oder nicht, in "aktive" und "passive" Verfahren untergliedert. Allen gemeinsam ist der vergleichsweise einfache Aufbau, die einfache Berechnung der Raumkoordinaten und die relativ hohe Genauigkeit aber auch der Nachteil, daß die Tiefeninformation aus der beobachteten Szene im allgemeinen unvollständig ist. Die Ursache dafür liegt in der Notwendigkeit, einen Szenenpunkt von beiden optischen Systemen aus zu beobachten, um die Triangulation durchführen zu können, was z.B. für den Punkt Q in Abb. 2 nicht möglich ist. Dieser Effekt kann jedoch auf Kosten der Meßgenauigkeit durch die Verkleinerung des Winkels zwischen den Hauptachsen der beiden Systeme klein gehalten werden.

2.4.1 passive Triangulationsverfahren

Das wohl bekannteste passive Triangulationsverfahren ist das **Stereosehen**. Grundlage der Tiefendatengewinnung sind hier zwei Bilder einer Szene, die von zwei Kameras aus bekannter Position mit bekannter Brennweite aufgenommen werden. Ausgehend von den Bildkoordinaten eines Szenenpunktes in diesen zwei Bildern können seine Raumkoordinaten in der eingangs beschriebenen Weise durch Triangulation berechnet werden (Abb. 3).

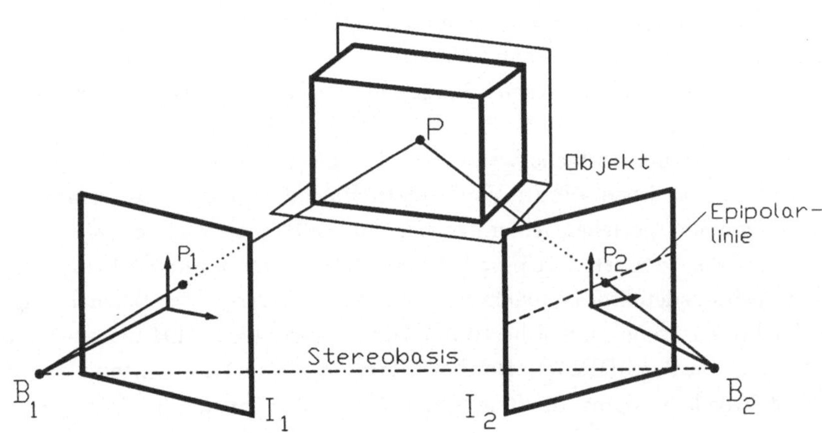

Abb. 3   Tiefendatengewinnung durch Stereosehen

Das zentrale Problem liegt dabei im Auffinden korrespondierender Punktepaare. Bemerkenswert ist, daß hier ein eindimensionales Suchproblem vorliegt, da der zu P_1 korrespondierende Punkt P_2 - sofern er überhaupt sichtbar ist - auf der sogenannten Epipolarlinie liegen muß, die sich durch den Schnitt der Bildebene I_2 mit der von P_1, B_1 und B_2 aufgespannten Epipolarebene ergibt. Obwohl verschiedene Ansätze zur Ermittlung korrespondierender Punktepaare existieren [SHIR87], bleibt die Lösung dieses Problems ein rechenintensiver und insbesondere dann, wenn die zu analysierenden Bilder nur wenig hochfrequente Anteile enthalten, unzuverlässiger Prozeß.

Trotz des geringen instrumentellen Aufwandes sind daher das Stereosehen wie auch die eng damit verwandten 'Shape-form-Motion'-Verfahren, bei denen die Tiefeninformation aus Bildfolgen extrahiert wird, nur für bestimmte Anwendungen in der Robotik praktikabel.

2.4.2 aktive Triangulationsverfahren

Aktive Triangulationsverfahren sind dadurch gekennzeichnet, daß eines der für die Triangulation benötigten optischen Systeme die Szene in charakteristischer Weise beleuchtet. Auf diese Weise werden mit Hilfe von Licht einfach detektierbare Merkmale künstlich in der Szene erzeugt. Die Notwendigkeit der aktiven Beleuchtung macht im allgemeinen die Entwicklung spezieller optischer Geräte erforderlich und schließt gewisse Einsatzgebiete wie z.B. geographische Anwendunden aus. Dem steht aber der große Vorteil gegenüber, daß das Korrespondenzproblem schnell und sicher gelöst werden kann. Gerade diese Eigenschaft macht die aktiven Triangulationsverfahren für Anwendungen in der Robotik besonders interessant.

Eine konzeptionell einfache wenn auch technisch aufwendige Realisierung dieses Prinzips ist das **Laser-Scan-Verfahren**. Hierbei wird ein Laserstrahl unter Verwendung einer speziellen Ablenkvorrichtung (z.B. rotierende Spiegel) punktweise über die Szene geführt. Der jeweils beleuchtete Szenenpunkt wird von einem speziellen Positionsdetektor beobachtet, mit dem das Zentrum der Beleuchtung in einer beobachteten Szene schnell bestimmt werden kann (z.B. 1kH bei einer Auflösung von 1:1000 nach [SHIR87]). Bei bekannter Lage von Laserlichtquelle und Positionsdetektor kann damit die Triangulation unmittelbar durchgeführt werden.

Technisch einfacher realisierbar sind die sogenannten **Lichtschnittverfahren**, bei denen ein Lichtstreifen sukzessive über die Szene geführt wird (Abb. 4). Der an den Objekten der Szene deformierte Streifen wird von einer konventionellen Kamera beobachtet. Die Triangulation erfolgt hier durch den Schnitt der vom Licht aufgespannten Ebene im Raum mit jeweils einer durch ein Pixel der Kamera festgelegten Beobachtungsrichtung. Obwohl durch die Entwicklung spezieller Hardware der Verlauf des deformierten Lichtstreifens im Kamerabild in Realzeit bestimmt werden kann, bleibt das Verfahren wegen der großen Anzahl aufzunehmender Bilder vergleichsweise langsam.

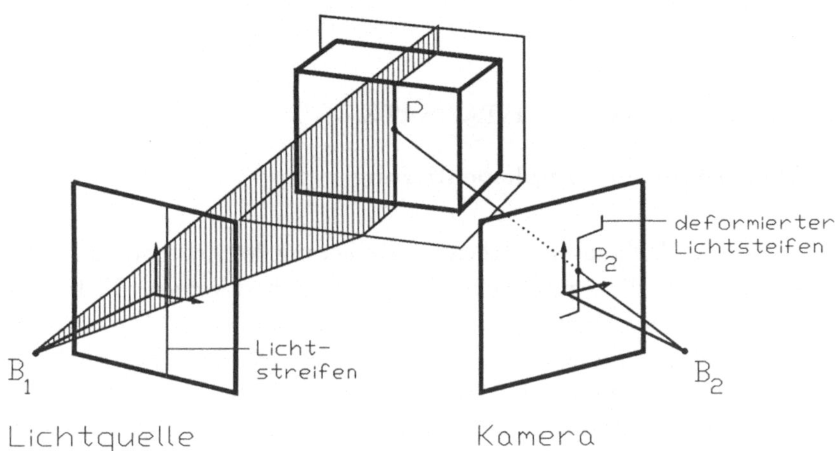

Abb. 4   Tiefendatengewinnung mit Hilfe des Lichtschnittverfahrens

Der Versuch, diese Vorgehensweise zu parallelisieren führt zunächst zu den **Strukturierten Lichtverfahren**. Im einfachsten Fall wird dabei ein feines Streifenmuster in die Szene projiziert und von einer Kamera beobachtet. Hier ist zwar nur die Aufnahme eines Bildes erforderlich, jedoch bereitet die Notwendigkeit, die Streifen im Bild eindeutig zu identifizieren, insbesondere an Objekträndern große Schwierigkeiten und führt auf das bereits aus dem Stereosehen bekannte Korrespondenzproblem zurück.

Im Gegensatz dazu liegt den sogenannten **Codierten Lichtverfahren** ein wesentlich robusteres Prinzip zugrunde [ALTS81, WAHL84, SATO85]. Hier wird die Szene mit einer Folge geeigneter Muster beleuchtet, wodurch eine raum-zeitliche Kodierung des von der Lichtquelle erfaßten Arbeitsraumes erreicht wird. Jedem von der Kamera beobachteten und von der Lichtquelle erfaßten Oberflächenpunkt kann auf diese Weise eindeutig eine Projektionsrichtung der Lichtquelle zugeordnet werden, womit die Bestimmung seiner Raumkoordinaten durch Triangulation möglich wird. Gegenüber den Lichtschnittverfahren wird zur Erzielung der gleichen Tiefenauflösung nur eine logarithmische Anzahl von Bildern benötigt ohne das aus dem Stereosehen und den strukturierten Lichtverfahren bekannte Korrespondenzproblem explizit lösen zu müssen.

Mit dem Codierten-Lichtansatz wird im folgenden Abschnitt eine spezielle Realisierung dieses Prinzips detailierter vorgestellt.

3. DER CODIERTE-LICHTANSATZ

3.1 Algorithmus und Implementierung

Beim Codierten-Lichtansatz werden zur Kodierung des Arbeitsraumes n Streifenmuster verwendet, die sequentiell in die Szene projiziert werden. Die Überlagerung dieser Muster (Abb. 5) ermöglicht die Unterscheidung von 2^n Projektionsrichtungen, wobei jede dieser Richtungen durch eine charakteristische hell/dunkel-Sequenz bzw. ein entsprechendes n-stelliges Codewort eindeutig gekennzeichnet ist. Um die Auswirkung eventueller Fehler an den Bereichsgrenzen zu minimieren, sind die Muster so gewählt, daß sich für die 2^n Projektionsrichtungen eine Gray-Codierung ergibt.

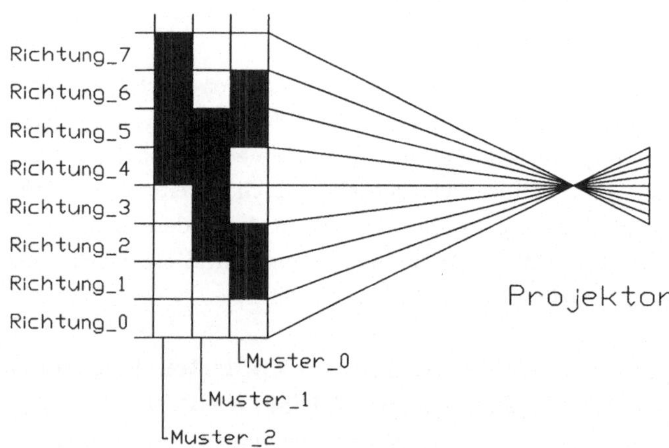

Abb. 5 Raum-zeitliche Kodierung des Arbeitsraumes beim Codierten-Lichtansatz

Auf dieser Basis kann nun ein 3-D Sensor realisiert werden, dessen technischer Aufbau der Abb. 6 zu entnehmen ist.

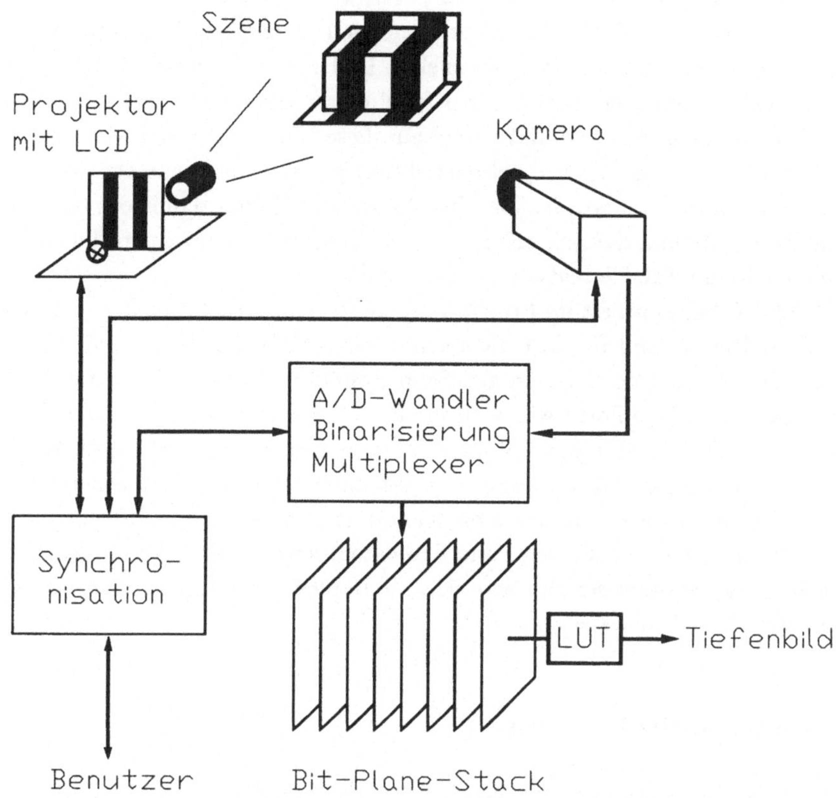

Abb. 6 Technische Realisierung des Codierten-Lichtansatzes

Mit Hilfe einer transparenten Flüssigkristallanzeige werden die n Streifenmuster sequentiell in die Szene projiziert. Die an den Objekten der Szene deformierten Muster werden mit einer konventionellen Kamera aufgenommen und einem A/D-Wandler zugeführt. Durch eine einfache Binarisierung lassen sich in den so gewonnenen Graubildern beleuchtete und unbeleuchtete Bildbereiche voneinander trennen. Um dabei den jeweiligen Lichtverhältnissen und den unterschiedlichen

Reflexionseigenschaften der beobachteten Objekte optimal angepaßt zu sein, wird für diese Binarisierung eine ortsvariante Schwelle verwendet, die aus zwei Referenzbildern bei voller und abgeschalteter Beleuchtung gewonnen wird. Diese Referenzbilder ermöglichen gleichzeitig die Erzeugung einer Schattenmaske, die die nicht vom Projektorlicht erfaßten Bildbereiche kennzeichnet.

Die dann in Form von Binärbildern vorliegenden deformierten Streifenmuster werden als Bitebenen in einem konventionellen Bildspeicher zum sogenannten 'Bit-Plane-Stack' zusammengestellt. Jedem Pixel dieses Bit-Plane-Stack - und damit jedem beobachteten Szenenpunkt - wird auf diese Weise ein n-stelliges Codewort zugeordnet, das gerade die Projektionsrichtung repräsentiert, aus der der betreffende Punkt beleuchtet wurde. Der Bit-Plane-Stack bildet damit die Grundlage für die Triangulation, die sehr effizient durch einfache look-up-Operationen in einer vorbereiteten Tabelle realisiert werden kann.

Eine solche Tabelle enthält im Prinzip für jede Projektionrichtung der Lichtquelle (Ebene im Raum) und für jede Beobachtungsrichtung der Kamera (Gerade im Raum) den Abstand des zugehörigen Schnittpunktes von der Bildebene der Kamera. Da sowohl ihre Form wie auch ihr Inhalt lediglich von der relativen Lage der beiden optischen Systeme und ihren internen Parametern abhängen, kann sie bereits im Rahmen der Kalibrierung der gesamten Meßanordnung generiert werden. Für bestimmte geometrische Konstellationen (z.B. koplanare Bildebenen und gleiche Brennweiten von Kamera und Projektor) wird diese Tabelle sogar eindimensional, was insbesondere für eine schnelle Implementierung dieses Ansatzes in billiger Hardware wichtig ist.

3.2 Experimentelle Ergebnisse

Der Codierte-Lichtansatz wurde am Institut für Robotik und Prozeßinformatik der Technischen Universität Braunschweig zunächst in einer experimentellen Umgebung implementiert, an der die prinzipielle Leistungsfähigkeit des Verfahrens bereits erkennbar ist. Als geometrische Konstellation werden dabei koplanare $x-z$-Ebenen von Projektor und Kamera zugrundegelegt (Abb. 7). Die Erzeugung der Lichtmuster erfolgt mit einem aus 128 streifenförmigen Segmenten bestehenden transparenten Flüssigkristallanzeige in einem Diaprojektor. Zur Aufnahme der Bilder wird eine CCD-Kamera mit $500 * 582$ Bildelementen eingesetzt.

Bei der angegebenen Auflösung des LCD werden zur Erstellung des Bit-Plane-Stack 7 Bilder benötigt, die eingezogen, binarisiert und in den ihnen zugeordneten Bitebenen abgelegt werden müssen. Hinzukommen 2 Referenzbilder zur Realisierung der ortsvarianten Schwelle und zur Erzeugung der Schattenmaske. Einschließlich der Umsetzung des Bit-Plane-Stack in Tiefenkoordinaten durch look-up-Operationen und der optischen Aufbereitung der Ergebnisse werden für die Erstellung eines 512 ∗ 512-elementigen "Tiefenbildes" ca. 15 sec benötigt. Mit dedizierter Hardware und für eine feste geometrische Konstellation ist jedoch die Erstellung gleichgroßer Tiefenbildern im Sekundentakt möglich.

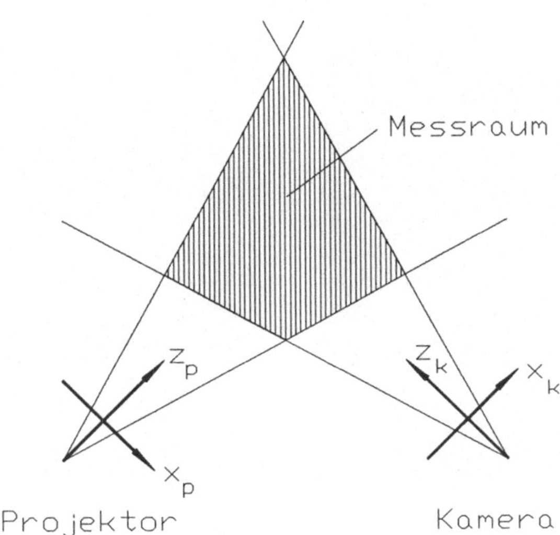

Abb. 7 Koplanare $x - z$−Ebenen von Projektor und Kamera

Die Genauigkeit, mit der die Tiefenwerte bestimmt werden können, ist neben dem Auflösungsvermögen von LCD und Kamera vor allem vom Winkel zwischen den Hauptachsen der beiden optischen Systeme abhängig. Der unvermeidliche Quantisierungsfehler bewegt sich bezogen auf die Tiefe des Arbeitsraumes typischerweise in einer Größenordnung von etwa einem Prozent. Bemerkenswert ist, das eine Erhöhung der Auflösung des LCD nur einen logarithmischen Mehraufwand an einzuziehenden Bildern verursacht. Einer beliebigen Erhöhung der Auflösung sind jedoch durch den Einsatz konventioneller Fernsehtechnologie signaltheoretische Grenzen gesetzt.

Experimente mit verschiedenartigen Materialien und Formen haben gezeigt, das sich der Codierte-Lichtansatz für eine Vielzahl von Anwendungen eignet. Lediglich mattschwarze, stark spiegelnde und transparente Objekte haben sich aufgrund ihrer Reflexionseigenschaften als problematisch erwiesen.

Abb. 8 zeigt eine mögliche Anwendung des Codierten-Lichtansatzes bei der Automatisierung von Schweißprozessen. Abb. 8(a) zeigt ein Graubild zu verschweißender Rohre; Abb. 8(b) das zugehörige Tiefenbild. Entlang der Schnittlinie ist ein deutlicher Tiefensprung erkennbar, der mit einfachen Methoden der Bildverarbeitung verfolgt werden kann. Damit ist der gesamte dreidimensionale Verlauf der zu ziehenden Schweißnaht bekannt.

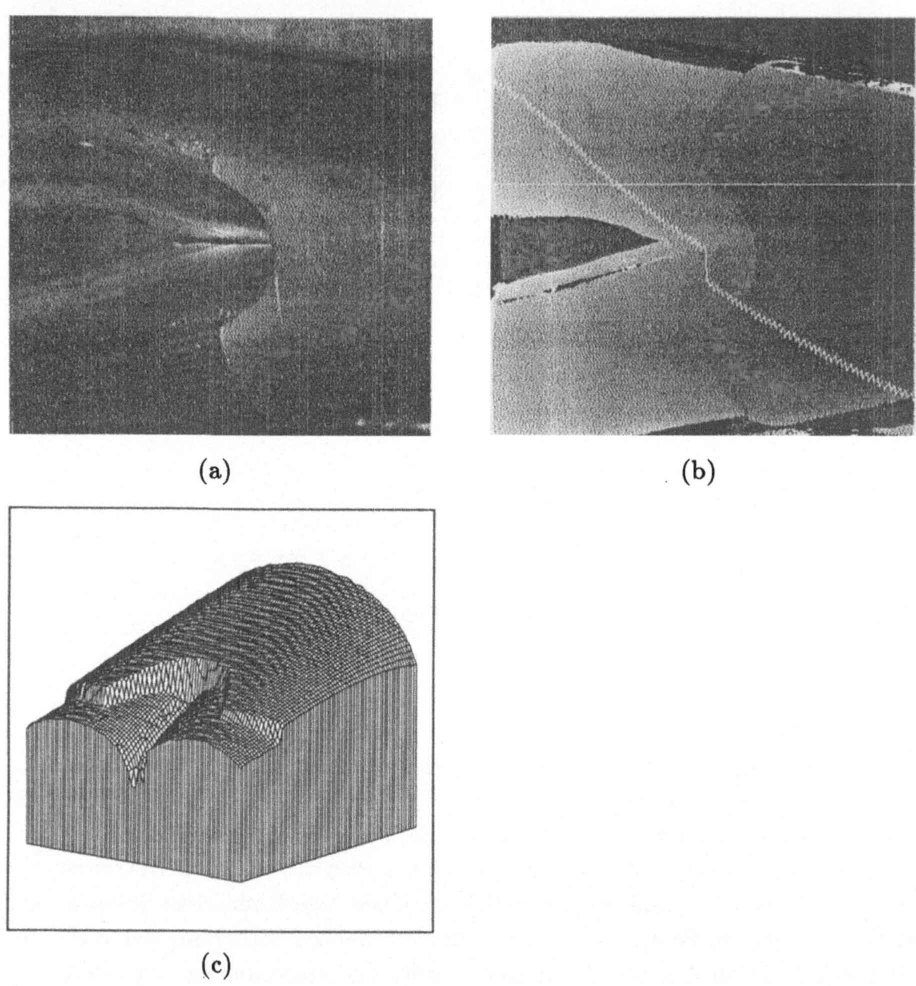

(a)　　　　　　　　　　　　　　(b)

(c)

Abb. 8 Graubild (a) und Tiefenbild (b) zu verschweißender Rohre. (c) zeigt einen für die Bestimmung der Schweißnaht interessanten Ausschnitt aus dem Tiefenbild in einer Pseudo-3D-Darstellung.

4. AUSBLICK

Primäres Ziel bei der Entwicklung von 3-D Sensorsystemen ist aus Sicht der Robotik die Bereitstellung robuster und schneller Verfahren bei moderater Genauigkeit, die die Lösung von Problemen wie Objekterkennung, Lage- und Orientierungsbestimmung, Bahnplanung und Kollisionsvermeidung ermöglichen oder wesentlich unterstützen. Mit Ansätzen wie dem Codierten-Lichtansatz ist sicher bereits ein wichtiger Schritt in diese Richtung getan worden.

Ebensowichtig ist aber die Entwicklung von effizienten Verfahren, die die von solchen 3-D Sensoren bereitgestellten Massendaten weiterverarbeiten. Ziel ist dabei - ähnlich wie in der 2-D Bildverarbeitung - zunächst die Extraktion charakteristischer Merkmale wie Kanten oder Regionen, um darauf aufbauend die aus Sicht der jeweiligen Anwendung relevanten Informationen in komprimierter Weise bereitzustellen.

Darüberhinaus stellt sich insbesondere dann, wenn mehrere Tiefenbilder aus verschiedenen Perspektiven zur Verfügung stehen, die Frage, wie aus diesen unterschiedlichen Sichten eine umfassende und konsistente Szeneninterpretation hergeleitet werden kann. Hier werden im wesentlichen zwei Strategien verfolgt [BESL85]. In der ersten werden die Einzelansichten zunächst auf niederer Ebene zu einem 3-D Modell integriert, auf das dann Verfahren zur Verarbeitung räumlicher Information angewandt werden, während in der zweiten die einzelnen Tiefenbilder zunächst ausgewertet und die daraus resultierenden Szenenbeschreibungen im Anschluß zu einer Gesamtinterpretation zusammengefaßt werden.

Das gesamte Gebiet der Tiefendatenauswertung steckt jedoch noch in den Anfängen. Von den hier zu entwickelnden Verfahren wird wesentlich mitabhängen, inwieweit 3-D Sensorsysteme Einzug in den industriellen Alltag finden werden.

Literatur

ALTS81   M.D. Altschuler, B.R. Altschuler, J. Taboada: "Laser Electro-Optic System for Rapid Three-Dimensional (3-D) Topographic Mapping of Surfaces", Optical Engineering Vol 20 No 6, 1981.

BENT87   U. Benter: "Implementierung und Kalibrierung des Codierten Lichtverfahrens" Institut für Robotik und Prozeßinformatik, Technische Universität Braunschweig, 1987.

BESL85   P. Besl, R.Jain: "Range Image Understanding", Coference on Computer Vision and Pattern Recognition, 1985.

HACK88   J. Hackenberg: "Bestimmung des dreidimensionalen Verlaufs linienhafter Objekte aufgrund von Schatteninformationen", Institut für Robotik und Prozeßinformatik, Technische Universität Braunschweig, 1988 (in Vorbereitung).

HORN86   B.K.P. Horn: "Robot Vision", MIT Press, 1986.

IKEU84   K. Ikeuchi: "Shape from regular Patterns", Artificial Intelligence 22, No. 1, pp. 49-75, 1984.

MOPH80   C.C. Slama (ed.): "Manual of Photogrammetry", Fourth Edition, American Society of Photogrammetry, 1980.

NITZ77   D.Nitzan, A.E. Brian, R.O. Duda: "The Measurement and Use of Registered Reflectance and Range Data in Scene Analysis", Proc. IEEE 65, pp. 206-220, 1977.

SATO85   K. Sato, S. Inokuchi: "Three-Dimensional Surface Measurement by Space Encoding Range Imaging", Journal of Robotic Systems, 2(1), 1985.

SHIR87   Y. Shirai: "Three-Dimensional Computer Vision", Springer Verlag, 1987.

WAHL84   F.M. Wahl: "A Coded Light Approach for 3-Dimensional (3D) Vision", IBM Research Report RZ 1452, 1984.

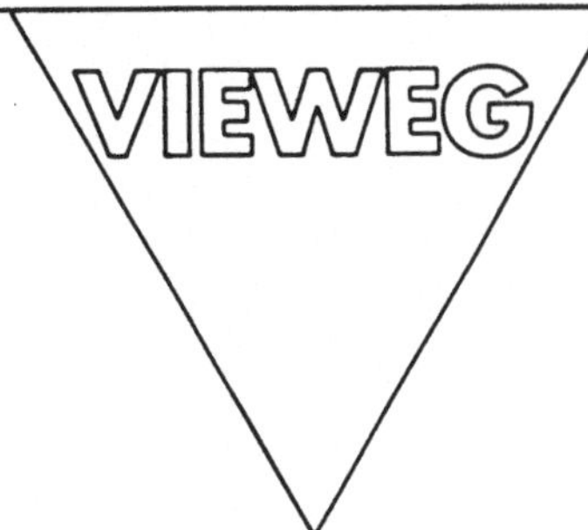

Hermann Henrichfreise

Aktive Schwingungsdämpfung an einem elastischen Knickarmroboter

1989. XII, 183 Seiten. 16,2 x 22,5 cm. (Fortschritte der Robotik, Bd.1; hrsg. von Walter Ameling.) Kartoniert.

Inhalt: Versuchsaufbau und Regelungskonzept – Modellierung und Kompensation nichtlinearer Antriebseigenschaften – Modellbildung für das dreiachsige Gesamtsystem – Regelungsentwurf – Reglerrealisierung, Erprobung im Versuch und vergleichende Simulation – Zusammenfassung – Anhang.

Zur Vermeidung von Schwingungseinflüssen auf dynamisch arbeitende Systeme wird gewöhnlich mit konstruktiven Maßnahmen reagiert. Dieses Buch zeigt die Möglichkeiten auf, mit Hilfe der Steuerungs- und Regelungstechnik diese Einflüsse zu kompensieren.

Zur Reihe „Fortschritte der Robotik":
Die in dieser Reihe erscheinenden Bücher geben einen Querschnitt durch die Robotertechnik, deren Entwicklung und Anwendung. Auf wissenschaftlichem Niveau werden Ergebnisse der Forschung zusammengetragen, Tests und Entwicklungen bewertet, Methoden zur Lösung von Problemen vorgestellt. Damit soll die Reihe Forum für die Beteiligten des Arbeitsfeldes Robotertechnik sein.

Die Reihe hat sich zum Ziel gesetzt, die Theorie aufzuarbeiten, ohne den Blick auf die Anwendungen zu verlieren. Sie verbindet so die naturwissenschaftlichen Grundlagen mit der ingenieurmäßigen Anwendung.

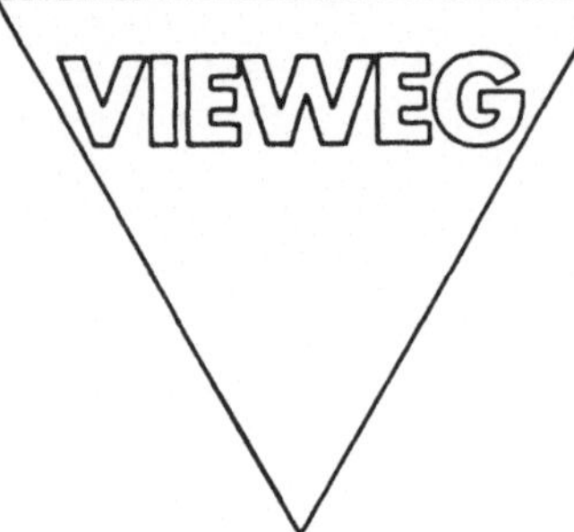

Horst H. Raab

Handbuch Industrieroboter

Bauweise, Programmierung, Anwendung, Wirtschaftlichkeit.

2., neubearbeitete und erweiterte Auflage 1986. X, 469 Seiten mit 328 Abbildungen und 293 maßstabsgerechte Arbeitsräume. 17 x 24,5 cm. Gebunden.

Inhalt: Definitionen – Gründe für den Einsatz von Industrierobotern – Aufbau von Industrierobotern – Anwendung freiprogrammierbarer Manipulatoren – Programmierung von Industrierobotern – Erfahrungen bei Einführung und Einsatz von Industrierobotern – Wirtschaftlichkeitsvergleiche mittels EDVA – Ausblick – Tabellenanhang.

Das Handbuch stellt eine umfassende Datensammlung auf dem Gebiet der Industrieroboter dar. Sie sind leicht auf andere Arbeiten umrüstbar und werden in zunehmendem Maße in der Fertigung eingesetzt. Dazu hat nicht unwesentlich die Innovation auf den Gebieten der Elektroantriebe, der Mikroprozessoren sowie der elektronischen Steuerungstechniken beigetragen. Das Buch behandelt zunächst die Gründe für die Automatisierung mit Industrierobotern. Anhand zahlreicher Bilder und Tabellen werden die einzelnen Bauteile und Fabrikate sowie Einsatzplanung, Programmierung und Anwendung dieser flexiblen Handhabungsgeräte erläutert. Die Wirtschaftlichkeit von Industrierobotern wird über ein Programm auf einer elektronischen Datenverarbeitungsanlage mit anschaulichen Kurvenvergleichen nachgewiesen. Ein umfangreicher Tabellenanhang bildet den Abschluß des Buches und bietet sowohl dem kundigen Fachmann als auch einem möglichen künftigen Anwender eine Zusammenfassung aller bekannten Fakten auf engstem Raume.